金属矿山安全生产400问

姜　威　刘天舒　姜旭初　编

北　京
冶金工业出版社
2011

内 容 提 要

本书从采矿工程安全技术入手，以问答的形式介绍了金属矿山生产过程中的安全问题。全书共分八章，主要内容包括矿井安全技术、露天开采安全技术、爆破安全技术、电气安全技术、尾矿库安全技术、矿山事故隐患排查与治理、矿山职业危害预防、矿山事故应急与救援。

本书适合矿山工程技术人员和管理人员阅读，也可供大专院校采矿工程、安全工程专业的师生参考，还可作为广大矿山从业人员的安全培训教材。

图书在版编目(CIP)数据

金属矿山安全生产400问/姜威，刘天舒，姜旭初编.—北京：冶金工业出版社，2011.2

ISBN 978-7-5024-5491-3

Ⅰ.①金… Ⅱ.①姜… ②刘… ③姜… Ⅲ.①金属矿—安全生产—问答 Ⅳ.①TD7－44

中国版本图书馆CIP数据核字(2011)第011202号

出 版 人 曹胜利
地　　址 北京北河沿大街嵩祝院北巷39号，邮编100009
电　　话 (010)64027926 电子信箱 yjcbs@cnmip.com.cn
责任编辑 杨秋奎 美术编辑 彭子赫 版式设计 孙跃红
责任校对 卿文春 责任印制 张祺鑫
ISBN 978-7-5024-5491-3
北京印刷一厂印刷；冶金工业出版社发行；各地新华书店经销
2011年2月第1版，2011年2月第1次印刷
787mm×1092mm 1/16；16.25印张；390千字；238页
46.00元

冶金工业出版社发行部 电话:(010)64044283 传真:(010)64027893
冶金书店 地址:北京东四西大街46号(100010) 电话:(010)65289081(兼传真)
(本书如有印装质量问题，本社发行部负责退换)

前言

资源、环境和安全是21世纪人类面临的最大挑战。矿产资源既是我国国民经济发展的重要支撑，也是人类生存、发展不可缺少的要素之一。但由于矿山自身的特点，在开采过程中发生各种灾害、人身伤亡事故的几率较高，一直是我国安全生产工作的重点。据统计，全国每年非煤矿山的死亡人数仅次于道路交通事故和煤矿事故的死亡人数，在各行业中位居第三。因此，加强非煤矿山安全培训，增强安全意识，掌握安全知识，提高管理水平，成为摆在各级政府及部门、各矿山企业领导及管理人员面前的一项迫切任务。

我国政府历来高度重视矿山安全生产工作。2002年4月3日，由国家安全生产监督管理局、公安部、监察部、国土资源部、国家工商行政管理总局、国家环境保护总局六部委联合下发《关于加强非煤矿山安全整治工作的意见》（安监管管一字［2002］29号），从此拉开了非煤矿山安全专项整治的序幕。2009年9月16日，国家安全生产监督管理总局一司起草关于征求《小型露天采石场安全生产暂行规定》修订意见的函（管一函［2009］56号），以期规范小型露天采石场的安全生产。2010年2月23日，国家安全生产监督管理总局制定了《关于印发〈2010年非煤矿山安全生产重点工作安排〉的通知》（安监总厅管一［2010］19号），有力促进了全国非煤矿山的专项整治工作，取得了阶段性成果，但总体安全生产形势仍然不容乐观。

本书针对目前我国金属矿山的安全生产现状，结合金属矿山的生产特点，从安全生产的实际需要出发，对地下开采和露天开采各个生产环节的安全技术知识进行了全面的解答，其中有许多内容来自于编者自身长期的安全生产实践，对矿山的安全工作具有很强的借鉴和指导意义。

本书由姜威、刘天舒、姜旭初编写。在本书编写过程中，得到了长期从事矿山安全技术管理专家的指导和协助，参考了有关专家、学者的文献资料，在此一并表示感谢！

由于编者水平所限，书中若有疏漏和不妥之处，敬请读者批评指正。

编　者

2010年9月

目　录

第一章　矿井安全技术

第一节　井下作业安全常识

1. 矿山开采方式有哪些，其开采的特点是什么？

各种矿物都或深或浅地埋藏于地下。由于它的埋藏深浅不同，开采方法也不相同。矿山主要有两种开采方式：

（1）露天开采。当矿体埋藏较浅或地表有露头时，应用露天开采最为优越。与地下开采相比，其优点是资源利用充分、回采率高、贫化率低，适用于大型机械施工，见矿快，产量大，劳动生产率高，成本低，劳动条件好，生产安全。但需要剥离岩土，排弃大量的岩石，尤其较深的露天矿，往往占用较多的农田，设备购置费用较高，故初期投资较大。此外，露天开采受气候影响较大，对设备效率及劳动生产率都有一定影响。

（2）地下开采。对于埋藏较深的矿床，一般采用地下开采的方法。地下开采有其特殊的作业特点，主要是：作业环境差，空间较小；地质条件多变，经常受到顶板、矿尘、水、火等灾害的威胁；生产工艺复杂，劳动强度大等。因此，井下作业人员必须掌握相关井下作业安全常识。

2. 什么是采区（或矿块），矿床开采的顺序是什么？

在开采矿床时，一般要将整个矿床划分为阶段，再把阶段划分为采区（或矿块），采区（或矿块）是开采矿床的基本单元。

在开采缓倾斜、倾斜和急倾斜矿体时，每隔一定的垂直距离，掘进与矿体走向一致的主要运输平巷，将矿体沿垂直或倾向方向划分为阶段。在一个阶段，沿矿体走向每隔一定的距离掘进天井，左右两个天井和上下两个运输平巷包围的矿体称作采区（或矿块）。

在开采近水平的矿体时，一般不将矿床划分为阶段，而用沿矿体走向的平巷和沿倾向的斜巷将矿床划分为长方形的矿段，称作盘区。在盘区中，每隔一定的距离，掘进垂直于走向的运输巷道，把盘区划分为独立的回采单元，称作采区。

矿床中阶段的开采顺序有下行式和上行式两种。下行式开采是由上向下逐个阶段开采，在生产中一般采用这种开采顺序。下行式开采投资少，基建时间短，便于探矿，安全条件好，适用的采矿方法范围广。上行式开采是由下向上逐个阶段开采，一般在开采缓倾斜矿体及某些特殊情况下采用。

阶段中矿块的开采顺序有前进式、后退式和混合式三种。前进式开采是从靠近主井的矿块向矿床边界依次回采。后退式开采与前进式相反，阶段平巷掘进到矿床边界后，从矿床边界向主井方向依次进行回采。混合式开采是指在矿井开采初期，先用前进式回采，待阶段平巷掘至矿床边界后，再从矿床边界的矿块向主井方向依次回采。

3. 矿床开采有哪些步骤？

矿床地下开采分为矿床开拓、采准和切割、回采三个步骤。

（1）矿床开拓。矿床开拓就是从地表掘进一系列通达矿体的通道，形成开采矿床所必需的提升、运输、通风、供电、排水和行人的完整路线和系统。矿床开拓方法指用何种类型的主要开拓巷道来开拓矿床的方法，主要分为平硐开拓法、竖井开拓法、斜井开拓法、斜坡道开拓法及联合开拓法等五类。

开拓巷道按其作用和重要性，分为主要开拓巷道和辅助开拓巷道。用于行人、运输和提升的开拓巷道为主要开拓巷道，如主运输平硐、提升竖井、提升斜井、主斜坡道等。用于通风、溜矿和阶段运输的开拓巷道为辅助开拓巷道，如通风井、溜矿井、充填井、石门、井底车场、阶段运输平巷等。

（2）矿块采准和切割。采准是采矿场准备的简称。采准是指在已开拓完毕的矿床里，掘进采准巷道，将阶段划分成矿块（盘区）作为回采的独立单元，并在矿块中掘进采准工程，创造行人、凿岩、放矿、通风等进行回采工作所必要的条件。

切割工作是指在已采准完毕的矿块里，为大规模回采矿石开辟自由面和自由空间。切割工作通常包括掘进天井、拉底或切割槽，有的还要把漏斗颈扩大成漏斗形状（称为辟漏），为以后的采矿创造良好的爆破和放矿条件。具体的采准切割工程，将随采矿方法的不同而有所差别。

（3）回采。在完成采准、切割工程的矿块中，进行大量的采矿工作，称为回采，包括落矿、矿石运搬和地压管理三项主要的作业。

1）落矿是指将矿石从矿体分离下来并破碎成一定块度的过程，通常采用凿岩爆破方法进行。

2）矿石运搬是将回采崩落的矿石从工作面运搬到运输水平的过程。通常采用的运搬方法为重力运搬和机械运搬。机械运搬又分为电耙运搬、振动给矿机运搬和自行设备运搬等方法。

3）地压管理是指为了避免或减少巷道和采场开挖后围岩变形、移动和破碎给采矿生产带来的危害和破坏而采取的有关技术和管理措施。采场地压管理的基本方法有：

①利用矿岩本身的强度或留必要的支撑矿柱，以保持采场的稳定性。

②采用各种支护方法，支撑回采工作面，以维持其稳定性。

③充填采空区，支撑围岩并保持其稳定性。

④崩落围岩，使采场围岩应力降低，并使其重新分布，达到新的应力平衡。

4. 下井前应做哪些准备工作？

（1）入井人员在入井前，一定要吃饱睡足休息好，严禁喝酒。

（2）入井前要穿戴好安全帽、工作服和胶鞋，做到整齐利索；脖子上最好戴一条毛巾，既可擦汗，又可防矿渣掉落到衣服里去，在自救互救中也可能用上。

（3）入井人员必须随身携带矿灯等照明灯具。

（4）随身携带的锋利工具，如瓦刀、斧子、锯等必须套上护套或装入工具袋，以防伤人。

（5）必须遵守入井挂牌登记制度，登记后方可入井。

（6）每个入井人员都必须自觉参加班前会，明确当班生产任务和安全注意事项，预防事故发生。

（7）接受岗前培训，取得安全资格证书方可入井，每个在井下工作的人员都必须熟悉自己工作地点的各种灾害情况及避灾路线。

（8）了解本次下井所经过路线的安全条件和工作环境的安全条件及紧急情况下的安全逃生路线和方法。

5. 乘坐罐笼和人车应遵守哪些规定?

罐笼是运送人员上下井和提升矿石、材料、设备的专用设备，是保证矿井正常生产和人员安全出入井的关键设备。

（1）上下井人员乘坐罐笼，都要遵守有关规定或把罐工的指挥，按顺序上下，不得拥挤和打闹。无论任何时候，没有得到井口管理人员或把罐工的许可，不准进出罐笼，尤其是发出了升降信号以后，或者罐笼没有停稳之前，千万不要争抢上下。每罐不得超员运行。

（2）进入罐笼后，必须关好罐门或罐帘，人要站立稳当，两腿稍弯曲，手要握住扶手。不要把头和手脚或携带的工具伸到罐笼外面去，不要在罐笼内互相打闹，更不准向井筒内抛扔任何东西，否则容易造成事故。

（3）严禁人和物料或矿车同乘一层罐笼。在装有爆破材料的罐笼内，除爆破工或护送人员外，其他人员不得同行。

（4）井下不得乘坐非乘人车辆，严禁乘箕斗、矿车等非载人工具上下井。

（5）乘车时，必须听从司乘人员的指挥，上下车不要拥挤。开车前必须关上车门或挂上防护链。人体及所带工具和零件严禁露出车外，也不可碰架空线，以防发生触电事故。

（6）列车行驶中和尚未停稳时，严禁上下车或在车内站立。

（7）严禁在机车头上或任何两节车厢之间搭乘，严禁超员乘坐，严禁扒车、跳车和坐矿车。

（8）发现车辆掉道时，必须立即向司机发出停车信号。

（9）在井下长距离平硐或巷道乘坐人车时，严禁探头外观。一旦人车掉道不得乱跳出车外。

6. 井下行走时，应注意哪些安全事项?

井下巷道空间狭小，来往车辆多，有的安装有输送机，因此行走时一定要注意安全。

（1）坚持走人行巷道和运输巷道的人行道。

（2）在人行道不够宽的巷道行走时，要随时注意躲避硐的位置，当车辆接近时，要及时进入躲避硐，等车辆过去后再出来。

（3）禁止在非人行道一侧和双轨巷道的双轨中间躲车。

（4）不要在轨道中间行走，也不得随意横穿轨道，以免发生意外。如果一定要横过时，要在没有车辆通过时，才能横过。特别在跨过钢丝绳时，更要小心，以防绊倒或被钢丝绳打伤，在钢丝绳运行时，严禁跨过钢丝绳。

（5）在倾斜井巷行走时，要坚持“行人不行车，行车不行人”，且必须走人行道，不得骑在钢丝绳上行走。

（6）不准进入不通风的巷道；所有已打栅栏、挂有“禁止入内”警示牌的地点都不准进入。这些地方可能积聚瓦斯等有毒有害气体，进入是非常危险的。

（7）经过有人施工的地点，一定要打招呼，经同意后方可通过。通过风门时，要随手关门，以防风流短路。

（8）随身携带的长工具（如钻杆、铁锹等）要拿在手里，不要扛在肩上，以防碰伤人或碰上架空线等造成危险。

（9）在任何巷道行走，都不要大声说笑、打闹，随时注意来往车辆和各种声光信号，听从信号指挥，不准擅自发送信号。

（10）在井下一旦迷失方向，不要紧张，可根据风水管道或迎着风流方向寻找出口。

7. 矿井作业的基本安全常识是什么？

（1）要保护好各种安全生产设施、装置、安全标志牌和测量标志。严禁擅自动用不是自己使用的设备，无证者不得从事特种作业。

（2）不得单独一人在井下放炮和作业，更不准单独一人进入偏僻地带和危险区。

（3）入井作业人员应掌握爆破时间、地点、警戒范围，在爆破之前必须撤离危险区。

（4）遵守安全技术操作规程和各项岗位安全管理规定，听从监督指导，不违章操作，不冒险作业，发生事故应立即上报。

（5）遇到突然停电，应立即停止工作，撤退到安全的地方。

（6）工作前应首先敲帮问顶，工作中要随时检查支护情况，发现顶、帮松动或脱落，应立即躲开或站到安全地点进行清理。作业地点出现严重危及人身安全的征兆时，必须迅速撤出危险区，并及时报告与处理，同时设置警戒或信号标志。

（7）严格遵守劳动纪律，不准在井下生火取暖，大声喧哗、打闹、睡觉和串岗，不准在井下吸烟。

（8）在井下需要休息时，应选择顶板完整、支架完好、不妨碍工作、不妨碍行车、通风良好的安全地点。不要在密闭墙跟前或盲巷内休息，这些地点通风不良，容易积聚有毒有害气体。

第二节　井巷掘进安全技术

8. 什么是井巷掘进，井巷工程有哪几类？

为了勘探和开采矿床，在矿体或围岩中开掘坑道的过程，称为井巷掘进。井巷工程类型可分为如下几类：

（1）平硐：直接通达地面的水平巷道。

（2）竖井：垂直于水平面并直通地面的巷道，也称井筒。不直接通达地面的竖井称为盲竖井。

(3) 斜井：与水平面有倾斜夹角并直通地面的巷道。没有直通地表出口的斜井称为盲斜井。

(4) 斜坡道：斜坡道是一种倾角较小的斜井，它和斜井的区别在于斜井的提升运输设备为轨道矿车、箕斗和皮带运输机等，而斜坡道主要是行驶无轨设备及车辆，如汽车、内燃机车、拖拉机等。斜坡道线路的布置形式有直线式、螺旋式、折返式三种。

(5) 通风井：专门用于通风（进风或回风）的直通地面的巷道，有时也用于运送材料或兼作安全出口，有垂直、倾斜和水平等多种形式。

(6) 溜矿井：用于上部阶段向下部阶段溜放矿石的垂直或倾斜巷道，一般倾角在30°以上。

(7) 充填井：用于向井下采空区输送充填材料的巷道。

(8) 石门：连接井筒与矿床的水平巷道。

(9) 平巷：在岩石或矿石中不直接通达地面的水平巷道。

(10) 井底车场：在井筒与石门连接处开掘的巷道和硐室的总称。它是转送人员、矿石、设备、材料的枢纽站，也是井下排水和供电的转换中心。

井巷工程是矿山基本建设的主要项目，也是生产矿山进行采矿准备和生产勘探的主要工程，是矿山稳定、持续、均衡生产的保证。因此，矿山生产中，必须贯彻“采掘并举、掘进先行”的方针。

9. 什么是井巷地压，可分为哪几类？

开掘井巷后，岩体中形成的空间破坏了原岩应力的平稳状态。在井巷围岩中产生一个应力变化区，且井巷周围的应力最大。当井巷周边围岩所承受的应力小于岩体破坏强度极限（对脆性岩石而言）或屈服极限（对塑性岩石而言）时，井巷周边围岩只产生不大的弹性变形或位移，井巷尚处于稳定状态，当围岩应力超过了岩石强度极限或屈服极限时，井巷周边岩石开始破坏，或出现裂缝、脱落，或出现较大塑性变形，造成井巷周边向井巷中心移动，这种现象就是地压显现。

通常井巷地压可分为不同性质的两类，即变形地压、松动地压。

变形地压是指由于围岩在井巷开掘后产生塑性变形，挤压支架而产生的地压。其特点是围岩与支架共同作用，地压的大小既取决于围岩位移特性，又取决于支架的刚度特性，如果使用的支架刚度较大，不易变形，则围岩的位移量也较小，但支架将承受较大的地压。松动地压是指有限范围内脱落岩石(冒落或片帮)作用在支架上的压力。如果井巷掘进后支架架设不及时或因支架与围岩之间的空隙较大，不能及时有效地控制围岩的位移，位移过大时，围岩周边就会发生局部脱落，对支架造成松动地压。

变形地压和松动地压实际上是反映了地压发展过程中的两个阶段。当围岩变形能自由发展时，任何岩体都存在这两个阶段，只是在脆性岩石或深埋岩体中变形地压表现得明显；在脆性岩石中，由于围岩周边位移变形很小时，就会发生局部岩石松动脱落，因而松动地压表现得明显。

10. 井巷维护原则有哪些？

井巷围岩的稳定性主要取决于围岩应力和岩体强度。因此，井巷维护的基本原则是尽可能利用和提高围岩的自身强度和改善围岩的应力状态，合理选择井巷施工工艺及支护方式。

（1）合理选择井巷位置。在生产条件允许下，井巷位置应选择在地质和水文地质条件较好的稳定岩体中，要避开松软破碎岩层，特别是含水易膨胀岩层及化学蚀变岩层；井巷走向应尽可能与岩层构造应力的主应力方向平行，在褶曲地带应避免布置在背斜或向斜轴部；大断面的井巷和硐室不应布置得过于紧密；应尽量避免将井巷布置在采场上部和中间的应力集中区，以减少采矿后岩石移动的影响。

（2）采用合理的施工工艺。井巷围岩是一种天然的承载结构，应尽量采用光面爆破、预裂爆破等先进爆破技术掘进，以减少放炮对围岩的震动和破坏。井巷支护应积极采用锚喷支护，以提高围岩岩体强度，防止围岩风化，充分发挥其自承能力。

（3）合理地选择支架类型。对于以变形地压为主的巷道，应选择可缩性大的柔性支架，如锚喷支护、可缩性钢支架或在刚性支架中夹可缩性材料（橡胶、木砖）等。这种支架对大的变形地压能作暂时退让，以减少作用在支架上的压力，又能限制围岩产生过大的变形，防止围岩产生松脱破坏。对于以松动地压为主的巷道，则可选用有足够强度的刚性支架来支撑松动岩石的重量，如石材砌碹、钢木支架、钢筋混凝土支架等。

（4）选用合理的断面形状。在井巷的平直周边上，往往容易出现拉应力；在井巷周边的拐角处存在很大的剪应力；井巷的高宽比对围岩应力分布有很大影响，井巷越高，巷道两侧暴露面积就越大，侧压力就越大；井巷越宽，其顶部的压力也越大。因此，应根据围岩应力的特点选择合理的断面形状。从承压能力看，圆形与椭圆形井巷最好，直墙拱形、三心拱形次之，梯形、矩形断面较差。

（5）相邻两个井巷应该有一定的距离，以防止产生应力集中现象。因岩体开掘后产生应力重新分布，故一般两个巷道之间的岩柱应是巷道最大尺寸的5倍以上。

11. 井巷工程施工特点是什么，如何保证施工安全？

（1）矿山井巷工程施工的主要特点如下：

1）作业空间狭小，通风照明条件差，噪声大，劳动条件恶劣。

2）地质条件复杂，潜在的不安全因素多，危险性大，可能会发生冒顶、片帮、透水、爆炸、机械伤害、尘毒危害等各种事故，造成人员伤亡、财产损失。

（2）保证井巷掘进施工安全的措施。在施工时，必须制定周密细致的组织计划，完善施工管理和安全管理，提高机械化水平，采用先进的技术、设备和施工方法，确保井巷掘进工程质量，保证作业人员的人身安全。

12. 井巷工程的主要施工工艺有哪些，各有何特点？

井巷工程的主要施工工艺有：凿岩爆破、掘进通风、岩石装运、井巷支护。

（1）凿岩爆破。凿岩爆破工作主要包括钻孔、装药、放炮和处理盲炮等。凿岩爆破直接影响到井巷施工的速度、质量、安全和成本，选择好凿岩设备和爆破工艺非常重要。爆破后形成的井巷断面要符合作业规程规定的尺寸、方向和坡度等的要求，并尽量减少对围岩的震动破坏。

目前多数矿井普遍采用风动气腿式凿岩机钻凿炮孔，使用铵梯炸药和铵油炸药充填炮孔，用电雷管或导爆管雷管起爆。除此之外，其他凿岩方法，如水力破岩和掘进机破岩等方法在少数矿山也有使用。

（2）掘进通风。掘进通风的作用有两个，一是排除有毒有害气体（炮烟）和粉尘；二是给工作人员足够的新鲜空气。掘进通风一般是利用局部通风机（局扇）和风筒进行通风。

（3）岩石装运。把掘进工作面爆破下来的岩石装入矿车运出工作面，就是岩石装运工作，也称为出渣。平巷掘进中一般采用装岩机进行装运作业，如铲斗后卸式、耙斗式、扒爪式连续装岩机等，斜巷常用耙式装岩机；竖井掘进主要用悬吊式抓岩机和靠壁式抓岩机。运输岩石主要用矿车。竖井掘进提升岩石主要采用吊桶和吊篮。

（4）井巷支护。为了保持井巷的稳定，防止井巷围岩发生垮落和过大变形，必须进行井巷支护工作。支护工作可以落后于掘进工作面一定距离并与掘进工作面平行进行，也可以在掘进工作结束后再进行支护。但对于不稳固的岩石，必须随着掘进工作的进行，及时支设临时支架，待掘进作业完成后，再把临时支架换成永久性支架。支护材料的选择要根据巷道断面大小、形状、服务年限、地压大小等因素综合考虑，根据支护材料和形式的不同，主要有木支架、金属支架、钢筋混凝土支架和混凝土或石材砌碹支护。近年来，喷锚支护和锚网支护得到了广泛使用，极大地简化了支护工序，一般不再架设临时支护，提高了掘进效率，在大中型矿山得到了逐步推广，其主要有喷射混凝土（喷射砂浆）支护、锚杆支护、喷射混凝土锚杆支护、喷射混凝土与金属联合支护以及喷射混凝土锚杆与金属联合支护等。

13. 凿岩事故有哪几类，其预防措施有哪些？

凿岩机钻孔时，常常会发生风、水管飞出伤人，浮石松动、震落击伤作业人员，钢钎打入盲炮孔，残药爆炸伤人等事故。

预防凿岩事故发生措施有：

（1）凿岩作业前，应准备好有关设备和工具，如照明设备、长短撬棍、凿岩设备和工具等。

（2）严格执行“敲帮问顶”制度，仔细检查工作面空间有无松动浮石，支架有无破损和异常现象，一经发现，应立即处理。处理时，要从安全地点由外向里逐步进行，处理时人员要站在安全地点，使用长柄工具。

（3）炮孔开门时，应减少进气量，让钎头钻进 3 ~ 5cm 后再增加进气量。钻孔时钎子、风钻和钻架应保持在同一垂直面上，钎子应保持在炮孔中心位置旋转，保证炮孔平直，减少钎子与孔壁摩擦。钻孔时，持风钻的人要站在风钻的侧后方，紧贴风钻，不要让风钻左右摇晃，避免断钎。若遇断钎，要迅速抱住钻机，以免钎杆迸出伤人。

（4）爆破后要及时检查有无盲炮、残药，发现问题及时、正确处理。严禁沿残孔钻孔。

（5）严禁钻凿干孔。开钻时要先开水后开风，停钻时要先停风后停水，给水要适量，减少粉尘的产生。

14. 井巷掘进冒顶片帮事故的预防措施有哪些？

冒顶片帮在井巷掘进过程中经常发生，极易造成作业人员伤亡。防止井巷工程施工中冒顶片帮的措施有：

（1）作业面爆破以后，必须立即通风，待炮烟吹散后，派有经验的工人进入工作面进行“敲帮问顶”，检查清理顶板和两帮的松动岩石，然后再进行下一道工序的作业。

（2）在不稳固岩层中掘进井巷，最大控顶距要保持在作业规程规定的范围内，并经常检查巷道支护情况，如有损坏，应及时修理和维护。

（3）采用棚式支架时，支架背板一定要背严、背实，背板后面用石块、木块等充填严密，不能有空顶空帮现象。

（4）天井支架的架设必须保证质量，井盘与帮壁背严、刹紧，防止“脱裤”发生。

（5）主井施工临时支护不宜过长，要经常检查，防止松动片帮。

15. 装岩、运输事故有哪几类，其预防措施是什么？

在装岩、运输过程中，常会发生矿车或装岩机掉道伤人，行走压人、撞人，操作人员触电，矿车或装岩机挤伤人，矿车自动滑行伤人；立井施工时，易发生抓岩机撞、压、挤伤人，吊桶装载过满甩石伤人等。

装岩、运输事故预防措施有：

（1）开车前，要检查装岩机的机械部分和电气部分是否完好，然后接通电源，打开照明灯，进行空斗试车，检查各按钮操作是否灵活，动作是否准确。

（2）禁止任何人在靠近铲斗工作范围内及挂在装岩机后的矿车附近停留和作业，以免铲斗或石块伤人。

（3）不得两个人同时操纵一台装岩机。

（4）若遇大块岩石，应先铲取其周围的岩块，待其全部露出后再铲取；岩块过大时不得铲取，以免装岩机倾倒伤人。

（5）装岩机司机必须经过培训合格，持证上岗，装岩作业时，不得进行注油或检修等工作。装岩设备及运输设备要经常维修，停机检修时必须切断电源。

（6）人工推车时，一个人只准推1辆车，在能够自滑的轨道上行车时其速度不得超过3m/s。矿车驶近道岔、巷道口、风门，通过弯道、坡度较大的区段以及两车相遇、前面有人或障碍物、发生脱轨等情况时，推车人应及时发出警报。

（7）斜井下山口要有防止跑车装置。

（8）立井施工采用人工装岩时，工作面作业人员不宜太多。一般不超过3~5人，工作时要互相照顾，防止工具碰撞伤人。装岩前要处理好井壁浮石。采用抓岩机装岩时，抓岩司机要站在抓岩机运行线路的侧面。吊桶装岩不能装得太满，岩面要低于桶口11cm。

16. 高处坠落事故的预防措施是什么？

在天井、竖井、大断面硐室施工，容易发生高处坠落事故，其预防措施是：

（1）在竖井、天井、溜井和漏斗口上方作业和距坠落基准面2m以上的地点下方设防坠保护平台或安全网。作业人员必须佩带安全带，吊桶升降人员也要佩带安全带和保险绳。

（2）当天井、大断面硐室掘进高度超过8m时，应设隔板和安全棚，安全棚距不超过6m。

（3）天井、溜井和漏斗口必须设有标志、照明、护栏或格筛、盖板。

（4）上、下人员梯子或扒钉的支持点应位于井框横梁上，梯子的倾角不得大于80°，平台出口要保证在0.6m×0.7m以上。

17. 物体打击事故的预防措施是什么？

在天井、斜井、竖井、大断面硐室作业时，往往出现上面作业人员将物体掉落或滚落击伤下面的作业人员的事故，对此，应采取以下预防措施：

（1）竖井凿岩前下放风水管时，应由上面的人慢慢往下放，下面的人不能拉，以免将井筒内或吊盘上的物体碰落掉下伤人。凿岩时，不准任何人乘吊桶至工作面，遇特殊情况时，应停止凿岩，再下吊桶。

（2）井盖门只准在吊桶上、下通过时打开，吊桶过后应立即关闭。

（3）在井筒内出渣或凿岩前，要检查临时支护牢固情况，防止围岩受震动滑落伤人。

（4）在天井、竖井上部作业的人员，工具必须装入工具袋内，几个人同时上去时背工具的走在后面，几人同时下去时背工具的走在前面。

（5）斜井提升废石或下放物料要有防止物体滚落措施，下面的作业人员听到有物体滚落声时要尽量躲避，不要站在中间向上张望。

第三节 采矿方法及安全技术

18. 地下采矿方法可分为哪几类？

地下采矿是在采区（或矿块）中进行回采作业，通常将采区再划分为矿房和矿柱，一般是先采矿房，再回收矿柱。采矿方法就是开采采区（矿块）内矿石的方法，它包括采准、切割及回采三项工作。在矿块中所进行的采准、切割和回采工作的总和称为地下采矿方法。

由于矿床埋藏条件复杂，矿岩性质变化大以及其他原因，现在应用的采矿方法种类繁多。根据回采时地压管理方法，地下采矿方法归纳为三大类：空场采矿法、崩落采矿法和充填采矿法。

19. 什么是空场采矿法，其特点是什么，可分为哪几类？

空场采矿法是一种生产效率高、成本低的采矿法，通常是将矿块划分为矿房和矿柱，逐步回采。在回采过程中，采空区主要依靠暂留或永久保留的矿柱支撑，采空区暂时空着，不做处理，但一个阶段或一组采场开采结束后，要及时进行矿柱的回采，同时对空区进行处理，以达到安全生产的目的。采用空场采矿法时，必须根据矿石、围岩特性、回采工艺和设备等，合理确定矿块的结构尺寸和回采顺序，以利于地压管理和安全生产。其优点是生产能力较大，采准切割工程量较少，采矿成本低，采场通风好；缺点是采场顶板揭露面积大，容易产生冒顶事故。

常用的空场采矿法有留矿采矿法、全面采矿法、房柱采矿法、阶段采矿法及分段矿房采矿法等，见表1-1。一般在矿石围岩稳固、地表允许陷落的条件下采用。

表 1-1 空场采矿法的分类

组 别	典型采矿方法	组 别	典型采矿方法
全面采矿法	全面采矿法	分段矿房法	分段矿房法
房柱采矿法	房柱采矿法	阶段矿房法	水平深孔落矿阶段矿房法
留 矿 法	普通留矿法		垂直深孔落矿阶段矿房法
	选别留矿法		垂直深孔球状药包落矿阶段出矿

20. 什么是崩落采矿法，可分为哪几类?

崩落采矿法是指随着矿石采出，有计划地崩落围岩来充填采空区，地表可以随之陷落的方法。该方法在矿石和围岩不太稳固、地表允许陷落的条件下采用。

根据矿块在开采过程中的采空区处理方法和回采工作面垂直高度的不同，可分为单层崩落法和大量崩落法。前者又分为壁式崩落法和分层崩落法，后者分为分段崩落法和阶段崩落法。

21. 什么是充填采矿法，可分为哪几类?

充填采矿法是指随着采区矿石的采出，采空区依靠充填料（如采掘的废石、尾矿、混凝土等）、支柱、充填料与支柱相配合形成的人工支撑体支撑采空区的方法。该方法的优点是采准切割工程量较少，适应矿体形态变化的能力强，灵活性大，矿石损失、贫化率小，能够防止矿床开采时的内因火灾，能够有效地维护采空区，对围岩的稳固性要求不高；缺点是多道充填工序，回采工艺相对复杂，采矿成本较高，回采循环时间较长，生产能力相对较低。它主要适用于开采矿石品位高的富矿、贵重、稀有矿床和地表不允许陷落的水下、建筑物下和构筑物下的矿床的开采。

根据充填材料和输送方法的不同，充填采矿法分为干式充填采矿法、水力充填采矿法和胶结充填采矿法。

22. 不同采矿方法的一般安全规定是什么?

（1）地下采矿，必须按采矿设计和作业规程进行。

（2）每个采场都要有两个出口，并上下相连通。安全出口的支护必须坚固，并设梯子。

（3）在上下相邻的两个中段，沿倾斜上下对应布置的采场使用空场法、留矿法回采时，禁止同时回采，只有上部矿房结束后，才能回采下部采场。

（4）采用全面采矿法时，回采过程中应周密检查顶板。根据顶板稳固情况，留出合适的矿柱。

（5）采用横撑支柱采矿法时，横撑支护材料应有足够强度。要搭好平台后才准进行凿岩作业。禁止人员在横撑上行走。采场穹隆不得超过3m。

（6）矿柱必须合理地回收。设计回采矿房时，必须同时设计回采矿柱。本中段回采矿房结束后，应及时回采上一中段的矿柱。

（7）回采过程中，必须保证矿柱的稳定性及运输、通风等巷道的完好，不允许在矿柱内掘进有损其稳定性的井巷。回采矿房至矿柱附近时，应严格控制凿岩质量和一次爆破炸药量，技术人员要及时给出回采界限，严禁超采超挖。

(8) 地压活动频繁、强度大的矿井，应有专管地压的人员。地压人员日常对全矿各地段进行监察，发现险情（如支护歪斜、破损、顶板和两帮开裂等），应及时报告，通知有关人员，并分析原因，进行处理。个别地压活动频繁、顶板破碎、有冒落可能的采场，应由有经验的人员，每班进行检查，指导凿岩方式，避免发生大冒落。发现冒落预兆，应立即撤出全部人员。

(9) 采空区应及时处理。根据采空区体积及潜在危险大小采取不同的处理办法。体积大，一旦塌落会造成下部整个采场或整个矿井毁灭性灾害的，应采用充填法或及时有效地采用强制崩落的方法处理。体积不大，或远离主要矿体的孤立采空区，可采用密闭方法处理。密闭墙的强度应满足抵御塌落时所产生的冲击波的冲击。

(10) 禁止放空溜矿井，不合格的大块矿石、废旧钢材、木材和钢丝绳等杂物，严禁放入井内，以防堵塞。放矿时，放矿工应和采场搬运工取得联系，防止其同时往溜井倒矿，矿石流冲出伤人。

(11) 严禁人员直接站在溜井、漏斗的矿石上或进入溜井与漏斗内处理堵塞。

(12) 采场放矿作业出现悬拱或立槽时，严禁人员进入。出现悬拱或立槽时，必须在下方进行处理。

(13) 围岩松软不稳固的回采工作面、采准和切割巷道，须采取支护措施；因爆破或其他原因而受破坏的支护，必须及时修复，确认安全方可继续作业。

(14) 作业中发现冒顶预兆时，应停止作业进行处理；发现大冒顶危险征兆，应立即通知作业人员撤离现场，并及时上报。

23. 浅孔留矿法的安全规定有哪些?

(1) 在开采第一分层前，应将下部漏斗扩完后并充满矿石。

(2) 每个漏斗都应均匀放矿，发现悬空，上部要停止作业，消除悬空后方准继续作业。

(3) 放矿人员和采场内的人员，要密切联系，在放矿影响区域内，不准上下同时作业。

(4) 每回采一分层的放矿量，应控制在使工作面高度保持在2m以内，如果采用机械化凿岩台车钻孔，其高度可视机械要求而定。

24. 充填采矿法的安全规定有哪些?

(1) 采场必须保持两个出口，并有照明。人行井、放矿井和通风井都必须保持畅通。

(2) 禁止在采场内同时进行凿岩和处理浮石。

(3) 采场放炮前，必须通知相邻采场和附近井巷作业人员，并加强警戒。

(4) 上向分层充填采场，必须先施工充填井及其联络道，然后施工底部结构及拉底巷道，以便尽快形成良好的通风条件。

(5) 采场凿岩时，炮孔布置要均匀，沿顶板构成拱形，装药要适当，以控制矿石块度。

（6）采场放矿要设格筛，防止人员坠落和堵塞。

（7）每分层回采后要及时充填，确保充填质量，最后一分层要采取措施，严密接顶。

（8）禁止人员在充填井下方停留和通行。充填时，各工序间应有通讯联系。

（9）下向胶结充填的采场，两帮底角的矿石要清理干净。

（10）干式充填，每个作业点均应有良好的通风、除尘措施，并加强全体防护。

25. 分段采矿法的安全规定是什么？

（1）除回采、运输、充填和通风用的巷道外，禁止在采场顶柱内开掘其他巷道。

（2）上下中段的矿房和矿柱，其规格应相同，上下要对应。

26. 壁式崩落采矿法的安全规定是什么？

（1）悬顶、控顶、放顶距离和放顶的安全措施必须在设计中作出规定。

（2）放顶前要进行全面检查，以确保出口畅通，照明良好和设备安全。

（3）放顶时，禁止人员在放顶区附近的巷道中停留。

（4）在密集支柱中，每隔3～5m要有一个宽度不小于0.8m的安全出口。密集支柱受压过大时，必须及时采取加固措施。

（5）放顶若未达到预期效果，必须作出周密设计，方可进行二次放顶。

（6）多层矿体分层回采时，必须待下层顶板岩石崩落并稳定后，才准回采下部矿层。

（7）相邻两个中段同时回采时，上中段回采工作面应比下中段工作面超前一个工作面斜长的距离，且不得小于20m。

（8）撤柱后不能自行垮落的顶板，应在密集支柱外0.5m处，向放顶区重新凿岩爆破，强制崩落。

（9）机械撤柱及人工撤柱，应自下而上、由远而近进行，矿体倾角小于10°的，撤柱顺序不限。

27. 有底柱分段崩落采矿法和阶段崩落法的安全规定有哪些？

（1）采场电耙道应有独立的进、回风道，电耙道的耙运方向应与风流方向相反。

（2）电耙道间的联络道，应设在入风侧，并在电耙绞车的侧翼或后方。

（3）电耙道放矿溜井口旁，必须有宽度不小于0.8m的人行道。

（4）未修复的电耙道，不准出矿。

（5）采用挤压爆破时，应对补偿空间和放矿量进行控制，以免造成悬拱。

（6）拉底空间应形成厚度不小于3～4m的松散垫层。

（7）采场顶部应有厚度不小于崩落层高度的覆盖岩层。若采场顶板不能自行冒落，应及时强制崩落，或用充填料予以充填。

（8）有底柱分段崩落法和阶段崩落法均应有严格的采矿顺序，特别在高阶段的自然崩落法，其拉底方式和采矿顺序均需要严格遵循地压的规律。

28. 无底柱分段崩落采矿法的安全规定有哪些？

（1）回采工作面的上方，应有大于分段高度的覆盖岩层，以保证回采工作的安全。若上盘不能自行冒落或冒落的岩石量达不到规定的厚度，必须及时进行强制放顶，使覆盖岩层厚度达到分段高度的两倍左右。

（2）上下两个分段同时回采时，上分段应超前于下分段，超前距离应使上分段位于下分段回采工作面的错动范围之外，且不得小于20m。

（3）各分段联络道必须有足够的新鲜风流。

（4）各分段回采完毕，应及时封闭本分段的溜井口。

29. 分层崩落法的安全规定有哪些？

（1）每个分层进路宽度不得超过3m，分层高度不得超过3.5m。

（2）上下分层同时回采时，必须保持上分层（在水平方向上）超前相邻下分层15m以上。

（3）崩落假顶时，禁止人员在相邻的进路内停留。

（4）假顶降落受阻时，禁止继续开采分层。顶板降落产生空洞时，禁止在相邻进路或下部分层巷道内作业。

（5）崩落顶板时，禁止用砍伐法撤出支柱，开采第一分层时，禁止撤出支柱。

（6）顶板不能及时自然崩落的缓倾斜矿体，应进行强制放顶。

（7）凿岩、装药、出矿等作业，应在支护区域内进行。

（8）采区采完后，应在天井口铺设加强假顶。

（9）采矿应从矿块一侧向天井方向进行，以免造成通风不良的独头工作面。当采掘接近天井时，分层沿脉（穿脉）必须在分层内与另一天井相通。

（10）清理工作面，必须从出口开始向崩落区进行。

30. 回采矿柱的安全规定有哪些？

（1）回采顶柱和间柱，应预先检查运输巷道的稳定情况，必要时应采取加固措施。

（2）采用胶结充填采矿法时，须待胶结充填体达到要求强度后，方可进行矿柱回采。

（3）回采未充填的相邻两个矿房的间柱时，禁止在矿柱内开凿巷道。

（4）所有顶柱和间柱的回采准备工作，须在矿房回采结束前做好（嗣后胶结充填采空区除外）。

（5）除装药和爆破工作人员外，禁止无关人员进入未充填的矿房顶柱内的巷道和矿柱回采区。

（6）采用大爆破方式强制崩落大量矿柱时，必须编制大爆破施工组织设计和安全技术措施。在爆破冲击波和地震波及影响半径范围内的巷道、设备及设施，均应采取安全措施。未达到预期崩落效果的，应进行补充崩落设计。

31. 小矿点开采的安全规定有哪些？

（1）小矿点必须留有行人通路。入坑前必须认真检查从地表到工作面的通道和独立的人员出入通道、工作点的边帮、顶板、表土情况，确认安全后，方准进行作业。

（2）遇雨、雪或恶劣天气时，露天矿应停止作业，人员撤至地表。雨、雪过后，应观察一段时间，待边帮稳定后方可恢复生产。

(3) 在提升矿岩时，人员应躲到安全的地点，不准站在吊桶下方。

(4) 地下作业的工作面要有照明，井架要稳固牢靠、提升井口要高于地面，以防止地表水流入采场或矿石等其他物体滚入井内伤人。

(5) 进入空气流通不良地点，应检查氧气含量及其他有毒有害气体含量，防止窒息中毒。

(6) 小矿点没有第二备用电源时，在下暴雨时要停止生产，撤出全部井下人员。

由于国家对小矿山有专门的安全规程，不因其规模大小而有所区别，故小矿山绝不能认为可以不受到安全规程的约束。

32. 采场冒顶片帮事故原因有哪些?

在采矿作业中，最常见的事故是冒顶片帮，约占采矿作业事故的40%以上。分析该类事故的原因主要是:

(1) 采矿方法选择不合理，顶板管理方法不当。如采场布置方式与矿床地质条件不适应，采场阶段太高，矿块太长，顶、帮暴露面积太大，时间过长，加上顶板支护方式、放顶时间选择不当，都容易发生冒顶事故。天井、漏斗布置在矿体上盘或切割巷道过宽都容易破坏矿体及围岩的完整，产生片帮事故。

(2) 作业人员疏忽大意，检查不周。根据冒顶伤亡事故分析，只有极小部分的事故是由于较大型冒落引起的，大多数都属于局部冒落及浮石伤人，且多发生在爆破后1~2h内，这是因为受爆破的冲击和震动作用后，一些发生松动和开裂的岩石，稍受震动或时间一长就会冒落。这时如果正好有人站在下面，将被击中，所以在爆破后应加强对采场顶、帮的检查和处理。另外，在节假日前后或停工时间较长后，恢复生产时，也应加强对顶、帮的检查和处理。

(3) 处理浮石操作方法不当。由于处理浮石操作不当所引起的冒顶事故，大多数是因处理前对顶板缺乏全面、细致的检查，没有掌握浮石情况而造成的。如操作时撬前面的，后面的冒落；撬左边的，右边的冒落；撬小块的浮石，却引起大面积冒落等。有时因为操作工人的技术不熟练，处理浮石时站立位置不当，当浮石下来时无法躲避而造成事故。也有一些事故是由于违反操作规程，冒险空顶作业，违章回收支柱而造成的。

(4) 地质情况变化，自然条件不好。如在采矿体中有小断层、裂隙、溶洞、软岩、泥夹层、破碎带、裂隙水等，都容易引起冒顶片帮，在开采中要特别注意。

(5) 地压活动的影响。有些矿山在开采后对采空区未能及时有效地处理，随着开采深度不断增加，矿山的生产区域不同程度地受到采空区地压活动的影响，容易导致井下采场和巷道发生大面积冒顶片帮事故。

33. 预防冒顶片帮事故发生的措施有哪些?

(1) 根据矿床地质条件，合理选择采矿方法和采场布置。天井、漏斗等应布置在矿床的下盘，避免破坏上盘，造成片帮。开采时，要严格按采掘顺序，自上而下，由远而近，有计划的回采，尽量减少顶板暴露时间，加快采矿速度，缩短回采周期。

(2) 按照安全技术操作规程作业，建立正常的生产秩序和作业制度，加强职工安全技术教育、培训，提高职工安全防范意识和技术水平。

（3）加强采场顶板观察、检查，加强顶板管理。根据已掌握的地质资料，加强现场顶板管理。同时要对采场矿岩情况经常进行检查，及时掌握其变化规律，根据不同情况，采取相应的预防措施。发现岩石松软时，应及时支护，尽量避免在空顶下作业。采场和附近作业点放炮后，应仔细地检查采场顶帮的岩石和支护。检查时人要站在安全的地方，由外向里用尖头长钎子或带矛头的长竹竿撬下松动的岩石。检查处理完毕，再通知其他人员进入采场作业。

（4）注意观测顶板冒落预兆，防止发生大面积冒顶事故。大多数情况下，顶板冒落之前都会有些预兆，如顶板岩石下沉，支架发出爆裂声、发生折断；顶板岩石发出破裂和撞击声；顶板有岩石碎块掉落，涌水、淋水量增大等现象。一旦发现采场有大面积冒顶的征兆，应立即停止采场作业，马上撤离作业区内的人员。

顶板冒落的观测方法有木楔法、标记法、信号柱法等。木楔法就是在顶板裂隙中钉入一块小木楔（或小金属楔）。如果顶板变形、裂隙增大，小木楔会自动落下或松动，说明顶板有冒落危险。标记法是将黄泥、油漆、水泥砂浆抹在顶板裂隙上，观察其变化，也能反映出顶板变形情况。信号柱法是在采场每隔 7～10m 用一根毛竹（或木柱）支撑在顶底板之间，如果发现毛竹（或木柱）压裂，发出响声，说明顶板下沉有冒落危险，应立即将人员撤离采场，然后制定安全措施进行支护。

34. 留矿堆中形成空洞的原因是什么，其预防措施有哪些？

留矿堆中形成空洞的原因主要有：由于矿体上盘围岩节理发育，断层较多，回采易产生大块矿岩；矿石湿度大，粉矿和夹杂黏土多，易黏结成块；回采进度太慢，或采场搁置停采，长期没有放矿；漏斗间距太大；以及落矿后，平场时二次破碎不充分，以致大块矿石潜埋于矿堆内，矿房局部发生堵塞，形成空洞。

防止留矿堆中形成空洞的措施如下：

（1）选择合理的爆破参数，减少爆破产生大块或粉矿，尽可能保持上盘围岩不被破坏。

（2）平整采场时，应仔细进行大块矿石的二次破碎工作。

（3）局部不稳固的矿体可留不规则矿柱，防止大块片帮。粉矿较多、含有黏土夹层、矿石湿度大时，应预先确定采用较小的漏斗间距，并做到经常且均匀地放矿。放矿时，要注意以下安全要点：

1）放矿过程中，仔细观察各漏斗矿石堆表面下降程度是否与放矿量相适应，以便及时发现并防止矿堆中形成空洞。

2）放矿时，采场内不得有人作业，观察人员应站在天井两侧的联络道中。一旦发现矿堆中有空洞，必须及时处理。处理空洞时禁止人员进入溜矿井或漏斗内处理堵塞。常用的处理方法如下：

①在空洞的两侧漏斗放矿，破坏空洞周围矿石的平衡，使悬空的矿石掉落。

②用较大的炸药包在空洞的位置上爆破，震落悬空的矿石，该方法适用于处理拱形空洞。

③使用土火箭爆破法消除悬拱。

④用高压水冲洗因粉矿多而引起结拱形成的空洞。

35. 坠井事故的原因是什么，其预防措施有哪些？

采矿作业过程中，人员经常进出采场，途经天井和溜井，如果天井支架不牢，梯子没有固定好，梯子间没有防护栏杆，天井扒钉把手不牢，或是溜井口未设标志、护栏和格筛等，往往容易导致坠井事故。

坠井事故预防措施如下：

（1）根据岩石稳定程度，架设相应牢固的支架。岩石稳固时，可以用横撑支柱。岩石不稳固时，必须用方框支架。有片帮危险时须留矿柱。

（2）天井的梯子、扶手要牢靠，并经常检查。每隔3～4m搭设一层平台，梯子间与提升间之间应有隔板。天井高度不大，单纯用扒钉作把手时，须另设一根牢靠的保险绳以防不测。

（3）为防止人员坠入天井、溜井，天井、溜井上部应设有明显的标志和照明，井口边应留有1m宽的人行道和围栏、链条等，作业时取下防坠装置，不作业时立即恢复，并注意检查和更换，保持其良好的状态。

（4）不使用的天井和溜井应及时封闭，防止行人不慎坠井。

（5）井下作业人员要严格遵守安全管理规定，不得跨越溜井。

（6）应装设明显的标志和防坠装置、光信号、围栏、链条等。

36. 溜矿井、放矿漏斗的安全措施有哪些？

由于溜矿井或放矿漏斗卡矿、堵塞处理不当，造成人身严重伤亡的事故在矿山时有发生。预防和处理溜井、卡矿、堵塞现象，应采取以下安全措施：

（1）溜井的坡道设计和施工要合理，不要拐死弯。

（2）溜井使用前，必须将井中的杂物清理干净。使用过程中，严禁将废旧木材、钢管、钢钎、钢丝绳等杂物及大块矿石放入溜井，以免堵塞溜井。

（3）禁止放空溜矿井内的矿石。

（4）主溜井不允许有水流入，雨季应尽量减少溜井储矿量。当溜井有储水时，应停止放矿，以防发生跑矿事故。

（5）禁止人员进入溜井和漏斗内处理堵塞，正确的处理方法是：1）卡矿发生在溜井上部10m以内时，可以打入钢管，通过钢管装药爆破；2）采用火箭弹处理；3）向卡矿部位打深孔，孔底装药爆破。采用特殊方法处理时，须经过矿总工程师批准。

（6）当放矿漏斗卡矿时，可用撬棍从漏斗中向上撬，若撬不下来，可用爆破震动，这时，装药量要少，爆破前人员要撤离到安全地点，并放好警戒。

（7）对暂停放矿的溜井要定期松动放矿，一旦发生堵塞，上中段应立即停止放矿。

第四节　采掘工作面安全管理技术

37. 采、掘工作面安全技术管理可分为哪些环节？

采（矿）、掘（进）工作面的安全管理是整个矿山安全技术管理工作的核心。按生产技术管理环节，采、掘工作面安全技术管理主要可分为三个环节：

（1）采、掘工作面开工前，应作施工组织设计及采、掘工作面作业规程，包括作业规程的编制、审批和向有关基层领导及职工做好贯彻工作。

（2）按作业规程的规定，组织工人实施。实施过程中，矿领导、生产、技术、安全管理人员要经常对实施情况进行检查。

（3）在作业规程的执行中遇到未预料的问题时，要寻求改进方法，及时修改作业规程，或补充有关的安全技术措施。

38. 什么是采、掘工作循环，什么是正规循环?

矿山生产的突出特点是作为基本生产单位的采、掘工作面每时每刻都处在变动之中。采、掘工作面虽然是不断变动的，但使采、掘工作面变动的方法及完成这种方法的工作过程（工序）都是不断重复的。矿山生产中将此种重复称为采、掘工作循环。将每一次完成全部工序的工作过程称为一个作业循环。

在限定的时间内，为完成采、掘工作面的全部生产工序，而将工作面所有工作人员进行合理的分工与有机的组织，充分利用工作空间与时间，达到预定的工作效果，并保证不间断地进行的工作方法，称为正规循环。

39. 采、掘工作面循环内容是什么，各以什么作为完成循环的标志?

采矿工作面循环的主要内容是凿岩、爆破落矿、通风、放矿（或耙矿、运矿）、支护、处理采空区等。一般以完成放矿、完成支护及采空区处理作为完成循环的标志，如留矿采矿法是以完成放矿作为标志。

掘进工作面的循环内容随着巷道的用途、断面大小以及支护方式的不同变化较大。因此，常以在工作面相互干扰较大的主要工序作为循环的主要内容。生产中一般以凿岩、爆破、通风、装运、支护作为主要循环内容，而其他工作（如爆破、装运、支护的准备工作等）都与上述工作平行进行，掘进循环的完成一般以装运完工作面岩石（对裸体巷道）及完成工作面支护工作为标志。

由于具体循环组织方式的不同，每班完成的循环数也不一定以装运或支护为标志，如有的矿以钻孔爆破为标志，爆破后就下班了。

40. 什么是采、掘工作面循环方式，主要由哪些因素决定?

采、掘工作面一昼夜完成的循环次数称为循环方式。可分为昼夜单循环（回采工作面使用较多）和昼夜多循环（掘进工作面使用较多）两种。

采、掘工作面循环方式影响因素主要有工作面劳动组织方式、循环工作量的大小、各工序平行交叉作业的程度、技术装备水平、工艺水平、矿体赋存地质条件等。其中，循环工作量的大小是由循环进尺确定的，是决定昼夜循环次数最主要的因素。

41. 什么是采掘工作面循环进度，受哪些因素影响?

采掘工作面循环进度是指完成一个循环后，采掘工作面向前推进的距离。

采掘工作面循环进度影响因素如下：

（1）采矿工作面的循环进度影响因素较多，如受钻孔爆破技术、设备，支护放顶距离，放矿、留矿高度等影响。

（2）掘进工作面循环进度主要受巷道断面大小、钻孔爆破技术和设备的影响。

42. 采、掘工作面工序如何安排，其注意事项有哪些？

采、掘工作面工序安排是确定工作面循环方式及作业形式的基本依据。合理的循环方式和作业形式，要有相应的工序安排来保证。安排工序时，要明确各工序之间的相互关系，是只能一项一项进行的顺序关系，还是可以同时作业的平行关系。还要明确各工序所处的地位，是主要工序，还是辅助工序。然后经过测算确定完成各道工序所需要的时间。最后，按照各工序之间的关系和所需要的时间，恰当地安排在各个班内，组成统一的采、掘工艺过程。

工序安排应做到充分利用空间和时间，缩短循环周期、避免各工序相互影响，充分提高各工序、各工种的工时利用率。在具体组织各工序的工作时，要注意以下几点：

（1）提高主要工序的工时利用率是提高产量和效率的关键，因此，首先要考虑主要工序的安排，其他工序则应配合主要工序来安排。如巷道掘进时，因有些乡镇小矿仍用手工凿岩，凿岩爆破费时最大，应尽量改为机械凿岩。在留矿法采矿时，工作面凿岩与下部放矿是不能同时进行的两个主要工序，如果安排得当，对提高工效将有很大好处。

（2）次要工序与主要工序之间，有时是顺序作业，有时是平行作业，有时要超前作业，有时要滞后作业。在保证安全生产的前提下，尽可能平行作业，以充分利用采掘工作面的空间和时间，缩短循环周期。采用平行作业时，要根据安全规程和操作规程的规定，在时间上和空间上保持一定的错距。

（3）每天应规定有一定的机电设备检修时间。

（4）要考虑与全矿井的工作制度、生活服务制度及其他生产环节相配合的问题。

43. 掘进工作面作业规程的主要内容有哪些？

掘进工作面作业规程是指导和组织施工，正确选择施工方案，合理安排施工顺序，缩短工期，节约投资，保证安全施工和工程质量的重要技术文件。每一个掘进工作面在开工前都应编制作业规程或施工组织设计，临时性施工工程必须编制安全技术措施。

掘进工作面作业规程的主要内容如下：

（1）巷道概况：说明该巷道的一般技术特征，如位置、用途、断面、长度等要求的月进尺及施工特点，并附巷道断面图及与其他巷道关系的平面图。

（2）地质条件：巷道穿过的岩层特征，如岩层的稳定程度、坚固性、涌水量大小等。

（3）施工方法：包括顺序作业还是平行作业，爆破破岩还是机械破岩等。施工方法要选得合理，以充分发挥工人的劳动积极性和设备利用率。要尽量坚持一次成巷施工，做到掘进、支护、水沟三到头。

（4）主要施工设备的选用和布置。

（5）劳动组织：选择合理的劳动力搭配方式，建立工种岗位责任制，分班说明工种、数量及分工职责范围。计算出每米、每立方米及每一循环所需工数和每工的效率。

（6）编制爆破说明书：应附炮孔布置图，注明巷道掘进断面的规格、炮孔位置及数量、炮孔深度及角度、每孔的装药量及起爆顺序等。并计算出每米、每立方米及每一循环的炸药、雷管的消耗量及每一循环的有效进尺。

（7）支护说明书：应附有支架规格图，注明支架的详细尺寸，说明支护方式及支护结构，并计算出每米、每立方米及每一循环的材料消耗量。采用喷锚支护时，应有质量要求，并进行拉拔试验和锚固力矩检验，验证是否达到了要求。

（8）编制每昼夜循环图表。

（9）其他辅助工序的安排：简要说明通风方式，运输、调车方法，风水管路布置等，并附有必要的图纸。

（10）施工质量标准：说明工程的质量标准，检查验收方法及保证施工工程质量的技术措施。

（11）安全技术措施：结合掘进工作面的具体情况，提出切实可行的施工安全技术措施及灾害预防处理方法。

44. 编制掘进工作面作业规程的原则及步骤是什么?

（1）编制的原则。

1）应根据矿井总体及局部设计的要求，并按照安全规程、操作规程及有关技术政策的规定进行编制。

2）尽量使掘进工作面施工达到安全优质、高效低耗。

3）符合实际，切实可行。

4）尽量采用科学的管理方法和先进的技术设备。

（2）编制的步骤。

1）调查研究，总结经验。要了解具体工作面的地质情况、机械设备情况以及运输、通风等方面的条件，总结类似巷道施工中的经验教训。

2）确定本工作面的任务及其他指标要求。

3）选择合理的施工方案，确定循环作业方式，工序安排和劳动组织，制订出各项安全技术措施，计算预期的技术经济指标。

4）综合整理，绘制出各种图件，写出文字说明，形成完整的作业规程，经审批后执行。

第五节　运输提升安全技术

45. 矿山运输提升的任务是什么，提升运输方式有哪几类?

运输和提升是矿山生产的重要环节，其任务是，将采场采出的矿石运到地表选矿厂或贮矿场，将废石运送到废石场，运送生产所需的各种器材、设备及作业人员等。

在矿山事故中，提升运输事故所占的比例很大，由于井下环境恶劣，空间狭窄，照明不足，而且运输设备的转速和动能都较大，因此，极易造成后果严重的运输事故。一旦提升运输系统发生重大事故，整个矿井生产将陷于瘫痪。因此，保证提升运输系统的安全可靠性，对矿山的安全与生产是至关重要的。

矿山提升运输方式是根据矿床的开采方法、开拓方式及经济技术条件确定的。地下开采的主要提升运输方式主要有：竖井提升、斜井提升和平巷运输。

46. 什么是竖井提升，如何分类？

竖井提升就是通过安装在竖井井口、井筒和井底的设备、装置进行的提升运输工作。竖井提升系统使用的主要设备和装置包括：提升机、井架、天轮、钢丝绳、连接装置、提升容器、井筒导向装置、井口和井底的承接装置、阻车器、安全门以及信号装置等。这些设备和装置是竖井提升中不可缺少的部分，同时也是提升安全工作中必须注意的重要环节。

按照提升机的不同，竖井提升分为竖井单绳缠绕式提升、双筒双绳缠绕式提升和多绳摩擦式提升，一般单绳缠绕式提升多用于深度大于600m 的矿井，双筒双绳和多绳摩擦式提升多用于深度大于300m 的矿井。

按照提升容器的不同，竖井提升可以分为罐笼提升、箕斗提升和吊桶提升。小型矿井使用罐笼提升较为普遍。一般在井筒断面大、提升量多而提升水平又少的矿井采用双罐笼提升；井筒断面小、提升水平多的矿井可采用单罐笼带平衡锤提升；井口断面小、提升量少的矿井可采用单罐笼提升。在竖井开凿和延伸期间，一般采用吊桶提升。

47. 矿井普通双罐笼提升系统是如何工作的？

图1-1所示为矿井普通双罐笼提升系统示意图。

图1-1中一个罐笼位于井底车场进行装载，另一个罐笼在地面井口进行卸载。两条钢丝绳分别悬挂着这两个罐笼，它们的另一端分别绕过井架的天轮，以相反的方向缠绕并固定在提升机的两个滚筒上。罐笼装载和卸载完毕后，通过信号联系，提升机开始启动，通过缠绕在滚筒上的钢丝绳提升井下装重车的罐笼，同时将地面装空车的罐笼下放到井底，这样就完成了一个工作循环。

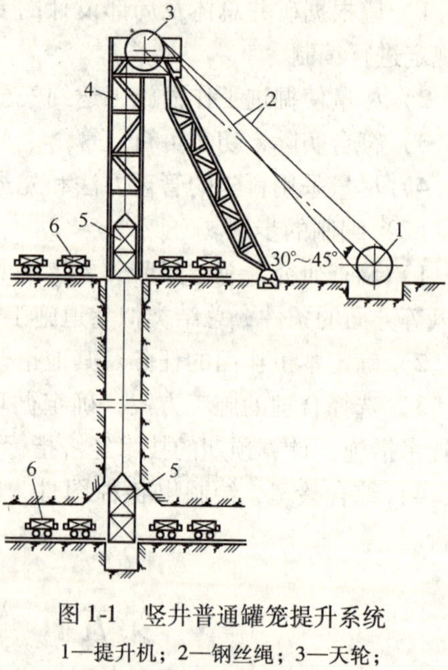

图1-1 竖井普通罐笼提升系统
1—提升机；2—钢丝绳；3—天轮；
4—井架；5—普通罐笼；6—矿车

48. 提升机安全技术要求有哪些？

提升机又称为绞车或卷扬机，其用途是利用钢丝绳的缠绕，以完成提升或下放货载的任务，是矿井提升的主要设备。非煤矿山使用的提升机主要有三种系列，即单筒单绳缠绕式系列、双筒双绳缠绕式系列和多绳摩擦式系列。

（1）卷筒缠绳要求。钢丝绳在卷筒上缠绕后，会对卷筒产生缠绕应力，缠绕应力过大会造成钢绳损坏过快和筒壳变形损坏。为了使筒壳应力分布均匀，在筒壳外面装设衬木，并在上面刻有绳槽，以使钢绳排列整齐。为了限制应力和避免跳绳、咬绳，安全规程对钢丝绳缠绕的层数作了规定。并规定缠绕层数在两层以上时，卷筒边缘高出最外一层钢丝绳的高度不小于钢丝绳直径的2.5倍；钢丝绳由下层转到上层临界段（相当于1/4绳圈长）必须经常加以检查，每季度应将钢丝绳临界段串动1/4绳圈的位置。

钢丝绳的绳头固定在卷筒上必须牢固，要有特备的卡绳装置，不得系在卷筒轴上；穿绳孔不得有锐利的边缘和毛刺，曲折处的弯曲不得形成锐角，以防止钢丝绳变形；卷筒上必须经常缠留三圈绳作为摩擦圈，以减轻钢丝绳与卷筒连接处的张力。

（2）提升机安全装置。提升机的安全装置主要包括：制动装置、过卷保护装置、深度指示器、限速保护装置及紧急脚踏开关等。

1）制动装置。制动装置是提升机的主要安全装置，它不但满足提升机正常运行时的工作制动，而且在发生意外事故时还能及时进行保险制动（也称紧急制动）。提升机的制动装置应能使提升系统迅速而平稳地进行制动，它的制动力矩要适当，不能太小，也不能太大。太小了将使制动距离过大，甚至在重载时刹不住车；太大了将会产生过大的减速度而引起冲击，甚至会造成断绳等事故。为此，安全规程规定：工作制动和安全制动在工作时，其制动力矩不得小于实际提升最大静力矩的3倍；下放重物时安全制动的减速度不得小于$1.5m/s^2$，提升重物时的减速度不得大于$5m/s^2$。

制动装置的动作必须灵活可靠；各种传动杆件不变形、没有裂纹，紧固件不得松动；各销轴不松旷，不缺油，开口销齐全。闸瓦与闸轮或制动盘接触良好。闸瓦与闸轮或制动盘的间隙应符合安全规程要求。为了保证制动装置能安全可靠地工作，必须经常进行检查和维护。

2）过卷保护装置。当提升容器被提升到井口而未停车，并越过井口位置继续向上提升而造成的事故称为过卷事故。这类事故往往会造成很严重的后果，如将井架拉倒，或者将钢丝绳拉断而使提升容器坠落井底。当提升容器下放到井底而未减速停车，与井底承接装置或井窝发生撞击而造成的事故称为礅罐事故，即下放过卷事故。

过卷保护装置就是为了避免过卷事故，当提升容器超过正常卸载位置（或出车平台）0.5m时，能自动断电，并能使保险闸发生动作的装置。除安装可靠的过卷保护装置外，井架还必须有一定的过卷高度，其要求如下：提升速度小于3m/s时，过卷高度不得小于4m；提升速度为3～6m/s时，过卷高度不得小于6m；提升速度为6～10m/s（不包括6m/s）时，过卷高度不小于最高提升速度下运行1s的提升高度；凿井时期用吊桶提升不得小于4m。

3）深度指示器。深度指示器可指示出提升容器在井筒中的位置。当提升容器接近井口时能发出减速警告信号，提醒司机注意，同时在深度指示器上安装有过卷保护开关、自动减速开关及限速凸轮板等器件。目前使用的深度指示器有牌坊式和圆盘式两种。

4）限速保护装置。限速保护装置是当提升速度超过正常最大速度的15%时，能使提升机自动停止运转，并实现安全制动的装置。限速保护装置有两个作用：一是防止提升机超速；二是限制提升容器到达井口时的速度，以防止过卷保护装置动作后，因速度高而使制动距离过大造成事故。为此，安全规程要求：当罐笼提升系统最大提升速度超过4m/s和箕斗提升系统最高速度超过6m/s时，限速保护装置能控制提升容器接近井口时的速度不超过2m/s。

5）紧急脚踏开关。为了能在提升机的工作闸或主控制器失灵等紧急情况下，司机能够迅速地切断电源，实现紧急制动，防止事故的发生，在司机台前装设紧急脚踏开关。只要司机一踩，就能实现紧急制动，并切断电源。

提升机除了上述安全保护装置外，还有过电流、欠电压、松绳、闸瓦磨损等保护装置以及许多电气闭锁装置。一般来说提升能力大，速度高的大型提升机，其安全保护装置较齐全，要求也较高。小型提升机相对来说，安全保护装置则较简单。但对于已有的安全保护装置一定要使用好，注意日常检修维护和试验，尽可能保证其保护性能的正常发挥。

49. 提升机的安全操作注意事项有哪些?

矿井提升机能否安全运行，除了有良好的性能外，其安全操作非常重要。提升机司机是矿山的特种工种之一，要由身体健康、责任心强、受过专门技术训练并考试合格取得合格证的人员担任，提升机操作应注意的事项有：

（1）每班在提升前，应对提升设备进行认真检查、试车，了解紧急闸与工作闸是否灵敏可靠，各个部件是否正常，确认无误后，方可开车。

（2）操作过程中，必须精力集中，谨慎细心，随时注意仪表读数，深度指示器的指示位置，钢丝绳的排列，机器运转的声音等情况，发现异常，立即停车查找原因，并及时汇报和处理。

（3）提升信号不清楚、不确切，不准开车，必须询问查清原因再执行操作。

（4）当发生下列紧急情况时，应使用紧急制动：有紧急停车信号；提升容器接近井口尚未减速；有卡罐等意外故障；工作闸或控制器等主要部件失灵时。

50. 提升钢丝绳的使用和维护的要求是什么?

矿井提升钢丝绳是连接提升容器和提升机，传递动力的重要部件。它的可靠使用是升降人员和物料的安全保证，而钢丝绳又最容易损坏，是安全提升的最薄弱环节，因此应予特别重视。

钢丝绳是由一定数量的钢丝捻成绳股，再由若干绳股（一般为六股）沿着一个含油的纤维绳芯捻制而成。由于提升钢丝绳直接关系到人员生命安全，故对钢丝绳的选择有严格的规定。不同类型的提升机（单绳或多绳），提人时的安全系数也不同。

在提升钢丝绳的使用上，一方面要合理地选择结构和规格；另一方面应正确地使用、维护与检查，以便及时掌握钢丝绳的状况，延长钢丝绳的使用寿命，确保提升安全。

（1）钢丝绳的使用与维护。

1）在钢丝绳的使用中，应满足安全规程规定的卷筒直径与钢丝绳直径的比值要求，以控制其弯曲疲劳应力。钢丝绳在卷筒上排列要整齐，运行时要保持平稳，不跳动、不咬绳。

2）钢丝绳使用过程中应注意润滑，良好的润滑对延长钢丝绳的寿命影响很大，因此应定期对钢丝绳涂油。涂油前，应先清除钢丝绳上的尘土污油，然后用人工法或涂油器法（钢丝绳穿过两半合成的油筒，随着钢丝绳的移动，并及时向油筒内添加热油）进行涂油。

3）因钢丝绳绳头部分损坏较快，所以对钢丝绳应定期进行斩头。同时也要定期调头，将与卷筒连接的一端和与连接装置连接的另一端互相更换，以增加钢丝绳的使用寿命。斩头和调头的期限，应根据各单位不同使用条件和钢丝绳损坏情况确定。

4）井筒内应尽量减少淋水，保持干燥，以避免钢丝绳的锈蚀。

5）要注意钢丝绳的运输和存放，提升启动、停车、加减速时要平稳操作，以减少对钢丝绳的损坏。

（2）钢丝绳的检查。

1）新钢丝绳到货后应检查是否有厂家合格证书、验收证书等资料，有无锈蚀和损伤，不符合要求的不准使用。升降人员的钢丝绳要按安全规程的规定进行试验。

2）使用中的钢丝绳应每日检查一次。检查时，采用慢速运行对钢丝绳进行外观检查，同时可用手将棉纱围在钢丝绳上，如有断丝，其断丝头就会把棉纱挂住。要特别注意检查绳头端和容易磨损段，还要注意不得有漏检。

3）钢丝绳在遭受卡罐或突然停车等猛烈拉力时，应立即停车检查。钢丝绳的检查工作要由专人负责，并作好检查记录。

51. 钢丝绳在哪些情况下必须更换新绳？

钢丝绳的检查是一项很细致、实践性很强的工作，因目前对某些损伤（如锈蚀）还没有定量标准，检测手段在许多方面还靠眼观手摸，因此要在实践中不断积累经验，准确判断钢丝绳的状况。在以下情况下必须更换新绳：

（1）升降人员或升降人员和物料的钢丝绳在一个捻距内断丝数达5%，专门升降物料的达到10%；

（2）提升钢丝绳直径缩小达到10%或外层钢丝直径减少3%；

（3）钢丝绳的钢丝有变黑、锈皮、点蚀麻坑等损伤时，不得用于升降人员；钢丝绳锈蚀严重，点蚀麻坑形成沟纹、外层钢丝松动时，不论断丝数或绳径变细多少，都必须更换；

（4）钢丝绳产生严重扭曲或变形；

（5）遭受猛烈拉力的一段，其长度伸长0.5%以上。

52. 井口安全设施有哪些？

为了保证提升作业的安全，防止发生人身或设备安全事故，在罐笼提升系统各井口必须装设必要的安全设施。

（1）井口安全门。在地面及各中段井口必须装设安全门，防止人员进入危险区或者其他运输设备冲入井筒，造成设备或人员的坠井事故。安全门必须开启方便、防护可靠。安全门按其操作方式可分为手动、罐笼带动、气动和电动等多种形式。安全门只有在人员上下罐或进行其他提升作业时才打开，其他时间处于关闭状态。

（2）井口阻车器。阻车器安装在罐笼提升的井口车场进车侧，目的是为了防止矿车落入井筒。阻车器的操作方式有手动式、半自动式和自动式。手动式就是用手柄直接操纵传动系统，半自动式是用汽缸或电动液压推杆等传动，自动式是利用罐笼升降、矿车运行等方式为动力的杠杆传动系统。

（3）罐笼承接装置。罐笼承接装置是为了便于矿车出入罐笼而在各井口安设的装置，主要有承接梁、托台和摇台三种类型。承接装置应与提升机或提升信号闭锁，以免发生冲撞事故。

1）承接梁是一种最简单的承接装置，但仅用于井底，且容易发生礅罐事故，故不宜用于升降人员。

2）托台是一种利用其活动托爪承接罐笼的机构。平时靠平衡锤使托爪处于打开位置，操作手柄（或气动、液动）可使托爪伸出。一般用于地面井口。停罐时要求罐笼先高于正常停罐位置，伸出托爪后，将罐笼放到托爪上。当下放罐笼时，需先将罐笼上提一段，然后收回托爪，罐笼才能继续运行，使用托台能使罐笼停车位置准确，便于矿车出入。推入矿车时产生的冲击负荷可由托爪承受，免去了对钢丝绳的冲击。但停罐作业较复杂、时间长，当操作失调，托爪伸出时，会造成礅罐事故。因此，提升人员时最好不使用托台。

3）摇台是由能绕轴转动的两个钢臂组成的机构。平时摇台臂抬起，当罐笼到达停车位置时，用其两根活动摇臂的轨尖搭在罐笼的底板上，将罐笼内轨道与车场轨道连接起来，以便矿车进出罐笼、摇台可通过手动、气动和液压等方式进行操作。使用摇台能缩短停罐作业时间，简化提升过程，并由于有活动的轨夹，一旦因意外原因摇台落下时，轨夹被打翻而不会影响罐笼安全运行，也不会礅罐，因此摇台应用广泛，在井底、井口以及中段车场都可以使用。

53. 提升信号设置的要求是什么？

为了统一指挥提升作业，保障人员、设施的安全和生产正常进行，井底、井口以及中段车场之间，井口和绞车房之间必须安装提升信号，如声光信号、辅助信号、电话等。设置提升信号的要求是：

（1）信号系统必须完善、可靠，信号要清晰明了、准确无误、容易识别。

（2）井底和各中段发出的信号须经井口信号工转发给提升机房，不准越过井口信号工直接向提升机房发开车信号，但可以发紧急停车信号。

（3）井口信号应与提升机的控制回路闭锁，只有信号发出后，提升机才能启动。

54. 人员提升安全要求有哪些？

罐笼井是人员进出的主要通路。为了避免提升人员时发生事故，必须经常对入井人员进行安全教育，建立健全严格的信号管理和乘罐制度，加强对井口（中段、井底）的安全管理。

（1）信号工不仅仅是提升信号的操作者，也是井口安全的管理者。信号工发出信号之前，必须看清楚罐笼内和井筒附近人员的情况，关好罐笼门和井口安全门，防止有人进入危险位置。

（2）把罐工或专职安全员关上罐门和井口安全门后，才能发出升降信号。

（3）乘罐人员要严格遵守乘罐制度。

55. 吊桶提升安全要求有哪些？

吊桶是竖井开凿和延伸时使用的提升容器。吊桶依照构造可分为自动翻转式、底开式与非翻转式。任何生产矿山，不论其规模大小，都应用罐笼提升人员，除非在凿井期间，否则严禁用吊桶升降人员。非翻转式吊桶可供竖井开凿时升降人员、提运物料使用。

吊桶的结构强度必须符合安全要求，由于吊桶的吊环经常受到较大的弯曲应力，容易疲劳而断裂，因此必须加强对吊环的检查和维护。另外，吊桶与钢丝绳之间必须采用不能自行脱落的连接装置。用吊桶升降人员时，必须符合以下安全规定：

（1）吊桶要沿钢丝绳罐道升降。在凿井初期尚未装设罐道前，吊桶距离不得超过40m，凿井时吊盘下面不装设罐道的部分也不得超过40m。

（2）吊桶上方要装设坚固的保护伞。

（3）乘吊桶人员必须佩戴保险带，不准坐在吊桶边缘；装有物料的吊桶不得乘坐。

（4）没有特殊安全装置的自动翻转式或底开式吊桶，不准升降人员。

（5）吊桶升降人员到井口时，必须在出车平台的井盖门关闭和吊桶放稳后，方允许人员进出吊桶。

（6）吊桶提人的提升速度无导向绳时不得超过1m/s。

56. 什么是斜井提升，斜井串车运输的工作方式是什么？

斜井提升是指用安装在地面的提升机，通过斜井对矿物、材料和人员进行的运输工作。斜井运输的容器主要是矿车和箕斗，乘坐人员时则称为人车（图1-2）。

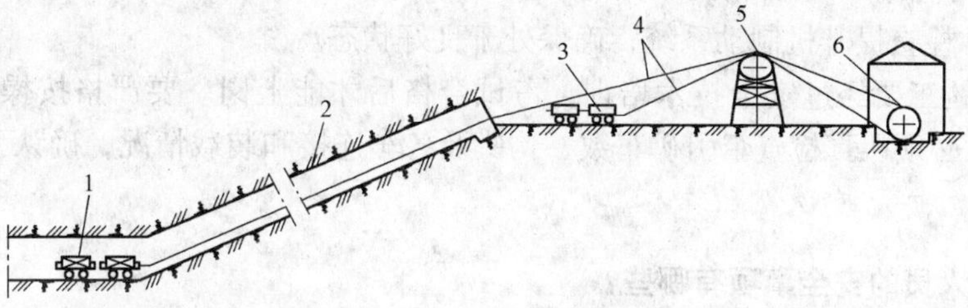

图1-2 斜井串车提升系统

1—重矿车；2—斜井井筒；3—空矿车；4—钢丝绳；5—天轮；6—提升机

斜井串车运输的工作方式是：井底重车由井底的把钩工挂至牵引钢丝绳上，通过井上下的信号联系，开动绞车将井下的重矿车运到地面，同时把井口的空矿车放至井底。另外还有一种是斜井单绳提升，即井底重车提升到地面后，摘钩；再挂上空车，下放到井底。斜井串车提升是小型矿山常用的提升方式，具有设备简单、投资少、见效快等优点。

57. 斜井跑车事故的原因是什么，其预防措施是什么？

由于斜井提升中频繁摘挂钩，再加上钢丝绳容易磨损和断裂，因此容易发生跑车事故。其后果较为严重，不仅造成设备损毁，而且导致人员伤亡，生产停顿。造成跑车事故的原因一般有：

（1）挂钩工疏忽，将未挂钩的空车下推造成跑车。

（2）挂钩工操作不当，如在车辆未全部提上来就提前摘钩，造成未上来的车辆跑车。

（3）钢丝绳断裂或连接装置断裂造成跑车。

（4）提升机制动失灵造成跑车。

（5）车辆运行中挂钩插销跳出造成跑车。

防止跑车事故应遵从两条原则，一是防止跑车事故发生；二是一旦发生跑车后，要避免事故扩大，尤其是避免人员伤害。按照这两条原则，主要预防措施如下：

（1）斜井上部和中间车场，应装设阻车器或挡车栏，当车辆通过时打开，通过后关闭。下部及中间车场须设置躲避硐室。

（2）钢丝绳与矿车的连接、矿车之间的连接都不能使用自行脱落的连接装置。

（3）在斜井内装设防跑车装置。

（4）严格执行斜井行车不行人、行人不行车制度，禁止人员在运输道上行走；斜井运输时，严禁蹬钩。

（5）运送物料时，每次开车前，跟车工应对运输设备、连接装置进行检查，确认无误后方可发出开车信号。

（6）加强钢丝绳的检查和维护，防止断绳跑车事故的发生。在平车场下放时，不要松绳过多，以避免车辆在突然下坡时造成对钢丝绳的冲击破坏。

（7）轨道要符合质量标准，并要及时清理，以防矿车掉道或运行时跳动。

（8）加强矿车的检查与维护，发现底盘有开焊和裂纹时，停止使用。三链环与插销等连接装置要符合要求，不合格的不得使用。

（9）经常检查提升机制动系统，确保处于良好状态。

（10）把钩工要经过安全技术培训，考试合格后才能上岗。要严格按操作规程作业，每次开车前，必须认真检查牵引矿车数、钩头及各车连接和装载情况，确认无误，才能发出开车信号。

58. 斜井运送人员的安全事项有哪些？

（1）斜井距离较长，垂高较大时，应采用专用人车运送人员。各车辆之间除连接装置外，必须附有保险链。连接装置和保险链要有足够的安全系数。人车应有顶棚，还应装有断绳保险器，当发生断绳、脱钩事故时，能自动（也能手动）地平稳停车。

（2）斜井用矿车组提升时，严禁人货混合串车提升。

（3）在用列车运送人员的斜井内，必须安装信号装置，保证在行驶途中任何地点，跟车工都能向司机发出信号，而在多水平运输时，司机能辨认出各水平发出的信号。所有收发信号的地点，都应挂明显的信号牌。

（4）斜井运输工作必须有专人管理。斜井人车在运行前应对其连接装置、保险链、保险器、轨道和车辆等设备进行检查，在每班运送人员前，进行一次空载运行。确认安全后，再运送人员。

（5）运送人员的列车必须有跟车安全员，跟车安全员要坐在行驶方向的第一辆装有保险器操纵杆的车内。乘车人员必须听从随车安全员指挥，按指定地点上下车，上车后必须关好车门，挂好车链。

（6）乘车人员要遵守人车管理制度，服从人车司机和随车安全员的指挥，不得拥挤，不准超员乘坐；井口和车场要设候车室，依次序下车、上车；上车后必须关好车门，挂好车链，才能发出开车信号；乘车人员不得将身体探出车外，以防意外事故发生。

（7）人员在上下斜井时，其上下车地点的斜井应有足够宽的人行道，一般应不小于1.5m，具有良好的照明和台阶踏步。

59. 地下矿山的运输方式有哪些，各种运输方式特点如何？

地下矿山运输方式主要有人力运输和机械运输。机械运输又可分为：轨道运输和无轨运输。无轨运输包括：轮胎式运输、带式输送机运输。

（1）轨道运输是我国矿山使用最广泛的一种运输方式，其主要设备有轨道、矿车、牵引设备和辅助设备等。

1）井下巷道中铺设的轨道通常是窄轨。我国矿山常用的轨道为600mm 轨距 11～18kg/m 的钢轨，以及762mm 和900mm 轨距22～38kg/m 钢轨。

2）地下矿用的矿车有以下几种：固定车厢式，只能在固定地点借助翻车机或人工卸载，矿车容积为 0.5～10m^3；翻斗车，容积 0.5～1.2m^3，卸载方便，在中小矿山使用广泛；还有侧卸式、前倾式、底卸式和梭式等几种。

3）矿用电机车是轨道运输的牵引设备，常见的有架线式和蓄电池式两种。金属矿山主要用架线式电机车。一般都用直流电源，需在井下设变流站，将交流电变为直流电。电机车的电源和架线及轨道形成回路，因电源常冒火花，不能在有瓦斯爆炸危险的矿井使用。目前架线式电机车有 3t、7t、10t、14t 和 20t 等几种。蓄电池式电机车由本身所带的蓄电池供电，它不需要架线，也不产生电火花，主要用于有瓦斯爆炸危险的矿井，或在运距短的临时巷道中作辅助运输。

4）轨道运输的辅助设备有翻车机、推车器、阻车器等。

（2）无轨运输。

1）轮胎式运输设备主要有地下矿用汽车、铲运机、拖拉机、三轮车等。地下矿用汽车是一种柴油无轨运输设备，国外矿山已广泛使用，目前，我国仅在少数矿井使用。拖拉机、三轮车在小型矿山应用较广。井下无轨运输使用的自卸式汽车有翻转式和推卸式两种。这种运输方式必须开掘供汽车及其他柴油无轨设备行驶的斜坡道（斜坡道开拓的矿山）。斜坡道的坡度一般为10%～20%。

由于井下使用的无轨运输设备大都是用柴油发动机驱动，柴油机工作时会排出大量有毒有害气体，严重污染井下空气，即使安装了废气净化装置，仍不能彻底解决。因此，必须加强通风，尽量减轻井下空气污染。电动无轨设备也应大力发展。

2）胶带输送机运输。矿用胶带输送机按结构可分为普通胶带输送机、钢绳芯胶带输送机和钢绳牵引胶带输送机。无论哪种胶带输送机，均由机头、机尾和机身三部分组成。机头包括电动机、减速箱和主动滚筒；机尾即拉紧装置；机身包括胶带、托辊和托架。目前，井下采用的胶带输送机每台长度为100～300m，大型胶带长度可达1000m 以上，胶带宽为 800～1500mm。

60. 井下运输巷道行人的安全事项有哪些？

运输巷道是车辆和人员行走的通道，为了保障车辆行驶和人员通行安全，应遵守下列规定：

（1）运输巷道应有人行道，人行道应布置在巷道的一侧。巷道中的轨道铺设应平直、稳固，轨距、轨面高低、轨道接头以及弯道的曲率半径均应符合规定的质量标准。

（2）巷道内不应堆积杂物，水沟要畅通，没有积水，应有良好的照明。人员在巷道中行进时，必须沿人行道行走，禁止在两轨道之间停留，禁止横跨列车。

（3）人员行走时，要小心谨慎，随时注意前后方向来车，发现有车辆通过，要及时避让，暂停行进。要防止碰头、跌跤，特别是经过溜井，要防止失足坠落。

（4）在有架空线或电缆的巷道内，行人携带的较长的金属工具不能扛在肩上，以免触及电机车架线和电缆。

61. 电机车安全运行的条件有哪些?

（1）电机车司机的安全操作是电机车安全运行的关键。电机车司机必须经培训考核，取得特种作业操作资格证，持证上岗。

（2）电机车开动前，必须发出开车信号。

（3）开车时，必须精力集中，谨慎操作。

（4）行车时必须随时注视前方有无障碍物、行人或其他危险情况。

（5）列车接近风门、巷道口、弯道、道岔、坡度大和噪声大的区域，以及前方有车辆、障碍物时，必须减速，发出警告信号或及时停止行进。

（6）电机车司机不得擅离岗位。司机在需要离开座位时，必须切断电源，将控制把手取下，扳紧车闸，但不要关闭车灯。

（7）要加强行车管理，安排好列车行驶路线，防止机车碰头和追尾事故。两车在同轨道同方向运行时，必须保持不少于40m 的距离。

（8）除了跟车工之外，运输物料的机车不准带人。

62. 专用人车运送人员应遵守哪些规定?

（1）每班发车前，应有专人检查车辆结构、连接装置、轮轴和车闸，确认合格方可运送人员。

（2）人员上下车的地点，应有良好的照明和电铃，如有两个以上的开往地点，应设列车去向灯光指示牌。

（3）架线式电机车的滑触线须设分段开关，人员上下车时，必须切断电源。

（4）双轨巷道的调车场应设区间闭锁装置，人员上下车时，禁止其他车辆进入乘车线。

（5）列车行驶速度不得超过3m/s。

（6）禁止同时运送爆炸性、易燃性和腐蚀性危险物品或附挂料车。

63. 人力推车安全应注意的事项有哪些?

（1）每人只允许推一辆矿车，车速不得太快。同方向行驶的车辆的间距，轨道的坡度在0.5%以下的，不得小于10m；坡度大于0.5%的，不得小于30m；坡度大于1%的，禁止人力推车。

（2）在单轨巷道要确认对面没有来车时才能向前推车。在下坡道推无制动装置的车辆时，推车人员不准站在矿车的碰头上，更不准放飞车。在能自动滑行的线路上运行时，应有可靠的制动装置，但车速不得超过3m/s。停车时，要用木楔或木板支好塞牢，不致自动下滑。

（3）矿车驶近道岔、巷道口、风门，通过弯道、坡度较大的区域以及两车相遇、前面有人或障碍物、掉道、停车等情况时，应及时发出警告信号。

（4）在无良好照明的巷道或区段，一般不准进行人力推车。在正常照明的巷道内，推车人应备有矿灯，并将矿灯挂在矿车的前端，而且行车速度不宜太快。

第六节 矿井通风安全技术

64. 为什么要进行矿井通风，其主要任务是什么？

矿床地下开采是在有限空间内进行的，由于井下凿岩、爆破、运输、装卸会产生大量的矿尘和有害气体（如炮烟），人的呼吸以及矿石氧化也会产生大量有害气体。再加上地热作用、人体和机械散热以及水分蒸发的影响，井下空气温度和湿度都显著增加，这些都造成井下空气质量和气候条件比较恶劣，为了保证井下采矿的正常进行，必须进行矿井通风。

矿井通风的任务是：供给各工作地点足够的新鲜空气；排除、稀释有毒有害气体和矿尘；改善和调节井下气候条件，为工人劳动和机械设备的正常运转创造良好的工作环境。

65. 井下空气的主要组成有哪些，采掘工作面对空气有何要求？

井下空气来源于地面空气。地面空气主要由氧气、氮气、二氧化碳以及少量的惰性气体和水蒸气组成。按体积计算，空气中氧气占 20.96%，氮气占 79%，二氧化碳占 0.04%。

地面空气进入矿井后，由于采矿作业、矿岩表面氧化及坑木腐烂、人员呼吸、机动车的消耗等原因，使空气中氧含量减少，二氧化碳增加，并混入了各种有毒有害气体和矿尘。同时，空气的温度、湿度和压力也发生了变化。当地面空气进入矿井后，没有经过用风地点，空气成分变化不大时，称之为新鲜风流（简称新风），如井底车场、运输大巷中的空气；反之，受到污染的空气称为污浊风流（简称污风），如回风巷中的空气。

井下采掘工作面进风流中的空气成分（按体积计算），氧气不得低于 20%，二氧化碳不得超过 0.5%。入风井巷和采掘工作面进风空气中的含尘量不得超过 $0.5mg/m^3$。

66. 井下有毒有害气体有哪些，其性质、危害、来源与急救措施是什么？

井下空气中的有毒有害气体主要有：一氧化碳、二氧化碳、硫化氢、二氧化硫、氧化氮等，有的矿井还有氡气。这些有毒有害气体中，除二氧化碳外，其他都是对人体有害的剧毒气体。二氧化碳虽然无毒，但它是强窒息性气体，如果人处于二氧化碳浓度较高的空气中，会造成窒息死亡。

井下主要有毒有害气体的物理性质、中毒症状、来源及急救措施见表 1-2。

表1-2 井下主要有毒有害气体的物理性质、中毒症状、来源及急救措施

气体名称	物理性质	中毒症状	最高允许质量浓度/mg·m^{-3}	来源	急救措施
一氧化碳（CO）	无色、无味、无臭、难溶于水	头痛、呕吐、四肢无力、失去知觉、两颊有红斑点、嘴唇呈桃红色	30	爆破、柴油机、火灾等	保暖、人工呼吸或苏生器输氧
二氧化氮（NO_2）	棕红色、有刺激性臭味、极易溶于水	咳嗽、胸痛、呕吐、呼吸困难、手指和头发变黄	5	爆破、柴油机	切忌施行人工呼吸，可用拉舌头刺激呼吸或苏生器输纯氧
硫化氢（H_2S）	无色、微甜、臭鸡蛋味、易溶于水	头痛、呕吐、流鼻涕、四肢无力、呼吸困难	10	有机物腐烂、硫化矿岩中放出、爆破等	人工呼吸或苏生器输氧，将浸过氯水的棉花或毛巾放在嘴鼻旁或口内
二氧化硫（SO_2）	硫黄味、易溶于水	眼红肿、流泪、咳嗽、喉痛	15	含硫矿氧化或爆炸	拉舌头或活动上肢刺激神经引起呼吸
氡（Rn）	无色、无味、无臭、有放射性、易溶于水	损伤表皮组织和五官、引起血液病、肺癌等	3.7	矿体暴露面、采空区、裂隙等	

67. 检定管测定法可测定井下哪些有害气体的浓度，其原理是什么？

井下生产要求能够快速准确地测定出有害气体的种类和浓度，目前广泛采用的是检定管快速测定法测定一氧化碳、硫化氢、二氧化氮等有害气体浓度。

其原理是根据待测气体与检定管中的指示剂发生化学反应后指示剂改变颜色的深浅或长度来确定有害气体的浓度。其中以变色深浅来确定有毒气体浓度的方法称为比色法，以变色长度确定浓度的方法称为比长法。

68. 井下气候条件取决于哪些方面，对其有何要求？

井下气候条件主要取决于井下空气的温度、湿度和风速三者的综合作用。井下气候条件的好坏，直接影响到井下工作人员的安全健康和工作效率。为了保护工人的身体健康和提高工作效率，就要创造适宜的井下气候条件。

对温度、湿度和风速的要求如下：

（1）井下空气温度是影响井下气候条件的重要因素。空气温度过高，人体散热困难，会感到闷热难当；过低，则散热太快，畏寒、易感冒。对人体最适宜的温度为15～25℃。井下最高温度不得超过28℃，否则，应当采取降温或其他防护措施。如果进风井筒冬季结冰，对工人身体健康、提升安全会有不良影响。因此，必须装设暖风设备。《金属非金属矿山安全规程》（GB 16423—2006）对此也作出规定，即进风井口以下的空气温度应保持

在2℃以上，禁止用明火直接加热进入矿井的空气。

（2）空气湿度是指空气中水蒸气的含量，可用绝对湿度和相对湿度来表示。绝对湿度是指每立方米空气中所含有的水蒸气的质量（g）。在某温度下空气中容纳的水蒸气的最大值称为饱和状态下的水蒸气含量。相对湿度就是指每立方米空气中含有的水蒸气的质量与同一温度下饱和水蒸气的质量之比。井下空气的湿度可用湿度计进行测定。空气湿度以40%～60%为宜。矿井中的湿度一般比较大，可达80%～90%，回风巷可达95%以上。

（3）井下空气风流速度会影响到人体的散热速度和舒适度。因此，要保持井下适宜的气候条件，空气的温度、湿度和风速三者应相互匹配得当。一般说来，对井下空气的湿度很难控制，所以，调节矿井气候条件，主要是从调节温度和风速两方面着手，不同空气温度所适应的风速见表1-3。

表1-3 井下温度与风速匹配关系

温度/℃	<15	15～20	20～25	>25
风速/$m\cdot s^{-1}$	≤0.5	0.5～1.0	1.0～2.0	≥2.0

另外，为了保证安全和减少二次扬尘，井巷中的风速也不能太高，我国《金属非金属矿山安全规程》对此也做出了规定，见表1-4。

表1-4 井巷中的风速

井巷名称	最高风速/$m\cdot s^{-1}$
专用风井、风硐	15
专用物料提升井	12
风桥	10
提升人员和物料的井筒，主要进、回风道，修理中的井筒	8
运输巷道、采区进风道	6
采场、采准巷道	4

69. 如何对矿井风速进行测算，常用测风方法有哪些？

为了检查矿井总风量和各用风地点的风量是否满足需要，各通风井巷的风速是否符合要求，必须对各井巷和通风地点的风速定期进行测算，并计算相应的风量值。

巷道平均风速计算公式：

$$v = v_0(S - 0.4)/B \tag{1-1}$$

$$Q = vS \tag{1-2}$$

式中 v——巷道平均风速，m/s；

S——测风巷道断面积，m^2；

0.4——人体在巷道中所占的面积，m^2；

v_0——真风速值，m/s；

Q——巷道风量，m^3/min。

测风速有两种方法，即侧身法和迎面法，较常使用的是侧身法。具体操作为：测风员背向巷道壁，伸直持风表的手臂，与风流方向垂直，并使风速表叶片迎向风流方向，在测量断面上按图 1-3 所示的任一种路线均匀移动风表，测风时间一般为 1min，然后读取表数，根据读数查所用风表的校正曲线，得出真风速值；同一地点测风不得少于两次。

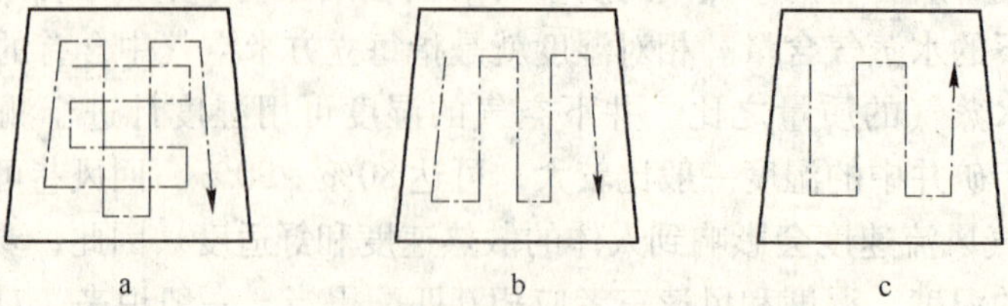

图 1-3　测风路向图

70. 什么是矿井通风系统，其作用是什么？

矿井通风系统是向井下各作业地点供给新鲜空气，排出污浊空气的通风方法、通风方式、通风网络和通风设备、设施的总称。

矿井通风系统作用如下：

（1）矿井通风系统对全矿井的通风安全状况具有全局性的影响。

（2）矿井通风系统是搞好井下通风防尘工作的基础。

71. 矿井通风方法有哪些，各有何特点？

矿井通风方法是指矿井主要通风机对矿井供风的工作方式，分为压入式、抽出式和混合式三种。

各通风方法特点如下：

（1）压入式。安装在地面的主要通风机向井下用压入方式供风，使井下形成高于地面大气压力的正压通风。该方法是借助通风机的机械力量，将新鲜空气压入井下，经过各用风地点后，污风经回风井排出矿井。

（2）抽出式。安装在地面的主要通风向外抽出矿井内的空气，使井下形成低于地面大气压力的负压通风。新风从进风井进入井下，经过各用风地点后，由风机抽出到地表。

（3）混合式。两台或两台以上的主扇，一台为压入式，另一台为抽出式，同时在同一矿井工作。

72. 风流在井巷中流动的动力有哪些，各有何特点？

促使风流在井巷中流动的动力有自然通风和机械通风两种。

（1）自然通风。由于矿井的自然条件使进、回风井内的空气压差不同，而促使井下空气流动的通风方法。矿井产生自然风压是由矿井进风井、回风井的高差和温差引起的。而且自然风压大小随季节、温度而变化，方向和大小很不稳定。因为自然通风无法保证矿井安全生产，因此《金属非金属地下矿山安全规程》中明确规定，矿井通风必须使用机械通风。

（2）机械通风。利用矿井通风机（扇风机）的作用，使进、回风井井口等压力差而促使空气流动的通风方法。矿用风机按用途分为以下三类：

1）用于全矿井或矿井某一翼的称为主要通风机，简称主扇。

2）用于矿井内某一区域通风，借以调节区域风量，帮助主扇工作的称为辅助通风机，简称辅扇。

3）用于矿井局部地点，如掘进工作面通风的称为局部通风机，简称局扇。

73. 什么是通风构筑物，分为哪几类？

用来引导、控制、调节风量的装置，称为通风构筑物。

根据用途不同，通风构筑物可分为两大类：

（1）引导和控制风流通过的构筑物，主要包括通风机风硐、反风装置、风桥和调节风窗等。

1）风硐是连接主要通风机和风井的一段巷道。

2）风桥是当进风道与回风道平面交叉时，使新风与污风互相隔开形成立体交叉的一种通风构筑物，如图 1-4 所示。常见的风桥有绕道式风桥、混凝土风桥和铁风筒风桥等。

3）调节风窗是用来调节巷道中风流的大小的通风设施。

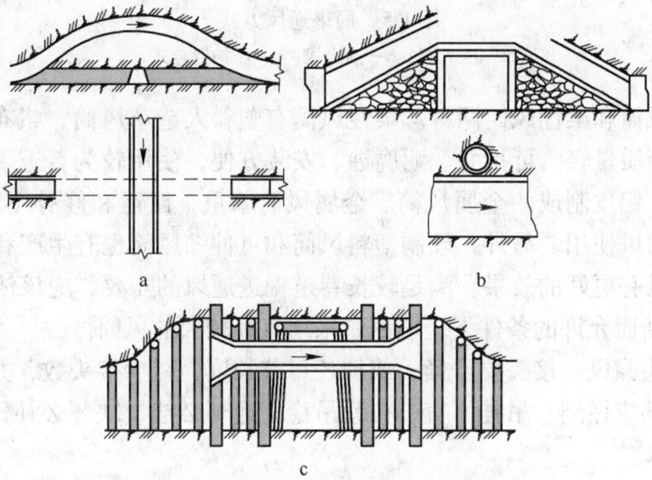

图 1-4　风桥
a—绕道式风桥；b—混凝土风桥；c—铁风筒风桥

（2）隔断风流的构筑物，包括风门、挡风墙、密闭等。其基本要求是：结构严密，坚固耐久，漏风小。风门是在不允许风流通过，但需行人和运输的巷道中设立的通风设施。挡风墙和密闭是在既不允许风流通过，也不允许行人和通车的巷道中设立的通风设施。

井下通风设施的作用主要用于控制、调节巷道及用风地点的风速、风量，对保证矿井通风系统的正常运转具有重要作用。所以井下工作人员必须爱护通风设施，正确使用通风设施，发现损坏，要及时维修和更换。

74. 什么是局部通风，常用的局部通风方法是什么？

在井下掘进井巷过程中，只有一个出口的独头巷道，因为没有形成通风网络，必须采用局部通风方法对其供风。局部通风就是利用空气扩散、导风设施或局部通风机进行通风的方法。

最常使用的局部通风方法就是局扇通风。局扇通风是将局扇与风筒相连接，并将风筒末端引至工作面。局扇通风又分为压入式、抽出式和压抽混合式三种方式，如图1-5所示。

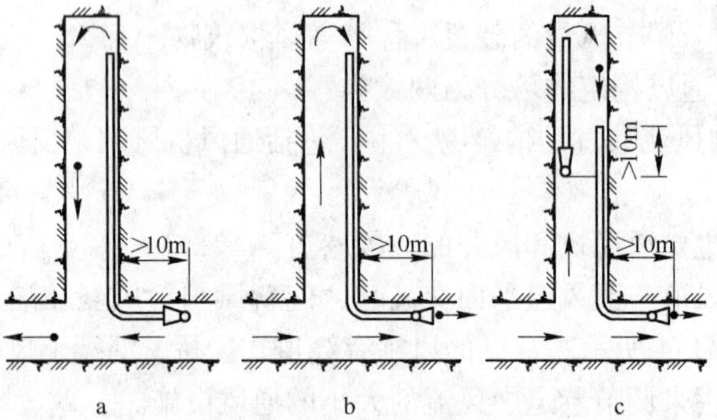

图1-5　局扇通风方式

a—压入式；b—抽出式；c—压抽混合式

风筒有刚性风筒和柔性风筒两种。柔性风筒有塑料人造革风筒、帆布风筒、胶皮风筒等多种。柔性风筒质量轻、可折叠、耐腐蚀、安装方便，使用较为普遍。刚性风筒目前普遍采用的是铁皮、铝皮制成的金属风筒。金属风筒笨重，搬运和修补不方便，安装麻烦，只在特殊情况下通风使用。另外，硬制塑料风筒和可伸缩风筒也有生产和使用。

为使局部通风有更好的效果，满足较长巷道掘进通风的需要，应该注意以下几点：

（1）在巷道断面允许的条件下，应尽量采用直径较大的风筒。

（2）减少接头漏风。接头要严紧，或加长每节长度，减少接头数，并改进接头方法。

（3）风筒悬挂应做到：吊挂平直，拉紧吊稳，逢环必挂，缺环必补，拐弯平缓，及时清除风筒内的积水。

75. 什么是通风网络，有哪几种连接方式？

矿井风流按照生产要求的方向流动所形成的网状线路称作通风网络。通风网络由若干风路（巷道或工作面）所组成。

通风网络的基本连接方式有串联和并联两种（图1-6）。

（1）串联通风是各条通风巷道首尾相接形成的通风网络。串联通风的通风总风阻大，前面巷道的污浊空气会流入后面的巷道。如果在某条巷道中发生火灾等事故，将直接影响到其后面连接的巷道。

（2）并联通风是风流自一点分为数支风流，分别进入不同的巷道或用风地点，然后再

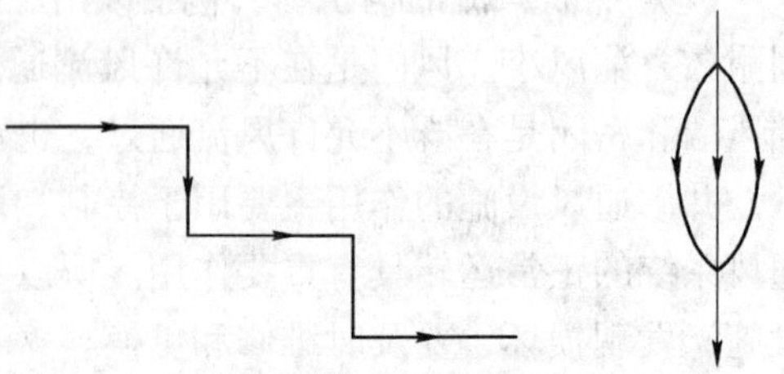

图1-6　通风网络连接方式

a—串联；b—并联

重新汇合在另一地点，中间没有其他分支的通风网络。并联通风与串联通风相比，具有通风阻力小，能保证各用风地点有独立的新鲜风流，各并联巷道中的风量可根据需要进行调节，当某一风路出现事故，容易控制，对其他地区影响较小等优点。

76. 为什么进行风量调节，有哪几种调节方法？

地面空气进入矿井后，会自行分散到各风路和用风地点，这就是风量的自然分配。但井下各采掘工作面及硐室等用风地点对风量的需要都有不同的要求，风量的自然分配往往不能与实际需要相一致，因此，就需要进行风量调节。此外，由于产量的变化、工作面不断推进等原因，工作面所需风量也将有所变化，也要求进行风量调节。也就是说，风量调节是矿井通风管理工作中一项经常性的工作，主要有以下几种方法：

（1）增阻调节法。在并联通风网络中，增加一条通风风路的风阻，将会减少该风路的风量，相应地会增加与它并联的另一条风路的风量，这就是增阻调节法的原理。其通常的作法是在巷道中设置调节风窗或调节风门来增加巷道的通风阻力。

（2）降阻调节法。在并联通风网络中，也可以通过减少一条风路的通风阻力来增加该风路的风量。通常是通过扩大巷道断面或增加巷道壁的光滑程度，以减少摩擦系数的方法来降低巷道的风阻。

（3）辅扇调节法。当并联网络中，两并联风路的阻力相差悬殊，用上述两种方法不合理或不经济时，可在风量不足的分支风路中安设辅助扇风机，以提高克服该巷道阻力的通风压力，从而达到调节风量的目的。

（4）矿井总风量的调节。在生产过程中，有时会因产量和开采条件的变化，需要调节矿井总风量。调节矿井总风量可采取的措施有：一是改变主扇的工况点，改变主扇风机的工作特性；二是改变矿井通风网络的风阻特性，达到调节总风量的目的。

77. 空气压缩机有哪几类，我国矿山常用空气压缩机有什么特点？

空气压缩机的分类见表1-5。

表1-5 空气压缩机分类

<table>
<tr><td rowspan="6">容积式
（间歇流动式）</td><td rowspan="2">往复式</td><td>活塞式</td><td rowspan="6">速度式
（连续流动式）</td><td rowspan="4">动力式
（透平式）</td><td>离心式</td></tr>
<tr><td>隔膜式</td><td rowspan="2">轴流式</td></tr>
<tr><td rowspan="4">回转式</td><td>滑片式</td></tr>
<tr><td>螺杆式</td><td>混流式</td></tr>
<tr><td>罗茨式</td><td colspan="2" rowspan="2">喷射式</td></tr>
<tr><td>液环式</td></tr>
</table>

我国矿山常用的空气压缩机以活塞式为主，其次为螺杆式和滑片式。活塞式空气压缩机由于其比功率最小，当排气表压力为0.7～0.8MPa时，其比功率一般为4.74～6.1kW/(m^3/min)，故耗电量少，且易于调节供气量。在我国活塞式空气压缩机的产量约占总台数的90%左右。但该类机组的质量大、外形尺寸大、易损件多、维修工作量大，近年来，其发展速度落后于螺杆式和离心式空气压缩机。

78. 空气压缩机的汽缸的润滑方式有哪些，如何选择润滑油？

空气压缩机通常采用以下几种润滑方式：

（1）飞溅润滑：它是依靠曲轴把轴箱内的油飞溅入汽缸来进行润滑，多用在无十字头的单作用立式小型空气压缩机中。

（2）压力润滑：用注油器将油直接输送到工作表面，一般用在有十字头的双作用大、中型空气压缩机中。

（3）滴油器注油润滑：这种方法用于双作用中、小型空气压缩机中。

汽缸润滑的耗油量一般按摩擦面积来估算，对于低、中压空气压缩机来说，卧式的每 $400m^2$ 摩擦面积的耗油量为1g，立式的每 $500m^2$ 为1g。填料润滑油的耗油量每 $100m^2$ 活塞杆表面积为1～3g，其中较大的数字用于高压级。

汽缸润滑油的选择应考虑被压缩介质、压力及温度，可采用标号为HS-13及HS-14两种压缩机油，其主要性能指标见表1-6。

表1-6 压缩机油性能指标

项　目	压缩机油标号		项　目	压缩机油标号	
	HS-13	HS-14		HS-13	HS-14
运动黏度（100℃）/$m^2 \cdot s^{-1}$	11～14	17～21	腐蚀试验/$g \cdot m^{-3}$	<60	<10
闪点(开口)/℃	>215	240	灰分/%.	<0.015	<0.010
酸值(KOH)/$mg \cdot g^{-1}$	<0.15	<0.10	机械杂质/%	<0.007	<0.007
氧化安定性（氧化沉淀酸）/%	<0.3	<0.02			

79. 空气压缩机传动机构的润滑系统由哪些部分组成，其润滑方式有哪些？

空气压缩机传动机构的润滑系统主要包括：滤油器、油冷却器、油管、齿轮油泵、压力表及油压调节阀等。工作时油泵由曲轴驱动将油送至滤油器然后导入曲轴油孔中并送至各润滑表面。压力润滑时的供油量，按润滑油从摩擦表面导走的热量来确定，通常根据机座部分摩擦功为全部摩擦功的30%计算。

传动机构的润滑方式主要有：

（1）在小型空气压缩机中，是由曲轴上平衡重的旋转产生飞溅润滑；大、中型空气压缩机通常用齿轮油泵和油管，通过各机件中的输油钻孔将油送至各润滑点进行压力循环润滑。

（2）传动机构的滑动轴承，多采用油环润滑，而滚动轴承用油杯润滑脂进行润滑。

（3）柄连杆机构的润滑油在单作用的空气压缩机中与汽缸部分的润滑油相同，在双作用空气压缩机中一般用标号为HJ-20、HJ-30、HJ-40及HJ-50机械油。曲柄连杆部分的润滑油长期使用后性能恶化，原则上应每年更换一次，若使用中发现油质恶化，则应提前更换。

80. 如何选择空气压缩机？

根据全矿或分区最大供气量和所使用的压缩空气压力来选择空气压缩机，其具体操作如下：

（1）矿用气动机械的压缩空气表压力为0.35～0.7MPa。一般选用排气表压力为0.7～0.8MPa的空气压缩机。当个别气动机械使用的压缩空气压力超过上述压力时，可采用增压机局部提高压力。

（2）对于同一压缩机站，应尽量选用同一型号、同一制造厂的空气压缩机，以便于站房的合理布置和备品、配件的互换，有利于操作、管理和维修。在大、中型矿山；为了适应用气负荷的变化，站内也可配备两台能力较小的空气压缩机，以利经济运行。

（3）活塞式空气压缩机具有比功率小、耗电量少、易于调节气量等特点，常采用活塞式作矿山固定式压缩机。大型矿山当同一压缩机站的最大供气量超过600m^3/min时，因活塞式的汽缸尺寸过大，质量过大，不宜采用单机排气量大于100m^3/min的活塞式空气压缩机，可考虑采用离心式的。

（4）在小型矿山或露天矿，当采用移动式空气压缩机时，除采用活塞式外，亦常采用螺杆式或滑片式。由于螺杆式压缩机的比功率大，耗电量大，故大、中型矿山的固定式空气压缩机极少采用螺杆式。在我国仅甘肃省酒泉钢铁公司所属镜铁山铁矿装设有三台引进瑞典的大型螺杆式空气压缩机，其单台排气量为555m^3/min。

81. 空气压缩机站房内的设备如何配备？

矿山空气压缩机站，包括备用机组在内，一般安设3～6台，个别大型矿山有采用多台机组。如山东某矿在同一空气压缩机站内设置了10台单机排气量为100m^3/min和1台单机排气量为200m^3/min的活塞式空气压缩机，站房总长达88.7m。另一矿的压气机站内安装了8台7L-100/8型空气压缩机，站房总长达78.52m。台数太多，站房过长，不利于操作管理和维修，且建筑费用增加。台数太少则设备利用率低，用机组来适应负荷变化的幅度小，故包括备用，站内空气压缩机组的台数以3～6台为宜。备用量一般可按压缩机站最大供气量的20%～50%计算，但不少于1台。当采用不同型号的压缩机时，应保证当最大一台机组检修时，其余机组的生产能力之和不小于计算所需供气量。采用移动式空气压缩机时，其备用量不少于计算机所需供气量的50%，但不少于1台。

82. 矿山常采用的冷却水供水系统有哪些？

矿山常采用的冷却水供水系统为循环供水和直流供水两种。可根据当地的水源、地形、水量、水质、水温、大气温度等条件比较决定。

（1）直流供水系统。水温为30℃以下，具有一定压力的冷水，在流经空气压缩机组的水冷系统完成冷却任务后，不再重复利用者为直流供水系统。这种系统的基建投资少，进入压缩机的水温低，冷却效果好，管理方便，但耗水量大。在离水源近，水量丰富，或矿区地下水丰富，水质符合要求，不需进行复杂的水质处理即可作为冷却水的地区，宜采用直流供水系统。某些矿山为了充分利用能源，常将空气压缩机组排出的热水引送到浴室等处进行综合利用，以解决矿区用水的不足，这也扩大了直流供水的使用范围。

（2）循环供水系统。在缺水地区，或水质差需经复杂处理才能用作冷却水时，为了节约用水，常将空气压缩机组排出的热水，通过冷却水池或冷却水塔进行冷却后再用作压缩机组的冷却水。一般可将热水冷却到30℃以下。冷却水池中常装有喷嘴以提高冷却效果。

冷却水池的优点是结构简单，维修方便，缺点是占地面积大，在风沙大的地区，水池中的水易被污染；水量损失也较大，约为6%～9%。可用于常年气温较低的地区。

为了保证空气压缩机的正常运转，无论采用哪一种供水系统，都应设立专用的冷水池，冷水池的容积不应小于1～2h冷却水量。在有地形可利用的地方，应尽量将冷水池放在高位，使冷水能自流流入空气压缩机的水冷系统中。循环供水系统中，热水池的容积不应小于0.5h的冷却水量。

83. 空气压缩机冷却水量应如何计算?

空气压缩机站房的每台机组需要的冷却水量取决于机组的发热量和进、排水温差，冷却水的消耗量可按式（1-3）计算。

$$q_w = \Sigma Q/[C(t_1 - t_2)] \tag{1-3}$$

式中 q_w——冷却水消耗量，kg/h；

ΣQ——空气压缩机压缩过程中总放热量，包括各级汽缸和冷却器的放热量，J/h；

C——水的比热容，J/(kg·℃)；

t_2，t_1——冷却水的进、排水温度,℃。

国产空气压缩机的总发热量及冷却水消耗量见表1-7。

表1-7 空气压缩机冷却水消耗量

空气压缩机型号	额定容积排气量 /m³·h⁻¹	机组总发热量 /MJ·h⁻¹	不同温差时所需冷却水量/L·h⁻¹	
			$t_1 - t_2 = 15$℃	$t_1 - t_2 = 5$℃
V-6/8-1型	360	62.8	1000	3000
3L-10/8型	600	104.8	1670	5010
4L-20/8型	1200	209.4	3334	10000
5L-40/8型	2400	418.7	6667	20000
L_8-60/8型	3600	635.6	10120	30360
L-100/8型	5460	954.6	15200	45600
7L-100/8型	6000	1047	16668	50000

对于直流供水系统的进、排水温差可取15℃；对于循环供水系统，由于受各地气温条件及冷却设施的冷却效果影响，其冷却水进、排水温差为5～15℃，可根据具体情况选取。

当采用后冷却器时，冷却水消耗量应增加50%左右。

84. 空气压缩机冷却水水压应如何确定?

为了保证空气压缩机的最小冷却水量，要求进入机组的冷却水具有一定压头。一般规定进入机组的下限给水压力不小于0.12MPa。给水压力增大，进入机组水冷系统的水量也增加，冷却效果好，但水压太大，中间冷却器端管板扩管处会发生渗水、漏水而妨碍机组正常工作。水串入二级缸产生水击，严重时甚至造成汽缸破坏事故。水压过大，流速将随之增加，耗水量也增加，这也是不经济的，故规定上限给水压力不宜超过0.2MPa。

当用水泵直接压送冷却水到机组水冷系统中去时，水泵扬程可按进入机组的水压为0.2MPa计算决定。在生产实践中常用闸阀调节进水压力。

在循环供水系统中，水泵的扬程按式（1-4）计算。

$$H = \rho_w g(L_s + L_d) + H_i + H_w \tag{1-4}$$

式中 H——水泵扬程，Pa；

ρ_w——水的密度，kg/m^3；

g——重力加速度，m/s^2；

L_s——水泵吸水高度，m；

L_d——水泵轴心至喷嘴的高度，m；

H_i——喷嘴剩余压头，取0.4～0.6MPa；

H_w——管道总阻损，Pa。

根据计算所得的冷却水量和水压，即可选择水泵，一般可选用IS型水泵。

85. 空气压缩机冷却水的水质、水温有哪些要求?

对通过压缩机组水冷系统的冷却水，要求它既不腐蚀冷却装置和管道，又要防止在冷却装置表面生成水垢影响冷却效果，并且还要限制水中所含的机械杂质和有机物的含量，以免沉积堵塞水路造成断水，使机组温度升高达到油蒸气自燃，造成压缩空气系统爆炸的事故，使设备、管道损坏，矿山停产、人员伤亡等。这类事故在国内外已屡见不鲜。因此，为了保证机组安全运转，提高机组工作效率，降低能耗，对冷却水中的悬浮物、pH值、水的暂时硬度、有机物、含油量和进水、排出水的温度作如下规定：

（1）pH值在6.5～9之间的非酸性水。

（2）悬浮物含量一般不大于25mg/L。

（3）有机物含量一般不大于25mg/L。

（4）水的碳酸盐硬度一般不大于10mgN/L。

（5）含油量一般不大于5mg/L。

（6）进入机组的水温一般不超过30℃，炎热地区短时进水温度不超过35℃。

（7）排出水温度一般不超过40℃。

86. 空气压缩机站站址位置应如何选择?

矿山空气压缩机站的站址选择得正确与否，直接影响到机组的正常运转、维修周期、工作效率等。因此，在选择站址时，应充分考虑下列几个方面：

（1）尽量靠近主要用气地点，以减少压缩空气输送的管道阻损和漏损。地下开采时应尽量靠近敷设输气管的竖井井口、斜井井口或平硐硐口。在露天开采的矿区，当采用固定空气压缩机站时，站址应设于爆破安全警戒范围之外。不论地下开采或露天开采，当矿区范围较大时，也可考虑设置分散的空气压缩机站或井下空气压缩机站以达到合理输送压缩。

（2）不论地面或井下，空气压缩机站均应设于空气较洁净、通风良好之处。地面站房应距离废石场、锅炉房、烟囱、出风井等的粉尘源150m以上，且位于当地风向最小频率的下风侧，以减少对空气压缩机的危害。

（3）站房内空气压缩机工作时噪声较大，其噪声随距离的增加而衰减。在确定站址时，应考虑各类场所对站房的防护间距。参照原第一机械工业部“压缩空气站设计规范”规定，防护间距可选用：

1）办公楼（包括矿区或坑口）50m 以上；

2）学校 150m 以上；

3）医院 800m 以上。

（4）站房应设于交通方便、周围的场地较开阔之处，适当留有扩建余地。

87. 空气压缩机站站房应如何配置？

以电力驱动的固定水冷式空气压缩机站为例，空气压缩机站站房主要由以下部分组成：

（1）主机机器间。空气压缩机、电动机、中间冷却器、润滑油系统等均安设于主机机器间内，也有将后冷却器、消声器、空气压缩机用的高低压电力控制柜、冷却水供水系统中的冷、热水泵等配置于机器间内的，具体可根据设备、电控要求确定。在配置时应充分考虑操作、维护、安装检修等的要求。对于活塞式压缩机则应留有抽出活塞及相连活塞杆的空间；中间冷却器和后冷却器要抽管束、电动机要抽转子或定子等均要留出空间，抽出端应留有 0.5m 以上的余地。在机组周围应留有一定的通道，要求当机组检修时拆下的零部件解体后能自然堆放（包括能进行检修和人员通行）。需运搬物料的通道应考虑最大零部件能顺利吊运通过并留有 0.5m 的余量。因此通道的宽度应不小于 1.5m。站内如不设专用的检修场地时，机组周围所留通道的宽度可适当加大。机组的中心距离除按机组的外形、通道的宽度确定外，还应考虑厂房的柱距，以便于合理布置吸气管、排气管。

由于矿山空气压缩机站的大、中、小修的相当部分工作量是在站内进行的，所以对于单机排气量较大的空气压缩机站，或台数较多、总装机容量在 $240m^3/min$ 以上者，站内常设置集中的检修场地。集中检修场地可以设于机器间的一端，也可设于中间。设于中间的检修场地，不但缩短了各机组检修件的吊运距离，且有利于室内通风。集中检修场地一般为站房的一个柱距或更大些。

配置中应充分考虑站房的通风和采光。由于机器间内的设备发热量大，站内应装设通风效果较好的天窗。炎热地区也常辅以机械通风。压缩机站的附属装置如空气过滤器、废油集油罐、后冷却器、消声器和储气罐等，一般应设置于室外，以减少室内的噪声和热量。

为了减少空气过滤器的清洗次数，应将过滤器安装在室外离地 3m 处或高出屋檐。因为被大风从地面刮起的灰沙，有 90% 是集中在离地面 2m 以内的空间内的。空气过滤器安设于离地 3m 处即可减少二次扬尘的影响。

站内吸气管、排气管应尽量配置在站房的一侧，以便于设备维修时的吊运。当吸、排气管配置于站房两侧时，可采用降低吸气或排气管，适当增加起重高度来解决机器间内的吊运。

机器间内的起重设备取决于机组的大小和台数。对于小型空气压缩机站内应考虑装设单梁手动或电动起重机。

（2）电气设备间。为空气压缩机服务的电气设备有变压器、配电、电控设备及仪表。

一般变压器设于专用的变电间内，也有将变压器置于室外的。在采用分散个别控制系统中，常将电力控制柜设置在主机电动机的附近。高、低压配电设备则配置于机器间的一端或配置于站房宽度方向的一侧披屋内。实践证明，后者的配置方法是不可取的。虽然配电设备与主机的电动机距离缩短了，但常因减少了机器间的对流窗户而使空气温度升高。炎热地区夏季室内温度在披屋所挡部位比同室中无披屋有穿堂风的部位高5℃左右，所以除了常年气温较低的北方地区外，配电间应尽量设于机器间的一端用墙分隔开的电气设备间内。

随着电控、电讯和仪表的不断发展，越来越多地采用自动化集中控制系统来控制、监测空气压缩机的启动、运转工作。因此除了变、配电间外，还设有专用的电控室。这些专用的电气设备间都配置于机器间的一端。

（3）水泵间。有些空气压缩机站的水泵设于机器间的另一端靠近冷、热水池处，但在大型压缩机站，常将冷、热水泵设于专用的水泵间内。

（4）辅助间。辅助间包括备品、配件、油料、检修工具等的储藏间、工人值班室等。在远离工业场地的压缩机站内有时还设置工人休息室、厕所、浴室等。为了保护操作人员的健康，站内应设置有一定隔音措施的值班室。在炎热地区值班室内可装设机械通风装置或空调等降温设施。

88. 空气压缩机站的噪声源有几种，其消声措施有哪些?

压缩机站的噪声源有两种，一是空气压缩机组运转时的活塞、阀片等机械振动产生的噪声，二是吸、排气时的气流产生的噪声。

机组的噪声与机组的容量、负荷率有关。容量越大，噪声越大，满负荷比空载运转的噪声大。据装有活塞式空气压缩机的矿山对空气压缩机站噪声的测定表明：站内的噪声级一般为85～100dB(A)，个别达105dB(A)。大部分空气压缩机站的噪声级超过卫生允许标准85dB(A)，对长期在压缩机旁的操作人员的健康是一个很大威胁。

对于机组的噪声，除严格保证机器制造与安装质量以降低噪声外，对噪声较大的离心式及螺杆式空气压缩机常用消声罩将机组罩起来隔声。

吸气口的噪声级在空气压缩机机组中为最大，一般在100dB(A)以上。机组容量越大，吸气口的噪声也越大。为了降低吸入空气的温度和减少站内的噪声，常将吸气口设置在室外。吸气口的噪声对站外相邻场所的影响也很大，所以还应考虑采取消声措施。

常采用下列方式来消声：

（1）将吸气口安设于高出屋檐，以减少空气脉动气浪对压缩机站的门窗和墙的振动，减少振动产生的噪声。

（2）装设吸气消声器。目前国内常用的吸气消声器为组合式空气消声过滤器。即将过滤和消声组合成一个装置。消声效果较好，可降低噪声级5～6dB(A)，其主要参数见表1-8。

（3）消声坑、消声室、消声罐。将吸气口与地面以下的消声坑相接，或在地面建吸气消声室、消声罐等。这些均属于扩容式消声装置，适用于消除低频噪声，是目前国内采用较多的吸气消声方式。消声坑、消声室的墙壁的材料应采用刚性较强的砖或混凝土，否则墙壁随气浪波动反而成为噪声源。消声坑、消声室不但与机组的排气量有关，而且与坑的声学结构要求有关。现有消声效果较好的为5L-40/8 型空气压缩机用的2.85m^3 消声坑，其配置如图1-7 所示。

表1-8　组合式空气消声滤清器的技术数据

型　号	ZKSG-10-S	ZKSG-10-X	ZKSG-20-S	ZKSG-20-X	ZKSG-40-S	ZKSG-40-X	ZKSG-60-S	ZKSG-100-X
型　式	上接管	下接管	上接管	上接管	上接管	下接管	下接管	下接管
流量/$m^3 \cdot min^{-1}$	10	10	20	20	40	40	60	100
筒体直径/mm	450	450	550	600	800	800	1000	1200
进气管 外径×壁厚/mm×mm	176×3	176×3	226×3	226×3	325×3	325×3	426×3	500×3
出气管 外径×壁厚/mm×mm	159×4.5	19×4.5	206×31	206×3	325×3	325×3	377×3	1450×3
外形尺寸 （长×宽×高） /mm×mm×mm	645×559 ×801	650×650 ×818 （825）	756×665 ×1089	810×703 ×1017 （1097）	1000×955 ×1345	1000×955 ×1280 （1512）	1208×1136 ×1506 （1699）	1590×1356 ×1742 （2162）
净重/kg	78	95	20	28	245	290	457	660

注：1. 原第六机械工业部第九设计院等设计，上海市民生五金厂制造。

2. 油面间隙 Δh 值以静态为准。当气温低（如冬季）运行时可适当加高油面，以保持内筒产生油幕。

3. 滤清器初次运行或清洗后投入运行时，必须在滤网上均匀地用油洗淋。

4. 滤清器一般运行3000h 后换油并清洗，可视所积灰尘多少而定。

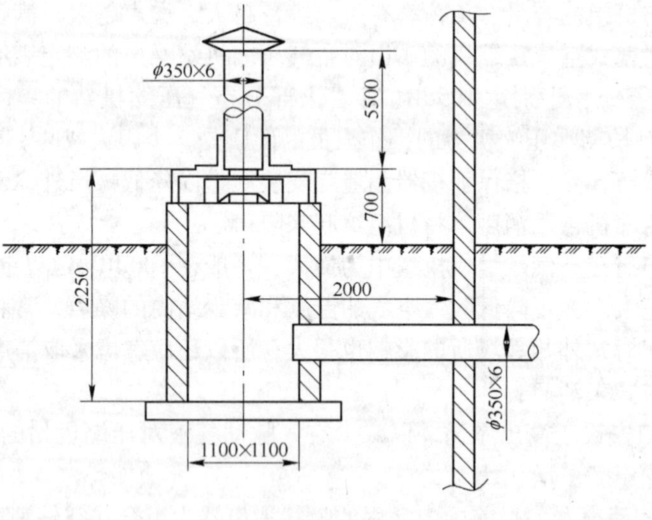

图1-7　消声坑配置

（4）集中吸气口。集中吸气口通过地下通道与各机组相连。集中吸气口可建成吸气坑或吸气室的形式。其材料与上述要求相同。尺寸大小应按吸气总量计算。

排气口的噪声包括排气管道和储气罐内气流产生的噪声。一般均在90dB(A)以下，可以不设消声装置，个别矿山也有在排气管道上装设消声器的，但消声效果不显著。

为了减少空气压缩机的启动阻力，降低启动力矩，以及在检修压缩机时保证安全拆卸，在空气压缩机高压缸与储气罐间的排气管上常装设放空管，当压缩机启动前或检修前将排气管及汽缸内的高压气放空。排气放空噪声频率高，声级可达130dB(A)以上。为了消声，常将各台机组的放空管接到一个总管，总管接到废油集油罐。这样，不但避免放空时油水污染环境，而且也有一定的消声作用。如在放空管上装设阻抗复合消声器，则消声效果更佳，可将放空噪声级降到80dB(A)以下。

89. 空气压缩机的振动原因是什么，常用的防振方法是什么?

空气压缩机的振动原因可分为气流的振动和机械振动两种。振动产生噪声污染环境，管道的激振力异常增加，使管系及管道附件产生疲劳破坏。共振使空气压缩机的工作压力波动，工作性能不稳定，阀簧、阀片等迅速损坏，严重时导致机器损坏、建筑物、构筑物和基础等出现裂缝。因此，必须尽量防止共振。

空气压缩机常用的防振方法：

(1) 正确安装吸、排气管，避免管道支架间距过长。吸气管不应与建筑物相连，以防止建筑物的门窗、玻璃、墙壁振动。

(2) 提高安装质量，消除机器运转中不应有的不平衡力，防止机器零、部件及结合件的松动。做好日常维护检修工作，保证机组的正常运行。

(3) 做好空气压缩机基础的设计、施工工作。选择坚固地基作设备基础。在地基条件差时，应做好基础地基的处理。设计基础时应取基础的固有频率为空气压缩机激振频率的两倍以上，以消除共振。设备基础应与建筑物基础分开，必要时可考虑采取措施；如在基础与机器底座间加装防振橡胶垫或弹簧以便降低机组的固有频率，防止机器振动传给基础。

90. 压气管道防蚀设施有哪些?

矿山压缩空气管网的金属腐蚀主要是由于坑内酸性水，海水、海洋性腐蚀和土壤腐蚀等因素引起的。三山岛金矿考虑海洋性腐蚀因素，管道使用船舶涂料防腐。

常用涂料有：锌黄防锈漆、红丹醇酸漆、红丹防锈漆、铁红防锈漆、铁红醇酸底漆和灰色防锈漆等。

地表管道，一般先涂一层红丹防锈漆，再涂两层醇酸磁漆（或酚醛磁漆或环氧磁漆等)，或两层沥青。地埋管道，一般先涂沥青底漆，再涂沥青防腐绝缘层。沥青防腐绝缘层结构参见表1-9。

表1-9　沥青防腐绝缘层结构

土壤腐蚀性	防腐等级	防腐绝缘层结构	每层沥青厚度/mm	总厚度/mm
一般土壤（土壤电阻率≥20Ω·m)	普通型	沥青底漆+沥青2~3层，夹玻璃纤维1~2层+塑料布	2	≥4或≥6
高腐蚀性土壤（土壤电阻率为5~20Ω·m)	加强型	沥青底漆+沥青4层，夹玻璃布3层+塑料布	2	≥8
特高腐蚀性土壤（土壤电阻率≤5Ω·m)	特加强型	沥青底漆+沥青5~6层，夹玻璃布4~5层+塑料布		

91. 活塞式空气压缩机的故障、事故有哪几类?

在正常运转中的活塞式空气压缩机，其润滑油温度应低于50℃；一级、二级排气温度应低于160℃；曲轴轴承、连杆轴承、十字头滑板和活塞杆等摩擦部位的温度不得超过50℃；冷却水进出水温度差不应大于15℃；排气量应符合额定值。各运行部件应无不正常响声。实践经验表明，活塞式空气压缩机的故障可分为过度发热、排气量减少、不正常的响声、不正常的工作情况四类。

活塞式空气压缩机的常见故障及原因见表1-10。

表1-10 活塞式空气压缩机的故障及原因

故障性质		原因分析
过度发热	轴承发热	轴瓦间隙不适当，或接触面积小； 轴瓦偏斜或曲轴弯曲； 润滑油供应不足； 润滑油质量不符合要求或污垢过多
	汽缸发热	冷却水供应不足或给水温度过高； 水套结垢太多或冷却水不洁
	活塞杆过热	活塞杆与填料配合不当； 活塞杆与填料装配时产生偏斜； 活塞杆与填料的润滑油有污垢或供油不足
排气量减少	进排气阀故障	阀孔与阀座接触不严密； 进气阀刚性不适当或磨损； 进排气阀装配不当，彼此位置相互弄错； 阀内落入异物而关闭不严； 进气阀门升起高度不够
	汽缸故障	汽缸磨损或擦伤超过允许值； 汽缸盖与汽缸体连接处漏气； 汽缸与活塞装配不当，间隙过大； 汽缸冷却不良或吸气温度过高
	活塞环故障	活塞环磨损或损坏； 润滑油质量不良； 汽缸内温度过高，活塞环被卡死
	其他部位的故障	空气过滤器冬季结冰或结垢堵塞； 填料或活塞杆磨损形成泄漏； 汽缸盖或水套破裂； 驱动装置的转速降低
不正常的响声	撞击声	曲轴瓦或主轴瓦的间隙过大； 活塞与活塞杆的紧固螺母松弛； 十字头销松弛； 十字头与活塞杆的连接处松弛
	突然冲击声	汽缸内积水； 活塞环或活塞碎裂； 汽缸内有异物
	汽缸的敲击声	活塞或活塞环轻微卡住； 汽缸余隙容积过小； 活塞与活塞环磨损，或汽缸磨损，间隙过大汽缸的敲击声； 曲轴连杆机构与汽缸中心不一致； 活塞杆弯曲或连杆螺母松弛； 阀门压开装置的活塞或销钉松弛
	进排气阀的敲击声	阀片断裂； 弹簧失效或断裂； 气阀螺纹松动

续表 1-10

故障性质		原因分析
不正常的工作情况	油温升高	油冷却不够； 油质不适当或污垢太多
	油压降低	油泵有毛病； 油箱油量不足或油管漏损严重； 油压表或安全阀有毛病； 油温升高引起油黏度下降； 油过滤器阻塞；
	油量减少	油泵填料或油泵壳严重漏损； 油箱油量不足或吸油管漏气； 油泵齿轮磨损过甚，效率降低； 吸油阀失灵
	冷却效率降低	水量不足或水温增高； 水质不良或水套、水管的水垢过多； 冷却器管子破裂或堵塞

空气压缩机在安装、运转及日常维修中，由于疏忽、方法不妥或处理不及时等原因，可能发生主要部件的断裂，甚至储气罐和管道爆炸等重大事故，这些事故可归纳为：折断与断裂、破裂与爆炸，见表 1-11。

表 1-11　活塞式空气压缩机的重大事故及原因分析

事故性质		原因分析
折断与断裂	连杆螺钉拉断和连杆破坏	连杆螺钉在装配时拧得太紧，预紧力太大； 紧固时发生偏斜，连杆螺钉的载荷极不均匀； 连杆螺钉的螺母松动，因而受过大的冲击； 连杆轴承过热，活塞卡住或超负荷，连杆螺钉承受过大应力； 连杆及螺钉的材质不良，或加工质量不符合要求
	曲轴裂纹折断	曲轴在轴承上安装不当，使曲轴和轴瓦的配合不符合要求； 轴承过热，巴氏合金熔化，使曲轴产生弯曲变形； 剧烈冲击，或基础不均匀下沉而引起过负荷； 曲轴材质或加工质量不符合要求，或者有裂纹等缺陷
	活塞卡住或顶裂	润滑油不足或汽缸中有异物； 汽缸与活塞的装配间隙过小； 冷却水供应不足，汽缸温度过高后又突然冷却
破裂与爆炸	破　裂	由于排气阀有故障，冷却不良，安全阀失灵，空气压力突然增高，以致超过储气罐或管道的强度极限
	爆　炸	储气罐及压力管道局部锈蚀严重； 储气罐和压力管道内有积垢，当与挥发物质接触时，可能发生爆炸

92. 活塞式空气压缩机的维护分为哪几项，其检修形式有哪几种？

活塞式空气压缩机的定期维护与检修是保证设备正常运转的必要手段。活塞式空气压缩机的维护包括值班点检和周期巡检。

（1）值班点检的主要内容包括查看温度、压力是否正常，冷却系统和润滑系统的水量和油量是否充足，各运行部件是否有不正常响声，各连接处是否松动及泄漏，各指示仪表是否有异常情况等，并填写好运行记录。

（2）周期巡检的主要内容除包括值班点检的内容外，还包括清洗或修理阀片阀座，检查与调整安全阀和压力调节器，详细检查主轴轴承、连杆轴承、十字头轴承及连接螺丝的配合情况等，如发现有的零、部件已磨损或损坏时，应立即进行检修。

活塞式空气压缩机的检修可分为小修、中修和大修。通常小修的周期为3～6个月，中修的周期为12～24个月，大修的周期为72～120个月。

（1）小修的内容包括检查汽缸、活塞及活塞环，清洗汽缸水套及冷却器、气阀及安全阀、压力调节器，检查并调整活塞杆的密封装置、十字头销轴及滑板间隙，检查连杆及曲轴的间隙，检查各部螺栓紧固情况，检查清洗润滑系统或更换润滑油，清扫空气过滤器、储气罐和进气管道等。

（2）中修的内容包括小修各项外，应该进行机组的全部拆卸、较详细地检查所有重要零件的状况，更换和修复使用寿命较长的零件，消除在小修中不可能消除的缺陷。

（3）大修除包括小修和中修的全部内容外，为了完全恢复设备的正常状况和工作能力，还必须修理或更换机体、曲轴、缸体等重要零件，修理或更换储气罐，修理或重浇基础，除锈喷漆，并进行各项技术性能的测定。

93. 活塞式空气压缩机排气量的简易测量法是什么？

测定活塞式空气压缩机排气量有多种方法。最简单的方法是“充填储气罐法”。这种方法是在储气罐上插上温度计，并把从储气罐引出的管道上阀门关闭。使其不漏气，开动空气压缩机后，待储气罐中的压力达到比空气压缩机工作压力小0.1～0.2MPa时，记下当时压力表和温度表上的读数，并用秒表开始计算时间。待储气罐中的压力等于或稍大于工作压力时，再记下压力表和温度表的读数并记下所经过的时间，随后即停机或把管道上的阀门打开。根据这些数据和储气罐的容积（包括排气管道的容积）即可算出活塞式空气压缩机的排气量。

先计算第一次记下读数的储气罐中空气的质量（m_1）：

$$m_1 = p_1V/(RT_1) \tag{1-5}$$

式中 p_1——所测得储气罐中空气的绝对压力，Pa；
V——储气罐的容积，m^3；
R——空气的气体常数，$R=287J/(kg \cdot K)$；
T_1——所测得的储气罐中空气的温度，K。

再计算第二次记下读数时储气罐中空气的质量（m_2）：

$$m_2 = p_2V/(RT_2) \tag{1-6}$$

式中 p_2——第二次所测得的储气罐中空气的绝对压力，Pa；
T_2——第二次所测得的储气罐中空气的温度，K。

若所测得的时间为t，则在t(s)空气压缩机供给的空气量为：

$$M = m_2 - m_1 = V/R(p_2/T_2 - p_1/T_1) \quad (1\text{-}7)$$

换算到大气状态下空气压缩机的排气量（V_k）为：

$$V_k = 60V/Rt\rho_0(p_2/T_2 - p_1/T_1) \quad (1\text{-}8)$$

式中 ρ_0——大气状态下的空气密度，kg/m^3。

用这种方法所求出的排气量比实际排气量可能偏大，有时误差达5%，但因其简单方便，在缺乏技术力量和专用仪表的地方可以采用。

94. 压气管道防冻设施有哪些？

矿山压缩空气管网防冻，目的是防止管内冷凝水冻结，从而预防炸管事故。矿山只有在极度严寒的地区，其地面及井口附近的管道考虑防冻设施。地表敷设的管道可采用保温材料防冻，亦可以考虑埋管防冻设施（但要设置在地下水位以上）。

保温材料常用泡沫混凝土、玻璃纤维等。保温层厚度可为30～200mm。保温结构一般分保温层、镀锌铁丝网层和保护层。保温层结构有胶泥结构、填充结构、包扎结构、缠绕结构和预制件结构。保护层有沥青保护层、水泥保护层和金属网保护层、毛毡保护层等。各段保温结构之间应考虑膨胀间隙，一般每隔20m留有20mm宽的膨胀缝、转角处亦应留有20mm的膨胀间隙。

95. 空气压缩机站站房配置应符合哪些规定？

（1）两台空气压缩机之间和压缩机与墙、柱之间的距离应满足从卧式汽缸中抽出活塞杆时所需最小的水平距离，并应满足能单独抽出电动机转子的最小距离。

（2）各机器间的净距，应大于1.5m。

（3）辅助设备的位置须便于操作，不妨碍门的开启和不影响自然采光和通风。

（4）卧式、列管式冷却器应考虑在水平向管束所需要的最小距离，立式管束可垂直吊起的最小空间。

（5）起重设备的有效高度应能满足从立式汽缸中抽出活塞和活塞杆所需的高度加上小于0.5m的余量确定。

（6）站房内应有备件间和隔音值班室。

96. 空气压缩机与附属设施有哪些要求？

（1）空气压缩机与储气罐之间的管路应装止回阀，不得装闸阀。空气压缩机与止回阀之间的管道上应放气管。储气罐与供气总管之间的管道上应装闸阀。

（2）储气罐应布置在站外阴凉的一面，与机器间外墙净距离不小于3m。

（3）空气过滤器应置于站外，其上应设防雨罩，必要时应设置检修平台和扶梯。风沙大的地区，应置于设有百叶窗的吸风室内。

（4）空气压缩机站内的吸气、排气管路采用架空铺设时，管道不得低于2m。设有吊车的站房，管路不得影响吊车工作。

（5）空气压缩机站用的压力表应定期校验，经校验后的压力表误差不得超过其最大指示压力的1%～2%。

97. 空气压缩机组的选择应符合哪些规定?

（1）空气压缩机组的总排水量，应满足矿山气动机械总耗气量的要求。

（2）空气压缩机站所用机组，应尽量为同一型号，其总台数一般不超过6台。

（3）尽可能选用具有消声装置的空气压缩机。

（4）夏季炎热地区，空气压缩机尽可能配备后冷却器。

98. 空气压缩机站内应设有哪些安全保护措施?

（1）站内坑、沟应设盖板或栏杆。

（2）站房出入口不得少于两个。

（3）露在设备外面的旋转部分应设安全防护罩或栏杆。

（4）空气压缩机组旁应设紧急停车按钮。

（5）空气压缩机的立式汽缸盖高出地面3m以上时，应设移动的或可拆卸的维修平台和扶梯。

99. 压气管网的实验与验收应符合哪些规定?

（1）对管道、伸缩节、连接点和其他附设设施进行外观检查，并确认检查合格。

（2）根据设计书检查管道高处放气情况及排气处排尽液体的情况，并确认检查合格。

（3）实验管道的严密性。

（4）实验必须在管网未防腐时进行。

（5）水压实验的压力为工作压力加500kPa，不得小于900kPa。

（6）水压实验前必须先保证有关设备的严密性。试水压时应将管子的管端堵板、弯头和三通等处支撑牢固，管内的空气必须排尽。

（7）管道冲满水后，必须经过24h才可以进行水压实验。

100. 储气罐应符合哪些规定?

（1）符合国家质量技术监督局于1999年6月25日颁发的《压力容器安全技术监察规程》的有关规定。

（2）储气罐应与空气压缩机配套。

（3）储气罐上应装有压力表、安全阀、管路附件、放油水阀等安全保护装置，并要灵活、准确、可靠。

（4）受压容器和动力管网应由有关部门认可的专业探伤队伍，定期进行无损探伤。

（5）储气罐经检修后，应按1.5倍的工作压力进行水压实验。

101. 压气管路有哪些基本要求?

（1）空气压缩机组的基础，应符合《动力机器基础设计规范》（GB 50040—1996）的规定。

（2）压缩空气设施除制造厂家配套供应的以外，还应装设总排气管、空气流量计、冷却水进、排水管、温度表等检测仪表。

(3) 主运输巷道的压气管路，一般设在人行道上方，管道最低点高度宜在1.8m以上或1m以下。压气管与水管敷设在一起时，压气管应在水管上方，压气管直径等于或大于100mm时，一般采用专用支架固定；直径小于100mm时，可采用锚杆铁丝悬挂。

(4) 压气管道及金属构件，应进行防锈处理。

(5) 压气管道应采用无缝钢管或电焊钢管。除球形阀和闸阀外，禁止使用铸铁管。

(6) 为了排放主压气管中的油和水，应在主压气管的最低处安装油水自动分离器。分离器的性能应安全可靠，并定期检查维护。

(7) 地面压气管路一般沿地面敷设，寒冷地区应采取防冻措施，埋地敷设时，应采取防压、防腐措施。

(8) 温差大于10℃的竖井中的压气管路，应装设伸缩补偿器和金属直管支座，其设置间距一般为150~200m，位置宜在井口50m和阶段与竖井相邻附近便于维修处，盲竖井中的压气管路可不装设伸缩补偿器。

(9) 每台空气压缩机润滑系统、冷却系统应有压力、温度检测保护装置，超温、超压及气量调节装置，必须工作灵敏、可靠。

(10) 斜井中压气管路可参照在竖井中和平巷中的敷设方法。

(11) 矿山应绘制压气管网系统平面图，图上标明管径、管段长度和阀件规格尺寸，并标出各管段的压气计算的最大需用量及其分配图表。

102. 空压机及储气罐爆炸的原因有哪些，其预防措施是什么？

空压机及储气罐爆炸的原因如下：

(1) 空压机润滑油管线破裂泄漏，遇火源起火燃烧。

(2) 空压机冷却水故障，导致润滑油系统积炭形成可燃物、运动部件摩擦发热形成高温。

(3) 空压机储气罐充装超压（超过容器最高允许压力）。

空压机及储气管爆炸预防措施如下：

(1) 保持润滑油管线管道设备完好无损无泄漏。

(2) 保持空压机冷却水水温、压力、流量满足设备冷却要求。

(3) 车间内防止明火或其他火源。

(4) 储气罐装备的压力表及安全阀装置完好正常。

第七节 矿井火灾与水害防治技术

103. 什么是矿山火灾？

矿山火灾是指发生在井上和井下威胁到矿井安全生产和人员安全的火灾，可分为地面火灾和井下火灾。

根据矿山火灾发生的原因，有外因火灾和内因火灾两种。外因火灾是指由于某种外在的高温热源引起可燃物燃烧的火灾，如吸烟、电焊、用电炉或灯泡取暖、明火、电火花等引起的火灾；内因火灾也称自燃火灾，是由于矿岩本身的物理和化学反应放热而引起的燃烧。这类火灾的发生有一个孕育过程，一般根据预兆可以早期发现，但由于火源隐蔽，经常发生在人们难以进入的采空区和矿堆中，扑灭较困难。

104. 矿山地面防火预防措施有哪些?

矿山地面火灾大部分是由于外来火源引起的，易造成地面工业设施及其他财产的损失，如果不能及时扑灭，有时地面火灾会蔓延到井下，或者产生的火烟随风流进入井下，造成井下火灾或威胁井下工作人员的生命安全。

矿山地面防火的预防措施有：

（1）严格遵守有关工矿企业地面防火的规程要求，积极取得当地消防部门的指导，在生产过程中加强消防检查，配备充足的消防器材，消除火险隐患。

（2）采用耐火材料。地面主要建筑物、井筒、井底车场及主要巷道及硐室必须达到相应的耐火等级，地面井架和井口建筑物必须使用不燃性材料建筑，进风井筒及暖风道、主扇机房、风硐及主要巷道及硐室必须使用不燃性材料建筑或支护。

（3）建立消防材料库。地面和井下都要建立消防材料库，储备足够的消防器材。地面消防材料库要设在井口附近，井下消防材料库要设在运输大巷中。消防材料库贮存的消防材料要定期检查和更换。消防材料不得挪作他用，因处理事故所消耗的材料要及时补齐。

（4）设置防火门。为了防止地面火灾传入井下，进风井口和进风平硐口都要设立防火铁门，铁门要能严密关闭。此外，机电硐室也应装有防火门。

（5）建立消防供水系统。地面和井下都应建立消防供水系统等相关设施。

105. 井下外因火灾预防措施有哪些?

引起外因火灾的火源主要有明火、电火、放炮火焰等。引起火灾常见的明火有：在井下使用的电石灯、吸烟；电焊火星及其他各种火焰与棉纱、碎木屑等可燃物接触引起的明火。电火火源主要有井下电气线路、设备短路产生的电弧和电火花以及炽热的导电体等。放炮火焰大多是装药量过多，封孔不符合规定，放明炮等造成火焰外窜从而点燃附近的可燃物。此外，爆破时产生的高温还有可能引燃硫化矿尘、可燃气体或木材，引起井下火灾。

从外因火灾的发生原因可知，预防外因火灾的重点就是控制各种引火热源和各种易燃物质。消除和控制引火热源和易燃物质的措施主要有：

（1）严格控制在井下使用明火，如不得点燃蜡纸照明，不得用木材生火取暖等。

（2）在井口或井下进行焊接切割作业要制定相应的防火措施，并经有关部门批准，才能实施，事后要严格检查、清理现场。如中煤一公司 2004 年 3 月在土耳其施工竖井，在井口电焊，热渣下坠至井下，导致井下瓦斯爆炸，造成井口钢架倒塌、地面 5 名工人遇难。

（3）对有硫化矿尘燃烧、爆炸危险的矿山，要限制一次装药量，并填好炮泥，严禁用黄铁矿粉作炮泥。

（4）在大爆破过程中，要加强对电石灯、吸烟等明火的管制，防止明火与炸药及其包装材料接触引起燃烧、爆炸。炮泥及装填质量要好，其长度应符合设计要求。

（5）在井下作业时，应防止通电线路和电器设备过热、短路和产生电火花。应正确选择、安装和使用电线、电缆及电器设备，正确选择熔断器或过流保护装置，电缆或设备电源线接头要牢固可靠，电线、电缆要挂牢，防止受意外的机械损伤而发生短路、漏电。

（6）井下使用过的废油、棉纱、布头、油毡、蜡纸等易燃物应放入有盖的铁桶内，并及时运至地面集中处理。

（7）随着井下柴油设备应用得越来越广，要重视柴油设备的防火管理。

106. 硫化矿内因火灾的外部征兆是什么，其预防措施有哪些？

早期识别内因火灾，对防止其发生和迅速扑灭有很重要的意义。识别内因火灾的方法主要是观察内因火灾的外部征兆、化学分析可疑区域的空气和地下水成分，以及测定可疑区域的空气温度、湿度和岩石温度。

硫化矿石在自燃过程中，往往会在井巷内出现一些外部征兆，这些征兆有：巷道壁和木材上有凝结的水珠，即“出汗”现象；在冬季可以看到从地表的裂缝、钻孔口冒出蒸汽或局部地段冰雪融化；矿内空气和岩面温度升高；地下水变红，黏度增大等。由于自燃产生 SO_2 和 H_2S 气体，人们会嗅到臭鸡蛋味的刺激性气味；因此在火区附近，人会感到闷热、头痛，裸露的皮肤会有微痛感，精神会过于兴奋或疲劳等。

矿井内因火灾是由于矿物氧化、自热自燃发展成为火灾的，因此，减少和限制矿石与空气的接触，防止或减缓矿石氧化过程中热量的聚积是防止内因火灾的关键。主要预防措施如下：

（1）合理选择开拓和采矿方法，提高开采强度，减少矿石和坑木损失。如尽量在围岩中布置开拓、采准巷道，少留矿柱，减少对矿体的切割；遵循自上而下、自远而近的开采顺序，减少矿体过早破坏；选择合理的采矿方法，降低开采损失，减少采空区中残留的矿石和木材量；正常、均衡地进行回采，提高采矿强度，及时处理和严密封闭采空区。

（2）建立合理的通风系统，有效减少向采空区的漏风。必须采用机械通风，保证矿井风流稳定，不受自然风压影响；加强对通风构筑物和通风状况的检查和管理，提高密闭和风门的质量，防止向采空区漏风；尽量将通风构筑物（如风门、风窗或辅扇）布置在岩石巷道中或地压小的地方，防止出现裂隙时造成向采空区漏风。

（3）密闭采空区，对局部发火区域充填隔离。利用封闭或局部充填措施，把可能发生自燃的地段与外界空气隔离。用泥浆堵塞矿柱裂隙，可以防止硫化矿石氧化。另外，还要在通往采空区的巷道口上建立防火墙，隔绝采空区。

（4）预防灌浆，就是把泥浆（由黄土、沙子和水按一定的比例混合制成）用管道通过钻孔、专用的灌浆管道或地表陷落区裂隙向火区或采空区灌浆，使矿石与空气隔离，阻止氧化，达到预防自燃或灭火目的。

（5）均压通风。采用风压调节技术使火区或有自燃危险的区域的进、回风两侧的压差尽量减小，从而减少或消除向采空区的漏风，防止采空区的硫化矿石自燃。

（6）阻化剂防火。用一定的钙盐、镁盐或其他的化合物水溶液制成阻化剂喷洒或注入矿石或采空区内，以抑制、延缓硫化矿石的氧化，达到预防自燃的效果。

107. 井下发生火灾应如何处理？

矿井一旦发生火灾，应立即根据平时制定的救灾计划采取紧急救援和灭火措施，迅速撤出灾区及危险区的人员；稳定矿井风流，控制火灾的发展和火烟的蔓延，采取有效措施尽快消灭火灾；矿领导必须亲临现场指挥。为了保证发生火灾事故后临危不乱，及时有效地抢险救灾，矿井必须制定火灾事故应急预案。应根据井下地点的火灾危险性，确定火灾预防和处理方案，并使井下作业人员掌握正确的避灾路线和逃生措施。应急预案及灾害演习每年应进行一次。

（1）撤离人员。发现起火，应迅速报告矿调度室；车间主任、班组长，应按照矿山防火灾计划，迅速组织工人沿规定的路线及时撤出。为了容易辨别方向，可以采取各种标志（如设置巷道名称牌、通往安全出口的指示牌或指示灯等）以便能迅速组织工人沿规定的路线及时撤出。撤离时必须迎着新鲜风流撤退，如果所有撤退路线被火烟隔断，应尽快构筑临时避难室自救。

（2）侦察火区。在接到火灾报告后，应立即组织矿山应急救援人员，尽快查明火源及发火地点的情况，查明火灾发生地点是否还有遇险人员。根据防火灾计划，拟订具体的灭火和抢救行动计划。同时应有防止风流受火风压影响发生风流逆转和有害气体蔓延的措施。为避免被火灾产生的有毒有害气体伤害，侦察火情时应沿着新鲜风流方向接近火源。

（3）控制风流。井下火灾可能会引起风流的逆转，控制风流就是保证矿井正常通风系统不为火灾所改变。为控制火灾的发展和蔓延以及避免工人遭受火烟的有毒气体的毒害，控制风流是应该采取的首要措施。

火灾发生时，火源地的空气由于温度的升高，将会产生局部的自然风压，这种风压称为火风压。火风压会使矿内局部或全矿风流发生变化，扰乱正常的通风系统。火烟随着风流而传播，会扩大灾害范围，引起井下人员中毒，同时也会给灭火工作增加困难。

由于矿内发生火灾的情况不同，通风系统又复杂多变，因此，控制风流和火烟就必须根据具体情况采用不同的方法。控制风流的方法有以下几种：

1）正常通风或降低风量。一般在回风巷道发生火灾时可考虑采用。

2）人工反风。当总进风道及井底车场发生火灾时，可以考虑采用此法，但要慎重。

3）停风。全矿停风很少采用，一般都是根据需要中断局部地区的风流。

4）风流短路和用防火门遮断风流。一般都是根据需要在局部地区采用此法。

（4）组织灭火或封闭火区。根据火灾的性质、发生地点、范围、发展阶段以及现有的灭火器材，采取适当的灭火方法。需要封闭的发火地点，可采取临时封闭措施，然后再砌筑永久性防火墙。进行封闭工作之前，应由佩戴隔绝式呼吸器的救护队员检查回风流的成分和温度。在有害气体中封闭火区，必须由救护队员佩戴隔绝式呼吸器进行。在新鲜风流中封闭火区，应准备隔绝式呼吸器。如发现有爆炸危险，应暂停工作，并采取措施，加以消除。

108. 矿井灭火方法有哪些？

矿井灭火有直接法、封闭法和联合法，主要根据火灾的性质、发生地点、范围、发展阶段以及现有的灭火器材，采取合适的灭火方法。一般来说，应尽可能采用直接灭火法。

（1）直接灭火法。直接灭火法是采用水、灭火器、沙土、空气泡沫流等在火源附近直接扑灭，或者挖掘火源并将其运走的灭火方法。

用水灭火时要保证供给足够的灭火用水，同时要使喷向火区的水能正常排出，以免高温水流到邻区促进矿石氧化。要保证灭火区的正常通风，将火烟和蒸汽排到回风道去，同时还应随时检测火区附近的空气成分。火势较猛时，先将水流射往火源外围，然后逐渐逼向火源中心。对于油类火灾有时可采用水雾灭火，其方法是在火源附近安设若干喷水器，形成扇形水幕，水很快化为蒸汽，隔断对火源的空气供给，而且也起冷却作用。

灭火器主要用于扑灭各种硐室和巷道中的小型火灾。惰性沙土灭火方法简单、费用低，主要用于扑灭井下硐室中的电力设备和油料的小型火灾。挖出火源是指在火灾之初尚未出现明火或燃烧范围较小时，用长柄工具将高热物体或燃烧体取出，将其冷却、熄灭和运走，并用惰性物质将空洞填塞。

(2) 封闭灭火法。封闭灭火法就是将火区封闭，以隔绝空气的流入，火灾将因缺氧而熄灭。一般当不能用直接法或其他方法将火扑灭时，可考虑采用封闭法。

(3) 联合灭火法。当火灾不能用上述灭火法扑灭时，应采用联合灭火法。联合灭火法就是将火区封闭后，再向封闭火区注入泥浆或惰性气体，以提高灭火的效果和速度。

109. 火区的管理和启封有哪些要求？

为了判断火区内火灾是否熄灭和能否启封，应该经常检查火区。检查火区的方法是定期采集火区内的空气试样并进行成分分析，测量火区内的温度和流出来的水的温度。如果火区内的空气和矿岩温度已经稳定地降至30℃以下（或与火灾发生前该区的日常温度相同），火区内空气中的氧浓度降到5%以下，并且火区内一氧化碳和硫化氢等气体浓度逐渐下降，并稳定在0.001%以下，火区的出水温度低于25℃（或与火灾发生前该区的日常出水温度相同），当上述情况持续稳定时间达到一个月以上时，此时可以认为火已经熄灭。

当确认火灾已经熄灭后，才可以考虑启封火区。启封火区要经过上级主管部门批准，并制定安全措施，由矿山救护队负责进行。在启封火区工作完毕后三天内，每班必须由矿山救护队检查通风工作，测定水温、空气温度和空气成分，只有在确认火区完全熄灭、通风等情况良好后，方可重新进行生产工作。

110. 引起矿井水灾的水源分为哪几类，其来源于何处？

引起矿井水灾的水源主要有地表水、地下水两类。

地表水包括地面的江河、湖泊、水库、废弃露天坑和塌陷区的积水，以及雨水、冰雪融化水等。

地下水包括含水层水、断层裂隙水和老空积水等。这些水都可能经过岩层的孔隙、裂隙、断层或人为的采掘活动造成的通道、岩溶塌陷、钻孔和井筒等通道进入矿井内。

据统计，在矿山水灾事故中，约10%~15%的水源是地表水，85%~90%是地下水。

111. 地面防水的措施有哪些？

地面防水就是防止地面河流、泥沼等积水或雨季洪水等突然灌入井下。其具体措施有：

(1) 制定防水计划，建立防汛组织。制定防水计划前，必须进行大量的调查研究，对矿区的地貌、地质构造、水文地质情况等都要作详细的调查，并探明各种透水通路。根据实际和具体情况制定切实可行的防治水计划。每年雨季前要做好防汛工作，成立矿领导负责的专门防汛队伍，进行防水工程的施工、检查和防洪抢险物资的准备。

（2）合理确定井口位置。矿井（竖井、斜井、平硐）井口标高必须高于当地历史最高洪水位1m以上，或修筑坚实的高台或在井口附近修筑可靠的排水沟和拦洪坝，防止暴发地表水经井筒灌入井下。

（3）填堵通道和消除积水，堵塞地表水进入井下的通道。对可能通向井下的裂隙、洞穴和废弃的钻孔等，可用土填堵，防止水流渗入。对于面积较大的塌陷洼地积水，可开凿疏水沟渠排干积水，或修筑围堤，消除威胁。

（4）整治河流，减少或制止河水渗漏。可采取河流改道或铺设人工河床的办法。

（5）挖沟排（截）洪。为了截断山洪，防止大量雨水汇集矿区，可在矿区边缘或漏水区的上方，迎着来水方向修建人工河道或引水工程，将洪水引出矿区。

（6）留安全矿柱。如果矿区地表水体不能排除或疏导，可以留设安全矿柱，以隔断透水通道，防止地表水进入矿内。

112. 治理矿井地下水的措施有哪些？

为了防止矿山井下发生突然透水事故，首先要搞清矿井岩石的含水性、含水层分布等水文地质情况，根据水文地质特点制定防治水设计；采取“查、探、堵、放”措施，即“查明水源、调查老空，探水前进、超前钻孔，隔绝水路、堵挡水源，放水疏干、消除隐患”的综合防水措施。

（1）查明水源。做好矿井水文地质观测，查明矿井水源与分布，如古井、旧巷、采空区的分布；老空积水情况；可能出水的断层、裂隙的分布位置以及含水层、透水层的性质等；收集地面气象、降水量和河流水文资料，查明地表水体分布范围和水量；观测探水钻孔和水文孔中的水压、水位、水量变化，分析水质，查明矿井水来源。

（2）超前探水。在水文地质条件复杂，有水害威胁的矿井进行采掘作业，必须坚持“有疑必探、先探后掘”的原则。

超前钻孔的位置、方向、数目、孔径，每次钻进深度和超前距离，应根据水头高低、岩石性质等条件来确定。

探水前要检查钻孔巷道的稳定性，并加固巷道支护；清理巷道，准备水沟或其他水路；在工作地点或附近安装电话，巷道及其出口要有照明和便于行人的通道，有与外界联络的信号。

在深水作业中，如发现岩石松软（发松），或沿钻杆向外流水越过正常打钻供水量，或有毒有害气体逸出等现象，必须停止打钻（但不得移动钻杆），撤退人员，立即向上级报告，采取安全措施。

（3）排水疏干。有计划地将可能威胁矿井安全的地下水全部或部分地排放或降低矿区地下水位，称为排水疏干，这是最安全、最有效的防治水灾事故的措施。

疏干方法有地表疏干、地下疏干、地表与地下联合疏干等。地表疏干是在地面打钻孔，用深井泵或潜水泵把地下水抽到地表的方法；地下疏干是在井下用各种过滤管配合水泵排水的方法；地表与地下联合疏干就是井下水泵排水和地表钻孔排水联合使用的疏干办法。井下排水系统要能可靠地将井下积水安全地排出地表，但大多数矿山水文地质资料不清，或无法准确地预测未来生产的最大蓄水量时，必须在下部中段设防水门，以防水量超过水泵能力时，发生淹井事故。这在许多非煤矿山是行之有效的方法。

（4）隔水、堵水。有的矿山受条件限制，无法疏放地下水，或者采用疏干方法不经济时，可采取隔离水源和堵截水流，即隔水、堵水措施。

隔离水源就是采取留隔离矿（岩）柱和建立隔水帷幕，防止水源入侵矿井或采区。隔水帷幕是在水源与矿井或采区之间的主要通道上，将预先制备的浆液经过钻孔压入岩层裂隙，并沿裂隙扩散、凝固，形成防止地下水渗透的一道帷幕。

堵截水流是在井下适当的位置，如通往水害威胁地区的巷道总汇合处、井底车场和井下水泵房等处设置防水闸门，堵住水源，或者在积水老空及有透水危险的区域与采区之间设置防水墙，堵截来水，保护采区安全。

113. 矿井透水事故的征兆有哪些?

采掘工作面透水之前，往往会发生一些异常现象，出现明显的征兆，预示井下透水事故即将发生。其主要预兆有：

（1）岩壁“挂汗”或“挂红”。积水透过岩石裂隙凝聚在岩壁表面呈水珠状，这种现象称为“挂汗”，当积水中含有铁的氧化物时，透过岩壁会留下暗红色水锈，称为“挂红”。

（2）岩层里发出“嘶嘶”的水叫声。这是压力较大的积水经过岩层裂缝挤出时，水与缝壁摩擦的声音。

（3）工作面温度下降，空气变冷，出现雾气。这是因为积水温度较低，巷道中进风温度相对较高，就会产生雾气。而在地热影响较大的矿井，地下水温度偏高时，当接近积水区时，温度反而会升高。

（4）顶板淋水加大，出现压力水流。若出水清洁，说明距水源较远；若出水混浊，表明已临近水源。

（5）还有可能出现巷道或工作面顶、底板压力增大，岩石变形，发生片帮冒顶、产生裂隙、出现渗水、水色发浑、有臭鸡蛋气味等突水预兆。

114. 矿井透水事故的处理措施有哪些，被淹井巷如何恢复?

（1）矿井透水事故的处理措施如下：

1）当发现工作面有透水预兆时，要立即停止工作，撤出人员，同时迅速报告有关部门，及时采取处理措施。

2）当进行探、放水工作时，事先要做好有关准备。要确定好避灾路线，保证一旦发生透水时，能组织人员迅速撤离。

3）矿领导接到透水报告后，应立即通知矿山救护队，同时根据事故地点和可能波及地区，迅速判定水灾的性质，了解突水地点、影响范围、静止水位，估计突出水量、补给水源等，及时通知有关人员撤离危险区域，关闭有关地区的防水闸门。

4）掌握灾区范围，搞清事故前人员分布，分析被困人员可能躲避的地点。首先应尽快设法与其联系，确定被困者的准确位置，利用压风、打钻或其他方法送入空气和食物，并积极组织营救。

5）根据水情设置必要的构筑物阻水，按需要及时关闭防水闸门，保护矿井排水设备不被淹没。

6）迅速组织排水，开动全部排水设备，或立即增设水泵和管道排水，防止水害区域扩大。

7）加强通风，防止有毒气体积聚和发生熏人事故。

8）抢救和运送长期被困的人员时，不可突然改变他们已适应的环境和生存条件，以免造成不应有的伤亡。

(2) 被淹井巷的恢复。矿井被淹没后，排除积水的工作是很复杂的。首先必须对水源、矿井静水容积和动态储量进行调查研究，然后制定恢复方案，选择适当能力的排水设备，组织力量进行排水和恢复工作。在涌水量不大或补给水源有限的情况下，可采用增加排水能力的办法，直接排出矿井内的积水。

如果井下涌水量（动储量）特别大，用增加水泵能力不能将水排干时，则必须先堵住涌水通路，截住水源，然后再排水。在整个恢复工作时期，必须十分注意通风工作。因为在被淹井巷内通常积存有大量的二氧化碳、硫化氢等有害气体，当水位降低后，压力解除，有害气体大量涌出。因此，必须在排水过程中加强对有害气体的检查，并用局扇进行局部通风，排除有害气体。

在井筒内安装排水管或进行其他作业的工作人员，必须佩戴安全带和自救器。在修复井巷时，要特别注意防止冒顶和坠井事故的发生。

第二章　露天开采安全技术

第一节　露天矿山基本知识

115. 什么是露天开采，其开采方式有哪些特点？

露天开采就是从地表直接采出有用矿物的开采方法，采用露天开采法开采矿床的矿山称为露天矿。

露天开采是一种历史悠久的采矿方法。近几十年来，随着露天开采技术装备的发展和露天开采与地下开采相比所具有的许多突出优点，国内外的露天开采有了很大发展。据统计，目前世界上每年从地壳上采出的上百亿吨的有用矿物中，属于露天开采的占到70%左右。在我国，铁矿石产量的85%来自于露天开采，建材矿山几乎全部采用露天开采。

根据开采方式的不同，露天开采有人工开采、水力开采、机械开采和挖掘船开采。其特点如下：

（1）人工开采主要靠人力来钻孔、装矿和推车。

（2）水力开采是用水枪射出高压水流冲采矿石并用水力冲运的方法。此法多用于开采松软的砂矿床。

（3）机械开采是用一定的采掘运输设备，在敞露的空间里从事采矿作业，并通过露天沟道或地下巷道把矿石和岩石运出。

（4）挖掘船开采是利用挖掘船开采河道中的砂矿床。

116. 露天采矿场构成要素有哪些？

根据矿床埋藏条件和地形条件的不同，露天矿山分为山坡露天矿和凹陷露天矿（图2-1）。开采水平处于当地地表标高以上的称为山坡露天矿；位于当地地表标高以下的称为凹陷露天矿。对于一个露天矿山来说，从开始到终了，可能一直以一种形态存在，也可能开始是山坡露天，到后期发展为凹陷露天，或者在某一生产时期两种形态并存。

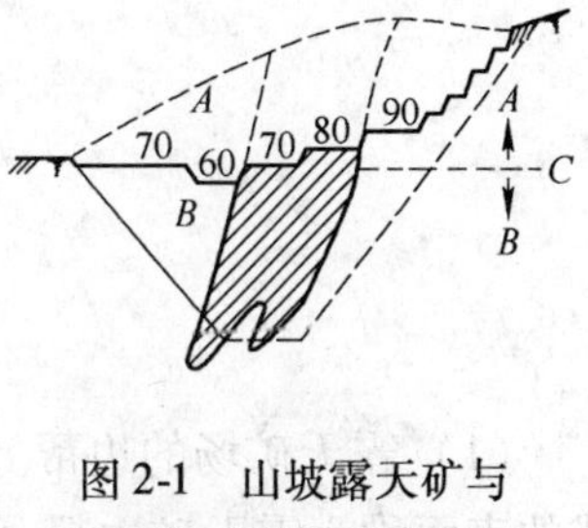

图2-1　山坡露天矿与凹陷露天矿示意图
A—山坡露天；B—凹陷露天；C—当地地表标高

117. 什么是台阶，其构成要素有哪些？

露天开采时，通常是把矿岩划分成若干水平分层，自上而下逐层开采。在开采中各分层保持一定的超前关系，在空间上形成阶梯状，每个阶梯是一个台阶（或阶段）。台阶是露天采矿场的基本构成要素之一，是进行独立采剥作业的单元。

台阶的构成要素如图 2-2 所示。

（1）台阶的上部平盘。台阶的上部水平面称为台阶的上部平盘。

（2）台阶的下部平盘。台阶的下部水平面称为台阶的下部平盘。

（3）台阶坡面。上、下两平盘之间的倾斜面称为台阶坡面。

（4）台阶坡顶线。台阶的上部平盘与坡面的交线称为台阶坡顶线。

（5）台阶坡底线。下部平盘与坡面的交线称为台阶的坡底线。

（6）台阶高度。台阶上部平盘与下部平盘之间的垂直距离叫台阶高度。

（7）台阶坡面角。台阶坡面与下部平盘的夹角称为台阶坡面角。

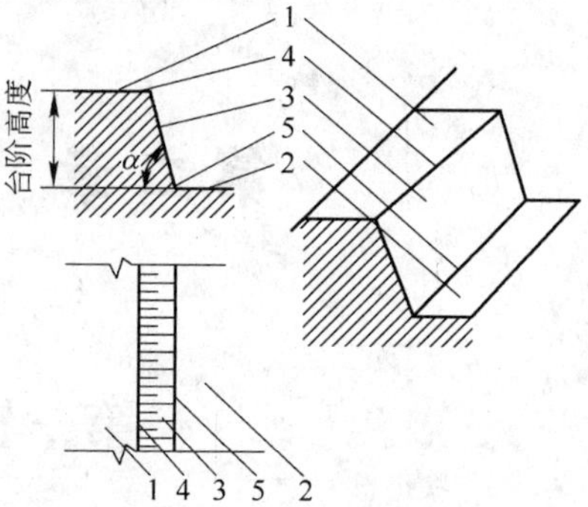

图 2-2　台阶构成要素

1—台阶的上部平盘；2—台阶的下部平盘；
3—台阶坡面；4—台阶坡顶线；
5—台阶坡底线
α—台阶坡面角

（8）工作台阶。正在进行开采作业的台阶称为工作台阶。

台阶的上部平盘和下部平盘是相对的，一个台阶的上部平盘同时又是上一个台阶的下部平盘。台阶的命名通常是以开采该台阶的下部平盘的标高来表示。

在工作台阶上，一般划分成若干具有一定宽度的条带逐条顺次进行开采，这种条带称为采掘带。其宽度一般根据所采用的铲装设备的挖掘半径和一次爆破量及爆破参数确定。

118. 什么是露天采矿场，其构成要素有哪些？

露天开采形成的采坑、台阶和露天沟道的总和称为露天采矿场。

露天采矿场的构成要素如图 2-3 所示。

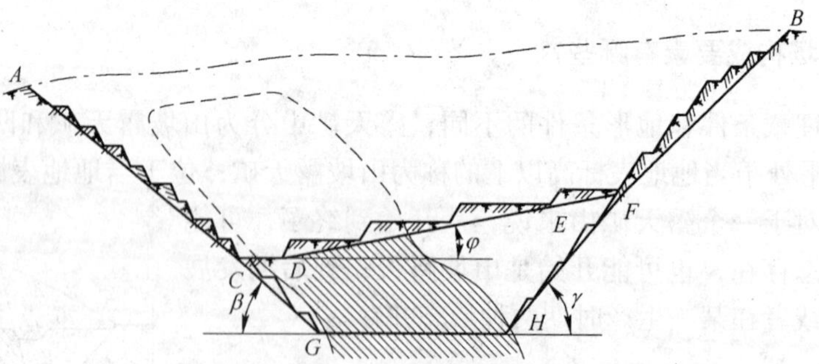

图 2-3　露天采矿场构成要素

（1）露天矿场的边帮。露天矿坑中的矿石采出后，露天矿坑四周揭露出来的由台阶组成的表面称为露天矿边帮（图 2-3 中的 AC、BF）；位于矿体下盘一侧的边帮称为底帮，上盘一侧的边帮称为顶帮，位于矿体端部的边帮称为端帮。露天矿的下部水平 CD 称为露天矿的底盘。

（2）露天矿场工作帮。正在进行开采和将要进行开采的台阶组成的边帮称为露天矿场的工作帮（图 2-3 中的 *DF*）。工作帮的位置是不固定的，随着开采工作的推进而不断变化。

1）工作平盘。工作帮的水平部分称为工作平盘，它是机械设备进行穿孔爆破、采矿和运输工作的场所。

2）露天矿场的工作边坡。通过工作帮最上一个台阶的坡底线与最下一个台阶的坡底线的假想斜面，称为露天矿场的工作边坡（图 2-3 中的 *DE*）。工作边坡与水平面的夹角称为工作边坡角，一般为 8°~12°，最多不超过 15°~18°，人工开采可适当大一些。

3）非工作边帮。非工作边帮是指已完成采剥工作的台阶组成的最终边帮。非工作边帮最上一个台阶的坡顶线和最下一个台阶的坡底线的假想斜面，称为露天采矿场的非工作帮坡面或最终坡面（如图中的 *AG*、*BH*）。该帮坡面代表露天矿场边帮的最终位置。

4）最终边坡角。最终帮坡面与水平面的夹角称为最终边坡角（图 2-3 中的 β、γ）。

（3）最终境界线。开采结束时，非工作帮坡面与地表的交线 *AB* 称为露天矿场的上部最终境界线。最终边帮与露天采矿场底盘的交线 *GH* 称为下部最终境界线。由上、下部最终境界线所限定的位置称为露天矿场的最终境界。

（4）露天矿场的最终深度。上部境界线所在水平与下部境界线所在水平的垂直高度。

（5）大中型露天矿的非工作帮上的平台还应设安全平台、运输平台和清扫平台。

119. 露天开采境界确定的内容有哪些，其影响因素有哪些？

露天开采境界确定的内容主要有：确定合理的开采深度，确定露天矿场底部平面周界，确定露天边坡角。在实际运用中，要根据矿床的埋藏条件来考虑其重点：对水平或接近水平的矿床，重点是确定合理的露天底部平面周界；对于倾斜和急倾斜矿床主要是确定合理的开采深度；对于地质条件复杂、岩层破碎的矿床，重点是确定露天边坡角，以保证露天矿山安全、经济的生产。

影响露天开采境界的因素主要有：

（1）自然因素。自然因素包括矿体埋藏条件（矿体的分布情况、倾角、厚度等）、矿岩的物理机械性质、矿区地形及水文地质条件等。

（2）经济因素。经济因素包括基建投资、开采成本、矿石质量和机械装备水平。

（3）限制因素。限制因素主要是地面的重要建筑物、厂房、铁路、河流等。

在一般情况下，露天开采境界主要是根据经济因素来确定，只有当受到其他条件约束时，才简化或不作经济计算，而直接按其他限定条件来确定。

120. 确定台阶高度应考虑哪些因素？

合理的台阶高度对露天开采的技术经济指标和作业安全都具有重要意义。确定台阶高度时应考虑下列影响因素：

（1）矿岩的埋藏条件和岩性。矿岩的埋藏条件主要是指矿体的厚度、产状及岩石的均质性。一般来说，对于稳固的矿岩，台阶高度可大一些；对于节理、裂隙较发育的不稳固矿岩，台阶高度应低一些。

（2）穿爆工作的要求。台阶高度的增加，能提高一次爆破效率，但往往增加了不合格的大块和根底，不仅增加了二次爆破量，还降低了挖掘机的生产能力。另外，台阶高度还必须保证生产人员和设备的安全。

(3) 采掘工作的要求。采掘工作的要求是影响台阶高度的最主要的因素，机械化开采时台阶较高，人工开采时台阶较低。《金属非金属露天矿山安全规程》规定的露天矿山台阶的安全高度见表2-1。

表2-1 露天矿山台阶的安全高度

矿岩性质	采掘作业方式		台阶高度
松软的岩石	机械铲装	不爆破	不大于机械的最大挖掘高度
坚硬稳固的矿石		爆破	不大于机械的最大挖掘高度的1.2倍
砂状的岩石	人工开采		不大于1.8m
较软的岩石			不大于3.0m
坚硬稳固的岩石			不大于6.0m

(4) 挖掘机或前装机铲装时，爆堆高度应不大于机械的最大挖掘高度的1.5倍。

121. 工作台阶坡面角和最终边坡角有哪些规定？

工作台阶坡面角大小直接影响到矿山的安全生产，影响工作台阶坡面角的主要因素有矿岩的性质、穿孔爆破方式、推进方向、矿岩层理方向和节理发育情况等。《金属非金属露天矿山安全规程》规定，人工开采时，工作台阶坡面角应符合表2-2的规定。

表2-2 人工开采工作台阶坡面角

矿岩性质	工作台阶坡面角	矿岩性质	工作台阶坡面角
松软的矿岩	不大于所采矿岩的自然安息角	坚硬稳固的矿岩	≤80°
较稳固的矿岩	≤50°		

工作台阶坡面角也可以根据矿岩硬度系数来参考选取，见表2-3。

合适的最终边坡角对于保证安全生产和提高露天开采的经济效果具有重要的意义。边坡稳定性被破坏，必将造成滑坡或岩石坍塌等严重事故，严重影响安全生产。

影响边坡稳定的主要因素有岩石性质、地质构造、水文地质条件、开采深度、边坡存在期限等。中小型露天矿山的边坡角可参考表2-3。

表2-3 中小型露天矿山的边坡角参考值 (°)

项目		最终边坡角				工作台阶坡面角
开采深度		90m以内	180m以内	240m以内	300m以内	
岩石硬度系数 f	15~20	60~68	57~65	53~60	48~54	75~80
	8~14	50~60	48~57	45~53	42~48	65~75
	3~7	43~50	41~48	39~45	36~42	60~65
	1~2	30~43	28~41	26~39	24~36	15~60

122. 边坡的台阶分为哪几类，各平台宽度是多少？

在非工作帮上最后形成的台阶按其用途不同，留下的台阶宽度也不同。一般情况下，边坡的台阶按用途分为保安平台（安全平台）、清扫平台和运输平台。

（1）保安平台。保安平台宽度按其用途可小一些，但考虑到边帮在长期存在的过程中，岩石由于风化和爆破引起的裂缝而碎落，较小的平台常被破坏，所以平台宽度一般不小于2～4m。

（2）清扫平台。在不设运输线路非工作帮上，平台组成一般是每隔2～3个保安平台设1个清扫平台。清扫平台宽度取决于清扫时采用的装载及运输设备，一般大于6m。即使采用人工清扫时，也不应小于6m。因为清扫平台还具有承接上面保安平台落下的浮石，不使其掉落到工作面上影响安全生产的作用，若宽度较小就不能承接滚石。

（3）运输平台。运输平台宽度按所用运输设备类型确定，一般条件下采用机械运输不得小于7m，采用人力运输时不得小于4m。对于汽车运输平台宽度一般为40m。

《建材矿山安全规程》第110条规定："为保证边帮稳定，上部台阶采完后，必须留有安全平台和清扫平台。安全平台的宽度一般可为3～6m。每隔2～3个安全平台设置1个较宽的清扫平台。在软质黏土和含大块容易塌落的岩层中，每隔一定距离还需要留1个较宽的辅助安全平台，其宽度一般可为8～10m。"

第二节 露天开采工艺

123. 露天矿山采剥工作的基本程序是什么，如何保证合理的开采顺序？

露天开采过程中的采掘废石称为剥离工程，采掘矿石称为采矿工程，两者统称为采剥工程。露天矿的开采方法和各种工艺都是围绕着采剥工作进行的，采剥工作的基本程序是掘沟、剥离和采矿。但三者在整个矿山的开采过程中必须按一定合理的顺序进行。不同的开采顺序将直接影响到逐年产量、生产剥采比和矿山的经济效益。选择合理的开采顺序是保证矿山安全生产的重要基础。

确定合理的开采顺序主要考虑矿床的埋藏条件、露天矿场的空间几何形状、生产工艺和开拓运输系统等情况。

按照基建工程量的大小，有用矿物的产量、品种、质量均衡，合理调节生产剥采比，缩短采场内的运输距离，合理利用矿产资源，保证安全生产要求确定合理的开采顺序。

对于山坡露天矿，当矿体倾向与山坡方向一致时，一般采用在矿场表层逐层开掘单壁沟，自上而下，由里而外的采掘顺序进行开采。对于凹陷露天矿，由上而下进行掘沟、剥离和采矿工作，上部水平顺次推到最终境界，下部水平顺次开拓和准备，旧的工作水平不断结束，新的水平陆续投产。掘沟、剥离、采矿三者在时间和空间上必须保持一定的超前和滞后关系，必须遵循"采剥并举，剥离先行"的原则，才能保证露天矿山生产持续、稳定、安全地进行。

对于每个台阶的开采顺序，首先是开掘自地表到第一个台阶下部平台的出入沟，然后开掘开段沟。开段沟形成以后，在沟旁建立剥岩或采矿工作线，按采掘带顺序逐条采掘，即为扩帮。出入沟→开段沟→扩帮，即每个台阶的一般开采顺序。开段沟形成后，在其平台上已经形成了可以随时进行剥岩或采矿作业的工作线，扩帮工作就是沿着工作线展开的。按照工作线与矿体走向的关系，工作线的布置方式有纵向、横向、斜向和U形布置等。待工作线推进到一定宽度后，即可开掘下一个台阶的出入沟和开段沟。露天矿的各台阶按照前述顺序自上而下逐层进行开拓、准备和扩帮，一般是多个台阶同时进行开采，这些同时进行开采的台阶组成了露天矿场的工作帮。

穿孔、爆破、采装、运输是露天矿山开采的基本工艺，采剥工程中的掘沟、剥离和采矿工作都是由这些工艺来实现的。

124. 穿孔作业设备有哪些，各穿孔设备有哪些特点？

穿孔工作是露天开采的第一个工序，其目的是为爆破工作提供装放炸药的炮孔。露天矿穿孔设备按穿孔深度分为浅孔凿岩设备、深孔凿岩设备。浅孔凿岩设备主要有凿岩机和凿岩台车。深孔凿岩设备主要有牙轮钻机、潜孔钻机、钢绳冲击式钻机。

凿岩机按动力不同可分为风动、电动、内燃和液压四种，按质量不同有轻型、中型、重型三种，按工作方式不同可分为手持式、气腿式和柱架导轨式三种。一般凿岩深度在2~4m，最深不超过5m。风动凿岩机（简称风钻）应用最为广泛，它是靠空气压缩机提供的压风作为动力进行工作的，所以，要建立相应的压风机站和供风系统或使用移动式压风机供给压风。

凿岩台车。凿岩台车是一种导轨式重型风动凿岩机。由于设备简单、灵活，孔径小，可以打任意角度的炮孔，对提高劳动生产率，改善劳动条件作用明显，所以，在露天矿山和采石场得到了广泛的应用。

潜孔钻机。潜孔钻机是一种回转冲击式钻机，具有结构比较简单、操作维护方便、价格低、机动灵活、穿孔角度范围大等优点，是中小型露天矿山的主要穿孔设备，适用于中硬矿岩穿孔。

牙轮钻机。牙轮钻机也属于回转式凿岩机。它通过回转机构和加压机构给钻杆上的牙轮钻头施加回转扭矩和轴向压力，借助钻头上的三个轮齿密布的牙轮进行连续切削、破碎岩石；同时，压缩空气通过钻孔中心及钻头喷嘴吹至孔底，把岩渣排出而形成炮孔；能实现机械接卸钻杆。牙轮钻机具有穿孔效率高、作业成本低，机械化、自动化程度高，适应各种硬度的矿岩等优点。

125. 穿孔作业安全技术要求有哪些？

（1）凿岩工和钻机司机应经过专门培训，熟悉凿岩机或钻机的性能和操作技术。

（2）开钻时，操作人员不得离开工作台。必须离开时，要停止作业。

（3）开孔口时要扶稳钻机，以防钻头伤脚或凿岩机倾倒伤人。严禁打干孔和残孔。

（4）在坡度超过30°的台阶坡面上凿岩时，凿岩工要使用安全绳，凿岩时要站稳。

（5）起落钻架时，禁止非操作人员在钻机危险范围内停留。

（6）钻机移动时，应有人指挥和监护；行走时，司机应先鸣笛，履带前后不得站人，不准转急弯。

（7）钻机靠近台阶坡顶线行走时，应先检查行走路线是否稳固安全，凿岩台车外侧凸出部分至台阶坡顶线的最小距离为2m和潜孔钻为3m。

（8）钻机不宜在超过15°的坡面上行走，如果坡度超过15°必须放下钻架，并采取防倾覆措施。不准长时间停留在斜坡道上。

（9）在松软的地面行走时，应采取防沉陷措施。

（10）通过高、低压线路时应采取安全措施。夜间行走应有照明。

（11）为防止台阶坍塌而造成钻机倾翻事故，钻机稳车时，千斤顶至台阶坡顶线应有一定的安全距离，凿岩台车为1m，牙轮钻和潜孔钻为2.5m。千斤顶放置的位置应稳固，不得在千斤顶下垫块石。

（12）穿凿第一排炮孔时，钻机的中轴线与台阶坡顶线的夹角不得小于45°，以便在台阶出现坍塌征兆时，钻机尽快撤离危险区。

（13）钻机作业时平台上严禁站人，钻机长时间停机应切断电源。

（14）挖掘每个水平的最后一个采掘带时，上阶段正对挖掘机作业范围内的第一排孔位地带，不得有钻机作业或停留。

（15）起落钻架时，非操作人员不要在钻机移动范围内停留。

（16）爆破时，应将钻机移至安全地带。

（17）移动电缆和停送电时，应穿绝缘鞋，戴高压绝缘手套，使用符合要求的电缆钩。钻机发生接地故障时，应立即停机处理，严禁任何人上下钻机。

（18）维修人员在主架上处理故障或进行正常维护时，必须使用安全带。所需工具应放在工具包内，严禁从主架上向下抛掷工具。

（19）雷雨天、大雪天和大风天不准上钻机顶部进行检修作业。严禁双层作业，高空作业时，应系好安全带。

126. 采装作业常用的装运设备有哪些，各有何特点？

采装作业是用装载机械将矿岩直接从地下或爆堆中挖掘出来，并装入运输工具或直接卸到一定地点。它是露天开采过程的中心环节，其他生产过程如穿孔、爆破、运输等都是围绕采装而工作的。

大型露天矿山采装工作常用的采装设备有单斗挖掘机、前装机、索斗铲、轮斗挖掘机、链斗挖掘机等，小型露天矿和采石场多采用装岩机、电耙或人工装岩。

单斗挖掘机是露天矿山用于采矿、剥离、排土、掘沟和倒装等工作的主要设备。按动力可分为电铲、柴油铲和液压铲三种。铲斗的容积0.5～$12m^3$，斗容20～$30m^3$的挖掘机也已在一些矿山应用。单斗挖掘机生产能力大，一般应用于大中型露天矿山，并与铁路运输或汽车运输等方式相配合。

前端式装载机又叫前装机，是一种自装自运的多用设备，经常与汽车配合使用，有履带式和轮胎式两种。轮胎式前装机机动灵活，调动方便，行走速度快，可达30～40km/h。轮胎式前装机在露天矿应用较广，既可以与运输设备配合装载矿岩，又可作为采、装、运三位一体的设备，还可作为牵引车及清理工作场地的辅助作业设备。

装岩机有电动和风动两种，行走方式有轮胎式和轨道式两种。斗容一般在0.1～$0.3m^3$。

电耙是一种小型采运设备，它借助耙斗自重耙运矿岩，在主钢绳的牵引下，沿爆堆向下移动装满矿岩，并运至卸载点装车。卸载后，在尾绳的牵引下空斗被拉回工作面进行下一次作业。卸载点需做人工平台，矿车在人工平台的漏斗下装车。

采用人工装车的露天矿场一般都用人力推车，运距应小于300m，矿车载重小于1～

2t。人工装车工作面采用多道头装车，线路布置成分枝状，垂直于工作面。一般在交岔点分出3～5个道头，伸向装车工作面。每个道头最小长度6～8m，两个道头间隔为5m左右。采用手推车或拖拉机人工装矿，应合理布置装车位置，车与车之间距离应保持2～3m。

127. 采装作业安全要求有哪些?

（1）两台以上的挖掘机在同一平台上作业时，挖掘机之间应保持一定的间距。采用汽车运输时，其间距不得小于最大挖掘半径的3倍，且不得小于50m；采用机车运输时，不得小于两列列车的长度。

（2）相邻两阶段同时作业的挖掘机必须沿阶段方向错开一定的距离，在上阶段边缘安全带进行辅助作业的挖掘机必须超前下阶段正常作业的挖掘机最大挖掘半径的3倍的距离，且不小于50m。

（3）挖掘机行走时，应遵守下列规定：

1）必须在作业平台的稳定范围内行走。

2）铲斗应空载，并下放与地面保持适当距离，悬臂方向与行进方向一致。

3）上下坡时驱动轴应始终处于下坡方向，并采取防滑措施。

4）通过电缆、风水管、铁路道口时，应采取保护电缆、风水管、铁路道口的措施。

5）在松软或泥泞的道路上行走时，应采取防止沉陷的措施。

6）应有专人指挥。

（4）挖掘机、前装机作业时，应遵守下列规定：

1）严禁挖掘机在运转中调整悬臂架的位置。

2）挖掘机工作时，其平衡装置外形的垂直投影到阶段坡底线的水平距离应不小于1m。操作室所处的位置应使操作人员危险性最小。

3）不得铲装超过斗容的大块岩石，不得用铲斗冲砸大块矿岩，不得用铲斗去挑挖工作面上的浮石和伞檐。

4）禁止铲斗从车辆驾驶室上方通过，卸载时要保持铲斗平稳。

5）装第一铲时，铲斗门距车厢底板的卸载高度不应大于0.5m，卸载时应使车厢保持平衡。

6）装载时，与受装车辆驾驶员要有信号联系，车辆调车人员应下车指挥。

7）如发现台阶坡面上有片帮或浮石塌落危险时，必须迅速驶出危险区。经采取措施排除隐患后，方准继续作业。

8）挖掘机电缆不得遭受碾压、撞击、浸泡和小于90°的弯折。移动电缆的操作人员必须穿戴绝缘手套或用绝缘钳子。电缆与挖掘机履带应保持2m以上的距离。

（5）推土机作业时，应遵守下列规定：

1）在斜坡上作业时，最大允许坡度不得超过其技术性能的规定。

2）推土作业时，刮板不得超出平台边缘。

3）距离平台边线小于5m时，必须低速运行。

4）禁止后退开向平台边缘。

5）推土机发动时，严禁人员在机体下面工作，机体近旁不准行人逗留。

6）推土机行走时，禁止人员站在推土机上或刮板架上。发动机运转且刮板抬起时，司机不得离开驾驶室。

7）检修、润滑和调整推土机应在平整的场所进行，检查刮板应将刮板放稳，并关闭发动机。禁止人员在提起的刮板上停留或进行检查。

（6）爆破时，要将采装设备开到安全地点。

（7）电耙装矿时，要定期检查钢丝绳，以防断绳回甩伤人。在耙斗作业范围内不得有人作业或行走。

（8）人工装车时，人员不得搬动大块矿岩，大块矿石应进行二次破碎。采用手推车或拖拉机人工装矿，禁止挤在一起，以防止相互干扰而伤人。

128. 露天矿山运输的基本任务是什么，其运输方式有哪些？

露天矿山运输的基本任务是将采出的矿石运送到选矿厂、破碎站或储矿场，把剥离的废石运送到排土场，并将人员、设备和材料运送到工作地点。

就动力而言，露天矿山的运输方式可分为人力运输和机械运输；从道路设施看，露天矿山的运输方式可分为有轨运输和无轨运输。

（1）铁路运输。在矿区范围较大，坡度较缓的露天矿场内可以铺设铁路，采用机车牵引列车运送矿石的运输方式。铁路运输的主要设备有轨道、矿车、机车和辅助设备。按机车的动力不同可分为电机车和内燃机车；按轨距不同可分为标准轨铁路运输（轨距为1435mm）和窄轨铁路运输（轨距为600mm、762mm和900mm），矿车与地下矿山相同。但大型露天矿，用大型电机车牵引大型翻斗车，其载重量可达60～80t，甚至更大。电机车运输必须架设供电线路。其特点是：适合长距离运输，运量大，运输成本低；爬坡能力小，基建工程量大、投资多、基建时间长；移道工作量较大；随着露天开采深度的增加，运输效率显著下降。因此，适用于储量大、面积广、运距长的矿山。

大型露天矿山多采用标准轨铁路运输；在中小型露天矿以及采石场多采用窄轨铁路运输或人力推车，在斜坡段用卷扬机或无级绳提升联合运输。

（2）道路运输。露天矿山道路运输的主要车辆是自卸汽车，小型矿山和采石场也常使用拖拉机、机动三轮车，甚至使用畜力车、人车等。优点：这种运输方式机动灵活，调运方便，适应性强，爬坡能力强。缺点：受气候条件影响大，特别是雨季、冰雪期间行车困难；运费高，维护费用高。自卸汽车在露天矿山使用越来越广泛，有取代铁路运输的趋势。

（3）斜坡卷扬运输。斜坡卷扬运输即在斜坡轨道上用卷扬机提升或下放斜坡箕斗或矿车，在斜坡道的上、下平面则借助其他运输方式联合运输。斜坡箕斗是专用在斜坡道上的运载容器，与串车相比，运输能力大，发生跑车事故的可能性较小，但需架设装、卸载设施，不如串车提运灵活。斜坡道上还可利用重力实现卷扬运输，依靠矿石的自重拖动重力卷扬机转动，并通过卷扬机的缠绕或摩擦使另一根（或另一端）钢丝绳提升空车，从而完成重车下放、空车上提。车辆运行的速度靠轨道坡度和制动闸来调节。该法适合小型山坡露天矿山。

（4）斜坡牵引手推车运输。斜坡道上，用钢丝绳卷扬牵引或下放手推车。这种运输方式投资少，设备简单，使用方便，但运输能力低，仅适用于短距离、小坡度提升的小采石场。

（5）矿石自溜运输。利用矿区的高差、地形开凿溜井或地表溜槽，用机动车辆或其他运载设备将矿石运至溜井或溜槽，矿石借助自重下放，下部用机动车或其他运载设备来运输。这种运输方式简单，运营费用低，运输能力可大可小，但要有合适的地形条件，特别适合于山区矿山，可大大减少车辆运输事故。

（6）人力运输。人力运输分为轨道人力推矿车和推平板车等方式。

（7）架空索道运输。架空索道运输是通过架设在空中的钢丝绳悬挂矿斗，随着牵引钢丝绳的运动，矿斗也随之运动的一种运输方式。它可以直接跨越较大的河流、沟谷，无需架设桥梁涵洞，减少了土石方量，并缩短运输距离，是我国一些山区、地形复杂矿山的一种比较有效的地面运输方式。

129. 露天矿山铁路运输作业安全要求有哪些?

铁路运输中常见的事故有撞车、脱轨、道口肇事和由此引起的人身伤害。露天矿山铁路运输除应遵守地下矿山电机车运输的有关安全规定，还应遵守下列规定：

（1）机车司机、绞车司机是特种作业人员，必须经过培训考核，持证上岗。

（2）在繁忙的道口和可能危及行车安全的塌方、落石地点宜安设遮断信号机。

（3）电机车升起受电弓后，禁止登上车顶或进入侧走台工作。

（4）列车运行速度必须保证在准轨铁路300m、窄轨铁路150m的制动距离内停车。

（5）同一调车线上禁止两端同时进行调车作业。

（6）采取溜放方式调车时，必须有相应的安全制动措施。

（7）在运行区间内不准甩车。在站线坡度大于0.25%的坡道上进行甩车作业时，必须采取防滑措施。

（8）发生故障的线路，应在故障区域两端设停车信号。独头线路发生故障时，应在进车端设停车信号，故障排除和停车信号撤除前禁止列车在故障线路区域运行。

130. 露天矿山道路运输作业安全要求有哪些?

（1）山坡填方的弯道、坡度较大的填方地段以及高堤路基路段外侧应设置护栏、挡车墙等。夜间装卸矿地点应有良好的照明。

（2）自卸汽车进入工作面装车，应停在挖掘机尾部回转范围0.5m以外，防止挖掘机回转撞坏车辆。

（3）装车时，发动机不准熄火，关好驾驶室车门，不得将头和手臂伸出驾驶室外，禁止检查、维护车辆。

（4）装车后挖掘机司机或指挥人员发出信号，汽车才能驶出装车地点。

（5）禁止采用溜车方式发动车辆，下坡行驶严禁空挡滑行。在坡道上停车时，司机不能离开，必须使用停车制动并采取安全措施。

（6）机动车辆在矿区道路上宜中速行驶，急弯、陡坡和危险地段应限速行驶。

（7）正常作业条件下同类车严禁超车，前后车应保持适当距离。

（8）雾天和烟尘弥漫影响能见度时，应开亮前黄灯与标志灯，并靠右侧减速行驶，前后车间距不得小于30m。

（9）视距不足20m时，应靠右暂停行驶，但不得熄灭车前车后的警示灯。

（10）冰雪和雨季道路较滑时，应有防滑措施并减速行驶；前后车距不得小于 40m；禁止急转弯、急刹车、超车或拖挂其他车辆。

（11）汽车在靠近边坡或危险路面行驶时，要谨慎通过，防止架头倒塌和崩落。生产干线、坡道上禁止停车。

（12）机动车辆通过铁路道口前，司机应减速瞭望，确认安全方可通过。

（13）卸矿地点必须设置牢固可靠的挡车设施，并设专人指挥。挡车设施的高度不得小于该卸矿点各种运输车辆最大轮胎直径的 40%。

（14）汽车进入排卸场地要听从指挥，卸完后应及时落下翻斗，务必确认翻斗落好后方可动车，严防翻斗竖立刮坏高空线路和管道等设施。

（15）自卸汽车在翻斗升起与落下时不准人员靠近，卸载工作完毕后应将操纵器放置空挡位置，防止行车时翻斗自动升起引起事故。

（16）自卸汽车严禁运载易燃、易爆物品，驾驶室外平台、脚踏板及车斗不准载人。禁止在运行中升降车斗。

（17）要加强机动车辆的检查、维护保养，保证机动车前后车灯正常，刹车灵敏可靠。

131. 露天矿山斜坡卷扬运输作业安全要求有哪些？

（1）斜坡道与上部车场和中间车场的连接处，应设置灵敏可靠的阻车器；斜坡道上设防跑车装置；沿斜坡道设人行踏步；斜坡轨道中间设托辊并保持润滑良好，以减少钢丝绳的磨损。

（2）卷扬司机、卷扬信号工和矿仓卸矿工之间应装设声光信号联络装置。联系信号必须清楚，信号不清或中断时，不得进行作业。

（3）在斜坡道上或在箕斗（矿车）、料仓里工作，必须有安全措施。调整钢丝绳必须空载、断电进行，并用工作制动。

（4）应对钢丝绳及其附件以及绞车定期进行检查、试验，保证钢丝绳完好，绞车制动可靠。发现钢丝绳及其附件有下列情况之一时，必须更换：

1）专门运输物料的钢丝绳在一个捻距内断丝数目达到钢丝总数的 10%。

2）因紧急制动而被猛烈拉伸时，在拉伸区段有损坏或长度增加 0.5% 以上。

3）外层钢丝直径磨损达 30%。

4）有断股或直径缩小达 10%。

5）箕斗钢丝绳连接套因紧急制动而拔出 5mm 以上，或出现其他异常危险现象时，应重新浇注连接。

132. 露天矿山斜坡牵引手推车运输安全要求有哪些？

（1）选择斜坡道的位置要合适，坡度不宜过大，道路要平整，没有过大的起伏、坑沟和障碍物。

（2）为防止跑车，斜坡道上部车场坡口设挡车设施，坡口后应有一段下坡道，斜坡道下部应迎坡设一挡墙。

（3）卷扬机制动必须灵敏可靠。钢丝绳和挂钩的安全系数应不小于 10。钢丝绳与挂钩的连接应用不少于 3 个绳卡与主绳卡紧，其间距为 200～300mm。

（4）应定期检查、试验卷扬机、钢丝绳和连接装置。发现钢丝绳有断股或严重损坏、挂钩环损坏时，必须更换，不得修复使用。

（5）卷扬机操作工应思想集中，密切注意运转情况，发现异常情况立即停车。

（6）钢丝绳牵引速度要与驾车人行走的速度相适应，一般不超过1m/s。驾车人要在手推车上坡的方向，不得在下坡方向，以防意外跑车事故。

（7）手推车的挂钩环应牢固地固定在轮轴与车架上，要防止在工作时自行脱钩。

（8）手推车不得装得过满，以防矿石滚落伤人。

（9）在提升矿石时，驾车人要双手扶把，不得坐在把手上或车上任其自行。重车提到坡顶，要待车越过坡口的车挡，停稳后才能摘钩。

（10）向坡底运送空车，要用钢丝绳牵引下放，不得驾车下跑；要确认手推车挂牢靠了，才能发出下放信号。

（11）钢丝绳牵引手推车上下时，不准带人，斜坡道有车运行时，不准人员行走（驾车人除外）。

（12）斜坡道较长时，在卷扬机与坡底之间要设联络信号。

第三节　边坡管理技术

133. 什么是边坡破坏？

露天开采破坏了边坡岩体内的原始应力平衡，在次生应力场作用下，发生滑坡和坍塌现象，称为边坡破坏。

边坡破坏主要有以下两种：

（1）坍塌。由于边坡过高、过陡，边坡脚的岩体受压破坏或因人工开采破坏，甚至形成伞檐。上部岩体原有的应力平衡被打破，在次生应力的作用下，使其根部折断或压碎而突然脱离基岩而造成坍塌。底脚破坏的范围越大，坍塌的体积和范围也就越大，造成的危害也就越严重。

（2）滑坡。边坡上的岩体沿着某一滑动面向下滑移。该滑动面经常是由各种地质构造形成的弱面，以及极不稳定的软岩夹层和遇水膨胀的软岩面形成的弱面。极不稳定的软岩夹层和遇水膨胀的软岩面可能会沿弱面产生大面积滑坡，当结构面的倾向、走向与边坡一致，倾角小于边坡的倾角，滑移体两侧有自由面或其他结构面，下部又被采空时，就会发生岩层面滑落现象。松散的矿岩可沿着自然安息角方向向下滑移。

134. 影响边坡稳定的主要因素有哪些？

（1）岩性。岩性指组成露天边坡岩石的基本属性，包括岩石结构、构造、孔隙度、岩石强度等的影响。岩石结构不同，其矿物间颗粒间联结关系不同，其力学性质也不同。岩石的构造（如层理、片理方向）对力学性质也有明显影响。岩石孔隙度增大，其强度降低，岩石的弹性模量也降低。露天矿滑坡大都是剪切破坏，因此岩石抗剪强度越高，越不易发生滑坡。

（2）结构面。结构面是指岩体内在地质发展历史中形成的有一定方向、一定规模和形态特征的面、缝、层、带状的地质界面。由于它们的存在，岩石的抗剪强度降低，加上地表水或地下水的渗入，使抗剪强度进一步降低。事实证明，滑坡时滑体的滑动面和边缘轮廓，都是受结构面控制的，结构面的强度决定岩体的强度。

（3）水文地质条件。露天矿滑坡多发生在雨季或解冻期，地表水的渗入和地下水的活动是滑坡发生的重要因素之一。一方面，水本身产生静水压力；另一方面，水的流动产生的水压力并对岩石结构面产生潜蚀作用，使岩体结构面间内聚力和摩擦力减少。

（4）爆破。露天矿每个矿山几乎每天都要进行爆破，露天边坡长期受爆破作用的冲击，使岩体产生破坏，使岩体产生新的结构面或使原结构面扩大，促使边坡破坏。

（5）其他因素。露天矿边坡长期暴露在自然环境中，风化作用使原生结构面或构造面加剧，并可产生新的次生结构面，并对岩石强度有降低作用。另外，边坡的形状、高度或人为破坏等因素也影响边坡的稳定。

135. 边坡滑坡有哪几类?

（1）平面滑坡。平面滑坡是岩体沿与边坡倾角相同的单一结构面发生滑动。

（2）楔体滑坡。楔体滑坡是指边坡中两组结构面相交成楔形失稳体，其交线与边坡倾向相近或相似时发生的滑坡。

（3）圆弧形滑坡。圆弧形滑坡是指滑动面基本上为圆弧形的滑坡。

（4）倾倒滑坡。倾倒滑坡是边坡岩体中结构面很陡时，岩体由于重力作用发生倒塌。

（5）复合滑坡。复合滑坡是上述两种或两种以上形式组合而成的滑坡。

136. 边坡整治的目的是什么，其整治方法有哪些?

边坡整治的目的是为了改善边坡的稳定性，以减少滑坡发生的可能。

边坡整治工作主要有以下方法：

（1）清扫维护。清扫维护是根据边坡岩体情况和工作经验对边坡进行的清理和维护工作。

（2）防排水。防排水是使边坡稳定的主要措施之一，可采用疏干的方法排出地下水，地表可采用排洪沟和防洪坝防水。

（3）改善爆破工作。采用预裂、缓冲、光面爆破等控制爆破方法，减轻爆破对边坡的危害。

（4）边坡加固。边坡加固是治理滑坡、提高边坡角、减少剥离量的一种手段。目前常用加固方法有挡墙、抗滑桩、金属锚杆（索）、护坡等。在实际生产过程中，可根据情况采用一种或几种方法联合加固。

137. 不稳定边坡的治理措施有哪些?

不稳定边坡会给露天矿的生产带来极大的危害，因此矿山应十分重视不稳定边坡的监控，并及时采取合理的工程技术措施，防止滑坡的发生，从而确保生产人员和设备的安全。

我国自20世纪50年代末期开始研究不稳定边坡的治理，特别是从20世纪80年代以来，各种新的工程技术治理方法得到了有力地推广，获得了良好的效益。不稳定边坡的治理措施大体可分为四类：

（1）对地表水和地下水的治理。生产实践和现场研究表明，对那些确因地表水大量渗入和地下水运动影响而不稳定的边坡，采用疏干的方法，治理效果较好。对地表水和地下水治理的一般措施有：地表排水、水平疏干孔、垂直疏干井、地下疏干巷道。

（2）减小滑体下滑力和增大抗滑力措施，具体方法有缓坡清理法与减重压脚法。

（3）增大边坡岩体强度和人工加固露天边坡工程技术。普遍使用的方法有：挡土墙、抗滑桩、金属锚杆、钢绳锚索以及压力灌浆、喷射混凝土护坡和注浆防渗加固等。

（4）周边爆破。爆破震动可能损坏距爆源一定距离的采场边坡和建筑物。对采场边坡和台阶比较普遍的爆破破坏形式是后冲爆破、顶部龟裂、坡面岩石松动。周边爆破技术就是通过降低炸药能量在采场周边的集中和控制爆破的能量在边坡上的集中，从而达到限制爆破对最终采场边坡和台阶的破坏。

138. 为什么要对边坡进行监测，常用的边坡监测方法有哪些？

边坡发生破坏，一般有一个发生发展的过程，可采用一定的方法对其发生发展的过程进行监测，以了解其动态，对其进程进行预测，从而可以采取一定的应急和预防措施，减少滑坡造成的危害。

常用的边坡监测方法有：

（1）钢丝伸长计法。钢丝伸长计法是用一垂直桩安装一个带有重物的滑轮，重物的另一端由钢丝固定在发生位移的边坡岩石表面，当边坡移动时，钢丝发生形变带动重物上升，其变化值可通过设在垂直桩上的标尺读出，当重物位移超过警戒位置时，需对边坡进行安全防范处理。

（2）精密测量。精密测量法监测边坡位移在我国露天矿得到广泛应用。进行测量时首先应建立观测网，然后设置各类桩，有置镜点桩、照准点桩和观测点桩、水准点桩等，各类桩的设置应根据其用途设置并达到其质量要求。测量常用的精密测量仪器是经纬仪、水准仪、全站仪，也可采用光电测距仪等先进测量仪器。测量完成后，对观测资料进行分析整理，得出露天边坡位移与时间的关系图等图表，为预测提供依据。

（3）其他方法。如位移自动记录仪监测、钻孔伸长计监测、钻孔剪切带监测等。

139. 预防边坡坍塌事故的安全技术措施有哪些？

露天采场边坡滑坡、工作台阶和非工作台阶的坍塌以及浮石冒落统称为坍塌事故。预防边坡坍塌事故的安全技术措施有：

（1）根据地质构造，合理确定边坡形式和角度。在露天矿山的生产过程中，可以通过逐步收集和调查岩石的地质构造资料，确定合理的边坡形式和控制边坡角，避开或减少结构面（即弱面）对边坡影响问题。一般情况下，岩石层理面与边坡角对边坡有如下影响规律：

1）岩石层理面（弱面）的走向、倾向与倾角均与边坡的坡面相同（图 2-4a），此时的边坡处于临界状态，可能塌落，也可能稳定。如在开采中上下采挖不一致，而较多地掏采了边坡的中下部时，会极易发生边坡坍塌。

2）岩石层理面（弱面）的走向、倾向与边坡一致，但边坡角小于弱面倾角（图

2-4b)，这时的边坡处于稳定状态，一般不易发生塌方。

3）岩石弱面倾角小于边坡角，而且弱面的下方与边坡面相交，则相交以下部分的岩体易发生滑落（图 2-4c）。

4）岩石弱面的倾向与边坡相反，这时边坡一般也是稳定的（图 2-4d）。

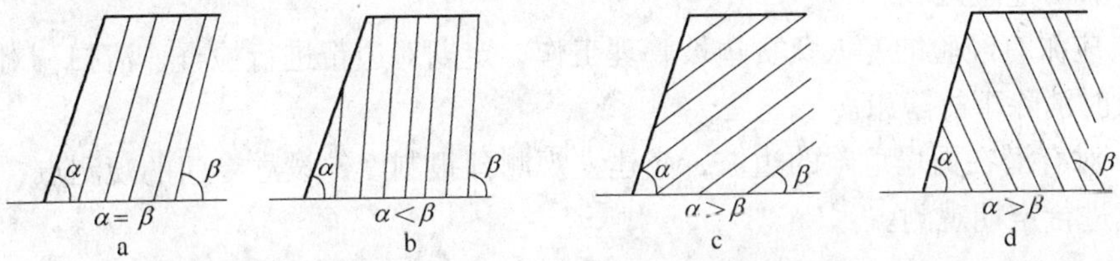

图 2-4　岩石结构面与边坡的关系

实际上岩石的弱面并不一定都是一致的，边坡的坡面角只能考虑岩石层理的影响。在实践中，应经常观察边坡的情况，尤其是在爆破和下雨后，发现坍塌危险和隐患，及时采取措施进行处理。

（2）选择合理的开采技术参数和开采程序。

1）选择并控制合理的开采高度。严格按照《金属非金属露天矿山安全规程》的要求设置台阶高度和台阶坡面角，确定合适的边坡形式。一般情况下，不分台阶的边坡高度超过 20m 时，观察和控制边坡的稳定就较为困难了。因此，规程要求，高度超过 20m 的采场必须实行分层开采。

2）选用合理的开采程序和推进方向，从上到下逐层开采，禁止一面坡的开采方式，严禁“掏采”。

3）贯彻“采剥并举、剥离先行”的方针，超前剥离表土和风化层。

4）在临近边坡处采用控制爆破方法，如微差爆破、预裂爆破、缓冲爆破等，以减少爆破震动对边坡的影响。

（3）其他预防坍塌的技术措施。

1）使用边坡监测技术对边坡稳定性进行动态监测，以便发现边坡移动和滑落隐患，及时进行防治和撤离现场人员和设备。

2）在露天开采境界范围内，要预先疏干地下水，并在露天坑四周挖掘排水沟，从而提高岩体的内摩擦角、黏结力。

3）边坡整治措施。在生产过程中，根据揭露的边帮的岩体情况和积累的经验对边坡及时平整和刷帮，改变边坡的轮廓和形状，以提高边坡的稳定性。

4）对节理、裂隙等容易引起坍塌事故的地质构造发育的矿山，采取人工加固措施来治理滑坡。人工加固措施主要有锚杆（锚索）加固、抗滑桩加固、喷射混凝土加固、挡土墙加固、注浆法加固等。

140. 预防边坡坍塌事故的安全管理措施有哪些?

（1）作业前，必须对工作面进行检查，清除危岩和其他危险物体。

（2）作业中，应加强观察边坡，当发现边坡上有裂隙可能坍塌或有大块浮石以及伞檐悬在上部时，必须及时上报，迅速处理。处理要有可靠的安全措施，受其威胁的人员和设备应撤至安全地点。如未处理，不得在浮石危险区进行其他任何作业和停留，并设有醒目的警示标志。

（3）当现场作业人员发现边帮有坍塌征兆时，应立即停止作业，通知受威胁的人员和设备马上撤出危险区域。

（4）应派有经验的专人负责边坡管理工作，定期对边帮进行检查、清扫，对危岩进行处理，及时消除事故隐患。

（5）对有潜在坍塌危险的边坡，应建立观测预报制度，设立专门的观测点，对边坡的变化情况进行定期观测。

141. 处理滑坡及坍塌事故的主要措施有哪些？

（1）首先应撤出事故范围和受影响范围的人员，并设立警戒，防止无关人员进入危险区。

（2）积极组织人员抢救被滑坡、坍塌埋压的遇险人员。抢救人员要遵守“先易后难，先重伤后轻伤”的原则。

（3）认真分析造成滑坡、坍塌的主要原因，并有针对性地制定安全救灾措施。

（4）在抢险救灾前，首先检查采场架头顶部是否存在再次滑落的危险，如存在较大危险应及时进行处理。

（5）在整个抢险救灾过程中，在采场架头上、下都应选派有经验的人员观察架头情况，发现问题要立即停止抢险工作，并及时进行处理。

（6）应采取措施阻止滑落的矿岩继续向下滑动。

（7）在危险区范围内进行抢险工作，应尽可能使用机械化装备，并控制抢险工作人员人数。

142. 确保露天开采边坡安全的措施是什么？

确保露天矿边坡安全是一项综合性工作，包括确定合理的边坡参数、选择适当的开采技术和制定严格的边坡安全管理制度。其具体措施如下：

（1）确定合理的台阶高度和平台宽度。

（2）正确选择台阶坡面角和最终边坡角。

（3）选用合理的开采顺序和推进方向。坚持由上而下分台阶水平开采，坚持打下向孔或倾斜孔，坚决杜绝掏底开采，避免边坡形成伞檐状和空洞，选用从上盘向下盘的采剥推进方向。

（4）合理进行作业，采用控制爆破技术，减少爆破震动对边坡的影响。

（5）建立健全边坡管理和检查制度，发现边坡上有裂陷可能滑落或有大块浮石及伞檐悬在上部时，必须迅速进行处理。

（6）矿山应选派技术人员或有经验的工人专门负责边坡的管理工作，及时消除隐患。

（7）对于有边坡滑动的矿山，必须采取有效的安全措施，设立专门观测点，定期观测记录变化情况。

第四节 排土安全管理

143. 什么是排土场，其工作的任务是什么？

露天矿开采过程中，将覆盖在矿体上部及周围的表土和岩石剥离后，需运到一定的地点排弃，这种工作称为排土工程。矿山为了排弃、堆置露天矿剥离的岩土和地下开采的废石，需在露天采场或地下矿山的井口附近的适当地点设置排土场。堆积排土工程中废弃的岩石和表土的专设场地称为排土场或废石场。根据排上场和露天采场的相对位置，把位于露天矿境界以外的排土场称为外部排土场，把位于露天矿采空区内部的称为内部排土场。内部排土场是将岩土直接排弃在露天矿场的采空区内，适用于一次采掘有用矿物全厚的矿山；但大部分露天矿山采用外部排土场。

排土工作的任务就是在排土场上，运用合理的工艺排弃从露天矿采场采出的岩土，以保证采矿工作的正常持续均衡地进行。

144. 如何选择排土场？

（1）在选择排土场的位置时，应尽量利用山谷、洼地等场所。

（2）尽量避免选择在易被山洪、河水冲刷的地区，以免淤塞河道或产生泥石流。在不可避免时，应采取截洪、排水、防冲刷措施。

（3）排土场不应设置在将来可能扩大的露天开采境界范围内和露天边坡上。

（4）排土场尽可能布置在工厂、居民区的下风向和水源的下游，防止粉尘污染居民区，防止岩石中的有害化学成分污染环境。

145. 排土方法有哪几类，各种方法有何特点？

根据露天矿采用的运输方式和排土机械的不同，排土方法可分为：汽车运输-推土机排土、铁路运输-挖掘机排土（前装机排土）、卷扬（胶带机）排土和人工堆排。

排土方法特点如下：

（1）汽车运输-推土机排土。汽车运输-推土机排土是用自卸汽车沿排土场边沿卸载，用推土机推排汽车卸载时留落在平台的残余量，以及平整场地的推排工作。该法工序简单，机动灵活，爬坡能力强，安全性好，适应在各种复杂地形的排土场作业，可实行高台阶排土，排土场内的运距短，可在采场外就近排土。

（2）铁路运输排土。铁路运输排土是采用铁路运输废石，采用其他移动式设备进行转排工作，如排土犁、挖掘机、排土机、前装机、索斗铲等。

（3）卷扬（胶带机）排土。卷扬（胶带机）排土是将废石经卷扬（胶带机）提升沿斜坡道逐步向上堆置成一个人造山，适用于平原地区的地下矿山、手选废石等，堆置高度可达100m以上。

（4）人工排土。人工排土是以窄轨人力运输或手推车运输废石，辅之以小卷扬提运。该法一切工序均由人工完成，简单易行，劳动强度大，适用于小型矿山。

146. 选择排土场时应考虑哪些因素？

（1）尽可能采用内部排土，通过二次转排技术经济论证，积极采用临时排土场。

（2）不占良田，少占耕地，尽量利用山坡、山谷的荒地，避免村庄的迁移。

（3）在不影响矿山发展的情况下，尽可能靠近采场布置排土场，以便减少运距。

（4）场地应在居民区、工业场地的下风侧或最小风侧及生活水源的下游，以免造成环境污染。

（5）场地不应截断山洪和河流，避免设在水文地质复杂的地段，以保证排土场的稳定。

（6）排土场中有可能再利用的部分要考虑回收时装运的方便，以便二次利用。

（7）排土场地可分散布置，以利于多出口运输，疏散通过能力，缓和排弃高峰。

（8）场地的选择有利于征用土地的复垦。

（9）排土场总容积与露天矿设计的总的剥岩量相适应。

（10）排土场的接受能力应保证露天矿年度采掘计划的要求。

（11）排土场要保持良好的工程状况，以保证排土作业的安全进行。

147. 什么是排土场台阶高度、堆置高度，与哪些因素有关？

排土场的台阶高度是指台阶坡顶线至坡底线的垂直距离，排土场的堆置高度是指排土的各阶段高度的总和。

排土场台阶高度和堆置高度主要取决于地形、水文地质、气候条件、岩石的物理力学性质、堆排设备、运输方式等因素。

148. 排土场平盘宽度如何确定？

排土场工作平盘宽度主要取决于上一台阶的高度、大块石的滚动距离、运输方式、运输线路条数、采用的排弃设备及移道步距等。其计算方法如图 2-5 所示。

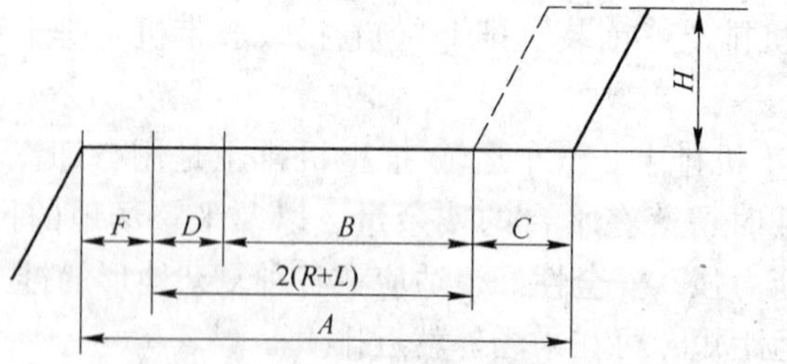

图 2-5 排土场平盘宽度示意图

铁路排土场平盘宽度 A：

$$A = C + B + D + F \tag{2-1}$$

式中 B——上台阶坡底线至线路中心线的安全距离，其大小主要取决于阶段高度、阶段坡面角及大块岩石滚动距离，m；

C——超前堆置宽度，其大小主要取决于排土场的堆排方式，m；

D——线路间距，m。

公路排土场平盘宽度 A：

$$A = C + 2(R + L) + F \tag{2-2}$$

式中 R——汽车转弯半径，m；

L——汽车长度，m；

F——外侧线路中心线至台阶边坡顶的最小距离，m。

149. 废石山堆置方式有哪几种？

（1）卷扬提升造山。

1）侧卸式堆置，采用专用的 V 形矿车或双边侧卸式矿车。岩石经倒装转载到车上，由卷扬升到顶部，由卸载曲轨向两侧翻卸。

2）前倾式堆置，采用翻斗车或箕斗作为提升容器。前者直接上卷扬至顶部卸载，后者则需经倒装转载到箕斗上再提升至顶部卸载。

（2）索道造山。岩石由装载站装入索道挂斗运至排土场再经斜坡栈桥运至顶部倾卸。

150. 排土场安全管理措施有哪些？

（1）企业主要负责人是排土场安全生产第一责任人，主要负责人应指定或设立相应的机构负责实施有关排土场安全规定的各项要求，配备与实际工作相适应的专业技术人员或有实际工作能力的人员负责排土场的安全管理工作，保证安全生产所需经费。

（2）建立健全适合本单位排土场实际情况的规章制度，包括：排土场安全目标管理制度；排土场安全生产责任制度；排土场安全生产检查制度；排土场安全隐患治理制度；排土场抢险及险情报告制度；排土场安全技术措施实施计划；排土场安全技术规程；排土场安全事故调查、分析、报告、处理制度；排土场安全培训、教育制度和排土场安全评价制度等。

（3）企业应严格执行建设项目安全设施“三同时”的有关规定，对排土场按照设计文件的要求和有关技术规范施工，并报批验收。

（4）设计变更应经原设计单位同意，或经有资质的单位进行技术论证，并报安全生产监督管理部门审查。任何单位和个人不应随意变更排土场设计或研究机构经技术论证后推荐的排土段高等参数。

（5）企业必须严格按照设计文件的要求和有关技术规范，做好排土场安全检查和监测工作。

（6）排土场滚石区应设置醒目的符合《矿山安全标志》（GB 14161—2008）的安全警示标志。

（7）严禁个人在排土场作业区或排土场危险区内从事捡矿石、捡石材和其他活动。未经设计或技术论证，任何单位不应在排土场内回采低品位矿石和石材。

（8）应在排土场最终境界 20m 内排弃大块岩石，以确保排土场结束后的安全稳定，防止发生泥石流灾害。

151. 排土场设计时应考虑哪些安全要求？

（1）矿山排土场必须由具有相应资质条件的技术服务机构进行设计。

（2）排土场位置的选择应遵守以下原则：

1）排土场位置的选择，应保证排弃土岩时不致因大块滚石、滑坡、塌方等威胁采矿场、工业场地（厂区）、居民点、铁路、道路、输电及通讯干线、耕种区、水域、隧洞等设施的安全。

2）排土场不宜设在工程地质或水文地质条件不良的地带，如因地基不良而影响安全，必须采取有效措施。

3）排土场选址时应避免成为矿山泥石流重大危险源，无法避开时要采取切实有效的措施防止泥石流灾害的发生。

4）排土场址不应设在居民区或工业建筑的主导风向的上风向和生活水源的上游，废石中的污染物要按照《一般工业固体废物贮存、处置场污染控制标准》（GB 18599—2001）堆放、处置。

（3）排土场位置选定后，应进行专门的工程、水文地质勘探，进行地形测绘，并分析确定排土参数。

（4）排土场排土工艺、排土顺序、排土场的阶段高度、总堆置高度、安全平台宽度、总边坡角、废石滚落时可能的最大距离、相邻阶段同时作业的超前堆置距离等参数，均应在设计中明确规定。

（5）排土场设计时应进行排土场土岩流失量估算，设计拦挡设施。

（6）内部排土场不得影响矿山正常开采和边坡稳定，排土场坡脚与矿体开采点和其他构筑物之间应有一定的安全距离，必要时应建设滚石或泥石流拦挡设施。

（7）在矿山建设过程中，修建公路和工业场地的废石应选择地点集中排放，不能就近排弃在公路边和工业场地边，以避免形成泥石流。

（8）对腐殖表土、风化岩土应单独设计、集中堆放。

152. 汽车运输排土场及排弃作业应遵守哪些安全规定？

（1）汽车排土作业时，应有专人指挥，指挥人员应经过培训，并经考核合格后上岗工作。非作业人员不应进入排土作业区，凡进入作业区的工作人员、车辆、工程机械应服从指挥人员的指挥。

（2）排土场平台应平整，排土线应整体均衡推进，坡顶线应呈直线形或弧形，排土工作面向坡顶线方向应有2%～5%的反坡。

（3）排土卸载平台边缘要设置安全车挡，其高度不小于轮胎直径的1/2，车挡顶宽和底宽应不小于轮胎直径的1/4和3/4；设置移动车挡设施的，要对不同类型移动车挡制定安全作业要求，并按要求作业。

（4）应按规定顺序排弃土岩。在同一地段进行卸车和推土作业时，设备之间应保持足够的安全距离。

（5）卸土时，汽车应垂直于排土工作线。汽车倒车速度应小于5km/h，严禁高速倒车、冲撞安全车挡。

（6）推土时，在排土场边缘严禁推土机沿平行坡顶线方向推土。

（7）排土安全车挡或反坡不符合规定，坡顶线内侧 30m 范围内有大面积裂缝（缝宽 0.1～0.25m）或不正常下沉（0.1～0.2m）时，禁止汽车进入该危险区作业，安全管理人员应查明原因及时处理后，方可恢复排土作业。

（8）排土场作业区内烟雾、粉尘、照明等因素使驾驶员视距小于 30m，或遇暴雨、大雪、大风等恶劣天气时，应停止排土作业。

（9）汽车进入排土场内应限速行驶。距排土工作面 50～200m 时限速 16km/h，50m 范围内限速 8km/h。排土作业区应设置一定数量的限速牌等安全标志牌。

（10）排土作业区照明系统应完好，照明角度应符合要求，夜间无照明禁止排土。灯塔与排土车挡距离 d 应按以下公式计算：

$$d \geqslant \text{车辆视觉盲区距离} + 10\text{m}$$

（11）排土作业区应配备质量合格、适应相应车载量汽车突发事故救援使用的钢丝绳（多于 4 根）、大卸扣（多于 4 个）等应急工具。

（12）排土作业区应配备指挥工作间和通讯工具。

153. 铁路移动线路卸车地段应遵守哪些安全规定？

（1）路基面应向排土场内侧形成反坡。

（2）线路一般为直线，困难条件下，其平曲线半径不小于表 2-4 的规定，并根据翻卸作业的安全要求设置外轨超高。

表 2-4　平曲线半径　（m）

<table>
<tr><th rowspan="3">卸车方向</th><th rowspan="3">准轨铁路</th><th colspan="3">窄 轨 铁 路</th></tr>
<tr><th colspan="2">机车车辆固定轴距小于 2.0m</th><th rowspan="2">机车车辆固定轴距 2.0～3.0m，轨距 762mm、900mm</th></tr>
<tr><th>轨距 600mm</th><th>轨距 762mm、900mm</th></tr>
<tr><td>向曲线外侧</td><td>150</td><td>30</td><td>60</td><td>80</td></tr>
<tr><td>向曲线内侧</td><td>200</td><td>50</td><td>80</td><td>100</td></tr>
</table>

（3）线路尽头的一个列车长度内应有 0.25%～0.5% 的上升坡度。

（4）卸车线钢轨轨顶外侧至台阶坡顶线的距离，应不小于表 2-5 的规定。

表 2-5　轨顶外侧至台阶坡顶线的距离　（m）

准轨		窄轨		
路基稳固	路基不稳	轨距 900mm	轨距 762mm	轨距 600mm
0.62	0.92	0.45	0.43	0.37

（5）牵引网路应符合《矿山电力设计规范》（GB 50070—2009）规范。网路始端，应设电源开关，做到先停电后移动网路。

（6）在独头卸载线端部，应设置车挡。车挡应有完好的拦挡指示和红色夜光警示牌。独头线的起点和终点，应设置铁路障碍指示器。

154. 列车在卸车线上运行和卸载时应遵守哪些安全规定?

（1）列车进入排土线后，由排土人员指挥列车运行。机械排土线的列车运行速度准轨不得超过 10 ~ 15km/h；窄轨不得超过 8km/h；接近路端时，不得超过 5km/h。

（2）严禁运行中卸土（曲轨侧卸式和底卸式除外）。

（3）卸车顺序应从尾部向机车方向依次进行，必要时，机车应以推送方式进入。

（4）列车推送时，应有调车员在前引导。

（5）新移设线路后，首次列车严禁牵引进入。

（6）翻车时必须两人操作，操作人员应位于车厢内侧。

（7）清扫自翻车应采用机械化作业，人工清扫时必须有安全措施。

（8）卸车完毕，必须在排土人员发出出车信号后，列车方可驶出排土线。

155. 单斗挖掘机排土时应遵守哪些安全规定?

（1）受土坑的坡面角不得大于 60°，严禁超挖。

（2）挖掘机至站立台阶坡顶线的安全距离应符合下列要求：

1）台阶高度 10m 以下不小于 6m。

2）台阶高度 11 ~ 15m 不小于 8m。

3）台阶高度 16 ~ 20m 不小于 11m。

4）台阶高度超过 20m 时应制定安全措施。

156. 推土机排土场要有什么安全措施?

（1）排土场边缘宜保持 2% ~5% 的反坡。

（2）在卸车点的边缘用推土机堆筑安全挡车垛（图 2-6）。

（3）排土机工作时推刀距离平台边缘一般不小于 0.5m，停放时要远离坡边。

（4）要有专人负责管理和指挥卸车，晚班工作要有良好的照明措施。

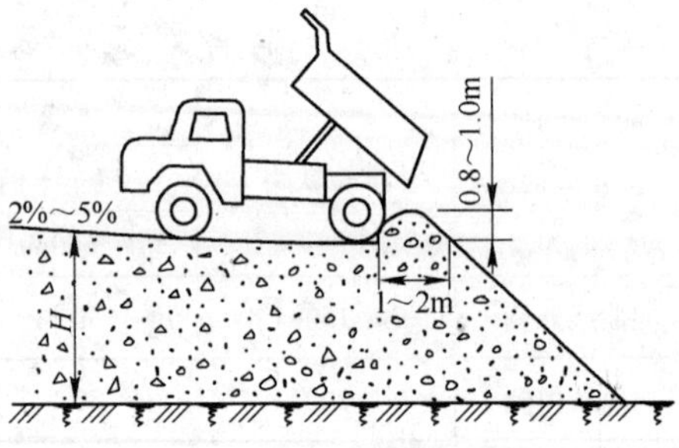

图 2-6 推土机堆筑安全挡车垛

157. 排土场产生滑坡和泥石流的因素有哪些，其治理措施是什么?

排土场的变形破坏，产生滑坡和泥石流的主要影响因素有：基底的软弱岩层、排弃物中含大量表土和风化岩石、地表汇水和雨水的作用等。

排土场大面积滑坡形成泥石流的治理措施主要有：

（1）改进排土工艺，合理控制排土顺序，避免形成软弱夹层。坚硬大块岩石堆置在底层以稳固基底，或堆置在最低一个台阶反压坡脚。

（2）软岩基底处理。若基底表土或软岩较薄，可在排土前挖掉，并在排土场周围挖掘排水沟降低地下水位。

（3）疏干排水。对排土场上方山坡汇水截流，将水疏排至外围低洼处。为使排土场平台本身的汇水不致侵蚀和冲刷边坡，将平台修成3%左右的反坡，使水流向坡根处的排水沟排出界外。

（4）修建护坡挡墙。护坡挡墙应修在基岩上，并留排水孔。

158. 预防排土设备翻车、坠落的措施是什么？

（1）为了预防排土台阶沉降、变形、坍塌而导致排土设备翻车、坠落，应分区间歇式排土，让新排弃的岩土有充分的时间沉降和压实，避免局部排土工作面推进太快引起边坡失稳。

（2）铁路线要经常垫道。

（3）应随时观察和监测平台岩土的稳定状态，发现滑坡预兆，要立即将排土设备撤离现场。

（4）高台阶排土场应有专人负责观测和管理，发现危险征兆，及时采取有效处理措施。

（5）为了预防汽车排土时发生坠落事故，排土场应经常保持平整，并保持3%～5%的反坡。在卸载平台边缘设置安全车挡以防汽车、前装机、铲运机以及手推车卸载时滑落到坡下。车挡是由推土机就地堆置岩土而成，或在平台边缘设置金属车挡。汽车卸载应有专人指挥，减速慢行，在同一地段不准同时进行卸排和推排作业。

（6）为了预防人员坠落事故以及人员影响排土作业，进行排弃作业时，必须圈定危险范围，设置警戒标志，危险范围内严禁人员进入。

（7）人工排土时，禁止人员站在车架上卸载或在卸载侧处理粘帮。

（8）挖掘机挖排作业时，严禁超挖卸车线路基。

159. 排土场与其下部的采矿场安全距离有什么规定？

为了防止滚石伤人事故，排土场与其下部的采矿场，如工业场地、居民区、道路等之间应保持一定的安全距离。其安全距离可参考表2-6来确定，或者设置安全挡墙。

表2-6 大块石滚落距离 （m）

排土场堆置高度	10	12	16	20	25	30	40
大块石滚落距离	15	16	18	20	22	24	27

160. 排土场安全专项整治的主要内容有哪些？

（1）对于没有取得安全生产许可证并非法擅自运行使用的尾矿库和排土场，饮用水源一级保护区和自然保护区内的尾矿库和排土场，向当地县级以上人民政府报告，依法依规坚决予以取缔。

（2）对达不到安全生产条件、污染环境的尾矿库和排土场，要限期整改和治理，经整改和治理仍不合格的，要提请当地县级以上人民政府依法予以关闭停用。

（3）对未按照有关规定进行立项审批的，未执行尾矿库和排土场建设工程安全设施“三同时”制度和环评手续的，要责令其限期补办相关手续，并依法进行处罚。

（4）对无主管企业尾矿库和排土场，要将具体情况向当地县级以上人民政府报告，请求政府安排专项资金，组织安全现状评价，对评价为危库、险库和病库的，进行专项治理；同时请示政府指定对无主管企业尾矿库和排土场进行管理的部门。

（5）对超量储存、超期服役的尾矿库和排土场，要依照规程规定，要求企业制定安全保障方案，对尾砂进行综合再利用或减少尾矿和废土的堆存，削减库（场）容。

（6）对企业负责人、安全管理人员和从事尾矿库放矿、筑坝和排洪操作管理的作业人员未接受专业培训、尾矿工未取得特种作业人员操作资格证书的，要责令纠正，并依法进行处罚。

（7）对于存在安全隐患的尾矿库和排土场，要督促企业加大隐患整改和监控工作力度；对于擅自更改设计方案进行施工的，要责令立即改正，已投入运营的，要采取措施进行补救；对于经安全评价确定为危库或出现严重险情威胁尾矿库和排土场安全的，要责令其立即停止生产，并采取措施确保安全；确定为险库的，要责令其限期消除险情；确定为病库的，要督促其限期按正常库标准进行整治，全面消除隐患。

161. 排土场排洪与防震措施有哪些？

（1）山坡排土场周围应修筑可靠的截洪和排水设施拦截山坡汇水。

（2）排土场内平台应设置2% ~5%的反坡，并在排土场平台上修筑排水沟拦截平台表面及坡面汇水。

（3）当排土场范围内有出水点时，应在排土之前采取措施将水疏出。排土场底层应排弃大块岩石，以便形成渗流通道。

（4）汛期前应采取下列措施做好防汛工作：

1）明确防汛安全生产责任制，制定应急救援预案。

2）疏通排土场内外截洪沟，详细检查排洪系统的安全情况。

3）备足抗洪抢险所需物资，落实应急救援措施。

4）及时了解和掌握汛期水情和气象预报情况，确保排土场和下游泥石流拦挡坝道路、通讯、供电及照明线路可靠和畅通。

（5）汛期应对排土场和下游泥石流拦挡坝进行巡视，发现问题应及时修复，防止连续暴雨后发生泥石流和垮坝事故。

（6）洪水过后应对坝体和排洪构筑物进行全面认真的检查与清理，发现问题应及时修复。

（7）处于地震烈度高于6度地区的排土场，应制订相应的防震和抗震的应急预案，内容包括：抢险组织与职责，排土场防震和抗震措施，防震和抗震的物资保障，排土场下游居民的防震应急避险预案，震前值班及巡查制度等。

（8）排土场泥石流拦挡坝应按现行抗震标准进行校核，低于现行标准时，应进行加固处理。

（9）地震后，应对排土场及排土场下游的堆石坝进行巡查和检测，及时修复和加固破坏的部分，确保排土场及其设施的运行安全。

162. 排土场关闭与复垦有哪些安全要求？

排土场关闭的安全要求如下：

（1）矿山企业在排土场结束时，应整理排土场资料、编制排土场关闭报告。

1）排土场资料应包括排土场设计资料、排土场最终平面图、排土场工程地质、水文地质资料、排土场安全稳定性评价资料及排土场复垦规划资料等。

2）排土场关闭报告应包括结束时的排土场平面图、结束时的排土场安全稳定性评价报告、结束时的排土场周围状况及排土场复垦规划等。

（2）排土场最终境界应由中介技术服务机构进行安全稳定性评价。不符合安全条件的，评价单位应提出治理措施，企业应按措施要求进行治理，并须报省级以上安全生产监督管理部门审查。

（3）关闭后的排土场安全管理工作由原企业负责。破产企业关闭后的排土场，由当地政府落实负责管理的单位或企业。关闭后的排土场重新启用或改作他用时，应经过可行性设计论证，并报安全生产监督管理部门审查批准。

排土场复垦的安全要求如下：

（1）矿山企业在排土场生产作业过程中，应制定切实可行的复垦规划，达到最终境界的台阶先行复垦。

（2）排土场复垦规划应包括场地的整备、表土的采集与铺垫、覆土厚度、适宜生长植物的选择等。

（3）关闭后的排土场未完全复垦或未复垦的，矿山企业应留有足够的复垦资金。

163. 排土场安全检查内容有哪些？

排土场安全检查内容包括规章制度、设计、作业管理、防洪与防震等方面。

（1）排土场规章制度与设计检查。检查排土场规章制度制定和执行情况及排土场设计及变更情况。

（2）排土场作业管理检查。排土场作业管理检查的内容包括排土参数、变形、裂缝、底鼓、滑坡等。

1）排土参数检查：

①测量各类型排土场段高、排土线长度，测量精度按生产测量精度要求。实测的排土参数应不超过设计的参数，特殊地段应检查是否有相应的措施。

②测量各类型排土场的反坡坡度，每 100m 不少于两条剖面，测量精度按生产测量精度要求。实测的反坡坡度应在各类型排土场范围内。

③测量汽车排土场安全车挡的底宽、顶宽和高度。实测的安全车挡的参数应符合不同型号汽车的安全车挡要求。

④测量铁路排土场线路坡度和曲率半径，测量精度按生产测量精度要求；挖掘机排土时，测量挖掘机至站立台阶坡顶线的距离，测量误差不大于 10mm；各参数应满足《金属非金属矿山排土场安全生产规则》（AQ 2005—2005）中 6.2 的要求。

⑤测量排土机排土外侧履带与台阶坡顶线之间的距离，测量误差不大于 10mm；安全距离应大于设计要求。

⑥检查排土场变形、裂缝情况。排土场出现不均匀沉降、裂缝时，应查明沉降量，裂缝的长度、宽度、走向等，并判断危害程度。

⑦检查排土场地基是否隆起。排土场地面出现隆起、裂缝时，应查明范围和隆起高度

等，并判断危害程度。

2）检查排土场滑坡。排土场发生滑坡时，应检查滑坡位置、范围、形态和滑坡的动态趋势以及成因。

3）检查排土场坡脚外围滚石安全距离范围内是否有建构筑物、道路，耕地等，是否在该范围内从事非生产活动。

4）检查排土场周边环境是否存在危及排土场安全运行的因素。

（3）排土场排水构筑物与防洪安全检查。

1）排水构筑物安全检查主要内容：构筑物有无变形、移位、损毁、淤堵，排水能力是否满足要求等。

2）截洪沟断面检查内容：截洪沟断面尺寸，沿线山坡滑坡、塌方，护砌变形、破损、断裂和磨蚀，沟内物淤堵等。

3）排土场下游设有泥石流拦挡设施的，检查拦挡坝是否完好，拦挡坝的断面尺寸及淤积库容。

（4）排土场安全设施检查。安全设施检查的主要内容包括：钢丝绳、大卸扣的配备数量和质量，照明设施能否满足要求，安全警示标志牌、灭火器、通讯工具等配置及完好情况。

164. 排土场安全度一般分为哪几类?

排土场安全度分为危险级、病级和正常级三级。

（1）排土场有下列现象之一的为危险级：

1）在山坡地基上顺坡排土或在软地基上排土，未采取安全措施，经常发生滑坡的；

2）易发生泥石流的山坡排土场，下游有采矿场、工业场地（厂区）、居民点、铁路、道路、输电网线和通讯干线、耕种区、水域、隧道涵洞、旅游景区、固定标志及永久性建筑等设施，未采取切实有效的防治措施的；

3）排土场存在重大危险源（如汽车排土场未建安全车挡，铁路排土场铁路线顺坡和曲率半径小于规程最小值等），极易发生车毁人亡事故的；

4）山坡汇水面积大而未修筑排水沟或排水沟被严重堵塞的；

5）经验算，用余推力法计算的安全系数小于1.0的。

（2）排土场有下列现象之一的为病级：

1）排土场地基条件不好，对排土场的安全影响不大的；

2）易发生泥石流的山坡排土场，下游有山地、沙漠或农田，未采取切实有效的防治措施的；

3）未按排土场作业管理要求的参数或规定进行施工的；

4）经验算，用余推力法计算的安全系数大于1.00，但小于设计规范规定值的。

（3）同时满足下列条件的为正常级：

1）排土场基础较好或不良地基经过有效处理的；

2）排土场各项参数符合设计要求和排土场作业管理要求，用余推力法计算的安全系数大于1.15，生产正常的；

3）排水沟及泥石流拦挡设施符合设计要求的。

165. 非正常级排土场的处理措施有哪些?

(1) 对于危险级排土场，企业应停产整治，并采取以下措施:

1) 处理不良地基或调整排土参数。

2) 采取措施防止泥石流发生，建立泥石流拦挡设施。

3) 处理排土场重大危险源。

4) 疏通、加固或修复排水沟。

(2) 对于“病级”排土场，企业应采取以下措施限期消除隐患:

1) 采取措施控制不良地基的影响。

2) 将各排土参数修复到排土场作业管理要求的参数或规定的范围内。

(3) 企业对非正常级排土场的检查周期:“危险级”排土场每周不少于1次,“病级”排土场每月不少于1次；在汛期，应根据实际情况对排土场增加检查次数。检查中如发现重大隐患，应立即采取措施进行整改，并向省级以上安全生产监督管理部门报告。

(4) 企业应把排土场安全评价工作纳入矿山安全评价工作中，由有资质的中介技术服务机构每3年对排土场进行一次安全评价。排土场的安全评价报告应报省级安全生产监督管理部门备案。

第五节 露天矿通风安全技术

166. 露天矿自然通风方式有哪些?

露天矿自然通风的方式有：对流式、逆增式、直流式、复环流式、逆增-对流式、复环流-直流式、直流-复环流式。

露天矿自然通风的各方式的特征见表2-7。

表 2-7 露天矿自然通风方式分类

通风方式	大气物理条件	主要动力	决定性参数
对流式	$\Delta t>1$℃/100m $v_0<0.8\sim1.0$m/s	热 力	与L、H、β无关
逆增式	$\Delta t<0$ $v_0<0.8\sim1.0$m/s	热 力	与L、H、β无关
逆增-对流式	一帮$\Delta t<0$，另一帮$\Delta t>1$℃/100m $v_0\leqslant1\sim1.5$m/s	热 力	与L、H、β无关
直流式	$\Delta t=1$℃/100m $v_0>0.8\sim1.0$m/s	风 力	L、H可为任意值，但背风的台阶均匀开采时，$\beta\leqslant15°$
复环流式	$\Delta t=1$℃/100m $v_0>0.8\sim1.0$m/s	风 力	$L/H<5\sim6$，但$\beta>15°$
复环流-直流式	$\Delta t=1$℃/100m $v_0>0.8\sim1.0$m/s	风 力	$L/H<8\sim10$，但$\beta>15°$
直流-复环流式	$\Delta t=1$℃/100m $v_0>0.8\sim1.0$m/s	风 力	L、H可为任意值，但$\beta>15°$、$\beta_1\leqslant15°$、$\beta_2>15°$

注：Δt为温度梯度；v_0为地表风速；β为背风边坡角；β_1为背风帮上部各台阶边坡角；β_2为背风帮下部各台阶边坡角；L为沿风向的平均地表开口宽度；H为采场封闭圈以下深度。

167. 什么是深凹露天矿，其自然通风如何进行，如何计算其通风量？

深凹露天矿指的是背风帮边坡角$\alpha>15°$，顺风向坑口宽度与地表封闭圈以下采深之比小于6的凹陷露天矿。

深凹露天矿自然通风就是靠复环流的紊流扩散作用，将有害物质传递到上部直流区，然后排出露天矿。

深凹露天矿自然通风量按下式计算：

$$Q = 0.077x_c v_0 B \tag{2-3}$$

式中 Q——深凹露天矿自然通风量，m^3/s；

x_c——深凹露天矿顺地表风向若干有代表性垂直剖面上横坐标的平均值，m；

v_0——地表风速，m/s；

B——垂直于风向的露天矿地表开口的最大宽度，m。

168. 什么是深凹露天矿自净能力，如何计算其自净能力？

露天矿自净能力是指露天矿采场内部空间，在自然通风条件下按照卫生标准所能容纳的污染物排放强度。它是评价和设计露天矿通风的主要参数。为了充分利用自然风能，需要对露天矿本身固有的这种稀释与排除坑内大气污染物的能力进行分析。

假定地表风速相对稳定，污染源排放强度及复环流区污染物平均浓度基本不变，深凹露天矿自净能力按下式计算。

$$A = Q^k(c - c_0) \tag{2-4}$$

式中 A——自净能力，mg/s；

Q——自然通风量，m^3/s；

k——大气污染物紊流扩散系数，内部源作用时，$k=0.382$；外部源作用时，$k=0.5$；

c——污染物允许浓度，mg/m^3；

c_0——自然通风风源的污染物浓度，mg/m^3。

169. 深凹露天矿污染防治措施是如何决定的？

将矿内污染物的综合排放强度与自然通风自净能力相比较，从而决定是否需要采取什么污染防治措施。

为直观准确地进行分析比较，通过以下判别式进行决断：

$$\Delta_i = \Sigma G_{ij} N_j K_j - A_j \tag{2-5}$$

式中 G_{ij}——j类型连续污染源的i种污染物的排放强度，mg/s；

N_j——j类型连续污染源的每天平均使用量，如台数等；

K_j——j类型连续污染源的同时工作系数$0<k<1$；

A_j——自然通风对j类型连续污染源的自净能力，mg/s。

当$\Delta_i>0$时，表明污染源的i种污染物的排放强度已超过采场的自净能力，应对i种污染物采取全矿综合性防治措施。

当 $\Delta_i<0$ 时，表明污染源的 i 种污染物的排放强度低于采场的自净能力，仅需对 i 种污染物采取局部防治措施。

170. 增加深凹露天矿自净能力的途径有哪些?

（1）强化自然风力通风。尽可能减少矿区出入口的地面通风阻力，避免在风口布置建筑物、废石场、矿石堆，以增大自然风量。在高山地区的露天矿邻近若有低谷时，可设法使露天坑底与其沟通，尽可能沿主风向布置出入沟或使采场长轴与主风向一致或接近。

（2）利用自然热力通风。充分利用露天坑内南、北面的温差，使之产生较强的局部风流。

（3）净化入坑风源。对矿区地表及外部污染源进行综合治理。

171. 什么是露天矿人工通风，可分为哪几类?

利用机械的、热力的或联合的动力而非自然动力使采场内的空气流动，实现矿内通风称为露天矿人工通风。

按通风范围可将露天矿人工通风分为全矿人工通风和局部人工通风；按风流输送方式又可分为利用坑道与风筒的通风和自由紊流射流通风，按通风动力类型分为机械式、热力式和组合式通风。

172. 露天矿人工通风方法及其特点是什么?

（1）利用直升机进行采场通风。20 世纪 60 年代初苏联曾在现场进行直升机人工通风试验。实践证明，直升机可以对局部风流停滞地区实行强制通风，但无法解决全矿性通风问题，而且在采场坑底飞行的危险性较高。

（2）通过专用巷道或扇风机进行通风。这种通风方法需构筑专门的通风巷道或设置大直径风筒，投资较大，维护费用也高，而且往往需要配置多台大风量扇风机，电耗较高。

（3）利用热力装置产生对流通风。这种通风方法不仅燃料消耗大、通风效果差，而且燃料燃烧本身也加剧了空气污染。

（4）利用露天矿专用风机产生的自由紊流射流进行通风。因为自由射流具有沿其流动方向动量不变的特点，能将大量空气输送到较远的距离，从而实现矿坑通风。

173. 露天矿通风扇风机有哪些性能特点?

前苏联的实践表明，最具有发展前途的露天矿通风扇风机是以飞机螺旋桨为主体的移动式装置。

表 2-8 列出了三种类型的 УМП 系列扇风机和早期研制成功并获推广的 OB-3 型扇风机。УМП 型扇风机本属露天矿局部通风用扇风机，但配套使用时可以完成全矿范围的通风任务。如 УМП-14 及 УМП-21 型扇风机能产生强大的上向自由射流，从坑底排出大量污染空气。只是其吸风范围较小，通常只有 50 ~ 150m。因此，需要在坑内大气污染停滞区布置机动性强、能产生水平向射流的 УМП-1 型扇风机予以配合。

表 2-8　露天矿用扇风机

风机型号	射流倾角	传动类型	传动功率/kW	初始直径/m	初始流量/$m^3 \cdot s^{-1}$	初始速度/$m \cdot s^{-1}$	射距/m	备　注
УМП-1	水平 ±45° 垂直 ±15°	ВЕПА 3-548 柴油机	380	3.6	220	22	480	4 叶片 AB-2 型航空螺旋桨，适用于 1200 万 m^3 停滞区通风，水箱 $30m^3$，水枪射程 70m，水泵能力 $150m^3/h$
УМП-14	垂直 ±(30°～60°)	电动机	320	14.5	1210	7.5	370	MN-2 直升机承重螺旋桨，可供 200m 采深通风
УМП-21	垂直 ±(30°～60°)	电动机	1200	21	3000	9.6	750	MN-4 直升机承重螺旋桨，可供 400m 采深通风
OB-3	水平 ±45°	ВЕПА3-540 柴油机	320	3.6	210	21	310	三叶片 AB-7H-161 型航空螺旋桨，水箱 $25m^3$，水枪喷水量 $15m^3/h$，喷嘴喷水量水泵能力 $5m^3/h$

174. 全矿人工通风计算方法有哪些？

采用设置在坑底的上向自由射流扇风机时，按下式计算每台扇风机的污风排出量

$$Q_1 = 218q_0(aH_3/R_0 + 0.29) \tag{2-6}$$

式中　Q_1——每台扇风机的污风排出量，m^3/s；

q_0——每台风机射流的初始风量，m^3/s；

a——风流结构系数；

H_3——从坑底算起的污染区高度，m；

R_0——射流的初始半径，m。

采用设置在采场上部的向下自由射流扇风机时，按下式计算采场所需总风量

$$Q_t = Vb\sqrt{\ln(C_H/C)/t} \tag{2-7}$$

式中　Q_t——采场所需总风量，m^3/s；

V——全矿容积，m^3；

b——无量纲系数，为露天矿自由紊流通风指数，其值为 0.087～0.13；

C_H——全矿处于静风时，全矿污染物积聚后达到的最高平均浓度，mg/m^3；

C——污染物最高允许浓度值，mg/m^3；

t——通风时间，s。

为了使向下自由射流到达采场坑底处轴线风速不超过 2.5m/s，避免二次扬尘，需根据给定的射程 L、风流结构系数 a 以及射流初始半径 R_0，按下式求得射流初始速度

$$v_0 = 2.6(aL/R_0 + 0.29) \quad (2\text{-}8)$$

每台扇风机的供风量

$$q_0 = Sv_0 = \pi R_0^2 v_0 \quad (2\text{-}9)$$

全矿所需扇风机的台数

$$n \geqslant Q_t/q_0 \quad (2\text{-}10)$$

175. 采用局部人工通风及通风方式由什么决定?

局部人工通风及其通风方式的确定取决于单位时间露天矿坑内局部生产区域产尘量与全矿平均产尘量比较结果。为了确定局部人工通风的必要性，可按下式进行判别:

$$C_H/C \leqslant V/V_3 \quad (2\text{-}11)$$

式中　V_3——局部污染地区的容积，m^3。

当 $C_H/C \leqslant V/V_3$ 时，即局部生产区域产尘量小于全矿平均产尘量，则只需进行采场内的局部人工通风，对污染物进行稀释和排放，而无需从采场外引入新风。

当 $C_H/C > V/V_3$ 时，说明局部生产区域产尘量大于全矿平均产尘量，除需进行采场内的局部人工通风外，还必须从地表向采场送入新风，对污染物进行稀释和排放。

176. 露天矿局部人工通风需要确定哪些参数?

露天矿局部人工通风主要需确定扇风机自由射流在给定射程处的平均风速以及在给定平均风速条件下的风流射程及其作用区直径。

（1）自由射流的平均风速确定

$$v_p = 0.095v_0/(ax/d_0 + 0.145) \quad (2\text{-}12)$$

式中　v_p——平均风速，m/s;

v_0——扇风机出口处，即初始断面的风速，m/s;

a——扇风机的紊流结构系数;

x——从风机出口处到确定平均风速断面的距离，m;

d_0——扇风机出风口直径，m。

计算断面中所要求的平均风速一般为0.6～1.0m/s。

（2）在给定的平均风速 v_0 条件下射流的射程计算

$$L = d_0[0.095(v_0/v_p) - 0.145]/a \quad (2\text{-}13)$$

式中　L——射流射程，m。

（3）在距离为 x(m)处射流作用区直径 d_x(m)为

$$d_x = 6.8d_0(ax/d_0 + 0.145) \quad (2\text{-}14)$$

则扇风机在 x(m)处断面风量 Q_x(m^3/s)为:

$$Q_x = \pi d_x v_p/4 \quad (2\text{-}15)$$

177. 露天矿大气污染的综合防治措施有哪些?

露天矿大气污染的防治必须贯彻预防为主、综合防治的原则，采取标本兼治的综合防治措施。

(1) 工艺措施。尽量选用无尘毒或少尘毒的开采工艺流程及设备，从根本上控制污染源，使其排放强度减少到最低限度。如用水力开采代替凿岩爆破，以带式输送机代替自卸汽车或以低污染新型设备取代高污染的老装备，采用合理的孔网参数与药量，使用低污染的炸药及设计合理的起爆顺序等。

(2) 技术措施。采用水、各种溶液、泡沫、沥青、盐类、胶体、合成物质、植物或它们的组合来抑制粉尘。

(3) 组织措施。强化露天矿自然通风及充分利用自然风流的生产管理措施。如合理布置排土场、地表建筑物、出入沟及开堑沟来增加地表入风量，尽可能使采场长轴方向与地表主风向一致或接近；合理布置工作面及设备，安置风流导向设施，选择风速最大时进行爆破等。此外，对夜间在坑内易产生逆温的露天矿，实行白天两班作业以避开大气污染最严重的夜间。

(4) 人工通风。使用以航空螺旋桨为主的局部或全露天矿通风的扇风机，利用它们产生的自由紊流射流进行人工通风。

(5) 设备司机室空调。当采用上述措施后，仍不能将大气尘毒含量降到最大允许值时，或采取上述措施在经济上不合理时，或在当地气候条件下生产环境内气温与湿度超过了卫生标准时，应采用司机室空调与净化装置。

(6) 工人个体防护。在生产环境大气质量难以达标的场合下，可使用防尘口罩或防毒面具，在工作环境极端恶劣、工作人员数量较少的情况下，采用个体防护措施在技术经济上也是合理的。

第三章　爆破安全技术

第一节　爆破基础知识

178. 爆破的目的是什么，爆破原理是什么?

井下开采和露天开采都离不开爆破工作。爆破工作就是把矿岩从整体中剥落下来，并按工程要求爆破成一定的块度和爆堆，为随后的采装运创造工作条件。

炸药在岩石中爆炸后，将产生高温、高压和高速膨胀的气体（如一般工业炸药爆震面上的压力可达5～10万个大气压，温度达3000℃以上），这种高温高压气体使周围岩石受压缩破碎，并向深处传播，形成爆轰波，并对周围的岩石产生破坏。

根据破坏程度的不同，将岩石破坏范围分为压碎圈、破坏圈、震动圈。对爆破有实际意义的是压碎圈和破坏圈，破坏圈的半径为爆破作用半径。矿山生产爆破主要是利用破碎圈，按工程需要的岩体体积来破碎矿岩，达到破碎或抛掷矿岩的目的。

179. 什么是爆破岩体的自由面，其有何特点，如何提高爆破效果?

（1）爆破岩体的自由面是指爆破岩体与空气的交界面。

（2）当岩体有一个自由面时，自由面爆破岩体的自由面方向岩石的抵抗力最小，因此，炸药在岩体中爆破后，其能量是向着自由面释放的，导致爆轰波最先在自由面一方突破，将岩石破碎甚至抛掷出去。一般来讲，自由面越多，爆破效果越好，炸药能量的利用率也越高。

（3）为了进行有效的爆破，应尽可能去创造自由面，如掘进工作的掏槽，回采工作面的切割槽，露天矿的开沟，都是为了增加自由面。

180. 什么是最小抵抗线，确定最小抵抗线有何意义?

最小抵抗线是指爆炸药包的几何中心到邻近自由面的垂直距离。

在爆破作业中，正确确定最小抵抗线非常重要，对一定的爆破能量来说，若抵抗线选取过大，则不能爆下岩石；反之，如选取过小，则不仅造成爆破材料的浪费，而且使爆堆飞散，造成飞石伤人并影响装岩效率。

181. 什么是爆破漏斗，可分为哪几类，其作用如何?

当一定数量的药包，在埋于足够深的地下引爆时，它的爆炸是无效的；只有在适当的埋深，它才能将自由面方向上的一部分岩石松动破碎；在埋深更浅时，就会将破碎的岩石抛出，形成一个漏斗形状的爆炸坑，这个坑称为爆破漏斗（图3-1）。

在爆破工程中还有一个经常用到的重要指标，即爆破作用指数 n，它是爆破漏斗半径 r 与最小抵抗线 W 的比值即 $n=r/W$。

在爆破工程中根据爆破作用指数 n 值的不同，可将爆破漏斗分为：

（1）标准抛掷爆破漏斗，即 $n=1$，漏斗张开角 $\theta=90°$

（2）加强抛掷爆破漏斗，$r>W$，爆破作用指数 $1<n<3$，爆破漏斗张开角 $\theta>90°$

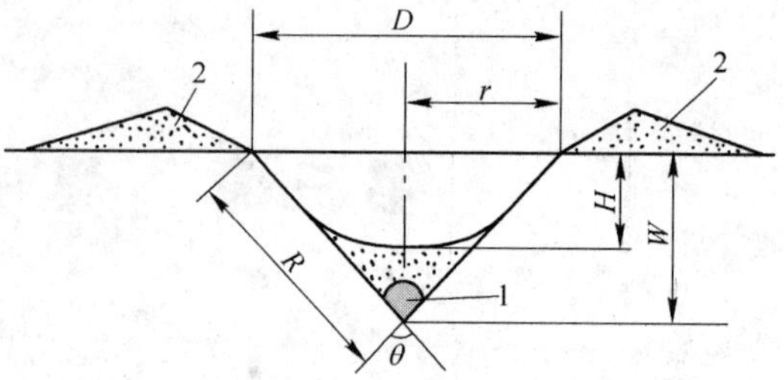

图 3-1　爆破漏斗

1—药包；2—爆堆

D—爆破漏斗直径；H—爆破漏斗可见深度；

r—爆破漏斗半径；W—最小抵抗线；

R—漏斗作用半径；θ—爆破漏斗的张开角

（3）减弱抛掷爆破漏斗（加强松动爆破漏斗），$r<W$，即爆破作用指数 $n<1$，爆破漏斗张开角 $\theta<90°$。

爆破漏斗的作用如下：

（1）抛掷爆破主要用于造田、修筑河渠、筑坝的土石方搬运等。

（2）松动爆破的岩石飞散和地震较小，对于装岩效率和爆破安全都是有利的，所以金属非金属矿山多采用松动爆破。

（3）加强抛掷爆破多用于露天矿山剥离工程。

182. 如何确定爆破安全距离？

爆破时，必然产生爆破地震、空气冲击波、碎石飞散及有毒气体，因而会危及爆区周围的人员、设备、建筑物及井巷等的安全。因此，进行爆破时，必须确定爆破危害范围，指定安全距离，并按此设置警戒或其他安全防护措施。

爆破危害主要是考虑爆破地震效应危害、空气冲击波的危害和个别碎石飞散的危害，爆破安全距离按各种爆破效应分别计算，最后取最大值。

（1）爆破飞石安全距离。露天爆破时，如果爆破参数和施工质量不符合要求，有些岩石块会飞散很远，危及周围人员、牲畜和建筑物。个别飞石的飞散距离与爆破参数、堵塞质量、岩石性质、地形条件和地质构造以及气象条件有关。因此，在爆破工程中，必须从安全角度确定碎石飞扬的危险范围。在安全距离范围内，严禁布置任何永久性的工业及民用设施。

通常，个别飞石对人员的安全距离见表 3-1。

表 3-1　爆破（抛掷爆破除外）时个别飞石对人员的安全距离

序　号	爆破类型及方法	个别飞石的最小安全距离/m
1	裸露药包爆破破碎大块岩石	400
2	浅孔爆破法破碎大块岩石	300
3	浅孔爆破	200（复杂地形条件下或未形成台阶工作面时不小于 300）
4	浅孔药壶爆破	300
5	蛇穴爆破	300

续表 3-1

序 号	爆破类型及方法	个别飞石的最小安全距离/m
6	深孔药壶爆破	按设计，但不小于 300
7	浅孔孔底扩壶	50
8	硐室爆破	按设计，但不小于 300
9	深孔爆破	按设计，但不小于 200

注：沿山坡爆破时，下坡方向的飞石安全距离应增加 50%，同时起爆或毫秒延期起爆的裸露爆破装药量（包括同时使用的导爆索装药量），不应超过 20kg。

（2）爆破地震安全距离。爆破产生的地震波一般对人员无较大的影响，但对建筑物、井巷及露天边坡却有较大的破坏作用。爆破地震强度主要与炸药量、爆源距离、岩石特性、爆破条件和方法以及地质地形条件有关。为了减小爆破地震对露天边坡和井巷顶帮的破坏作用，主要采用控制炸药量和控制爆破技术，如采用微差爆破、光面爆破、预裂爆破、缓冲爆破等。

（3）空气冲击波安全距离。空气冲击波会形成很大的噪声，对人员及建筑物都有危害。露天爆破空气冲击波能将附近房屋的玻璃震碎。在井下，空气冲击波能沿井巷传播很远。设置避炮掩体要考虑空气冲击波对掩体内人员的影响。

药包爆破作用指数 $n<3$ 的爆破作业，对人和其他被保护对象的防护，应首先核定个别飞散物和地震安全距离；当需要考虑对空气冲击波的防护时，其安全距离由设计确定。地下爆破时，对人员和其他保护对象的空气冲击波安全距离由设计确定。

183. 常用的爆破方法有哪些？

常用的爆破方法有浅孔爆破法、深孔爆破法、硐室爆破法、药壶爆破法、裸露爆破法，为控制爆破破坏作用而使用的光面爆破法、预裂爆破法、缓冲爆破法，为改善爆破破碎效果而使用的挤压爆破法等。

（1）浅孔爆破：孔深为 4～5m 以下，孔径为 25～75mm。浅孔爆破主要用于井巷掘进和浅孔崩矿，在大中型露天矿山作为辅助爆破。

（2）深孔爆破：孔深在 10～15m 以上，孔径一般为 75～300mm，主要用于露天或井下深孔崩矿以及深孔爆破成井。

（3）硐室爆破：在硐室中埋药引爆的爆破方法，主要用于露天矿基建期间和一些特殊需要，少数穿孔能力小的采石场也用硐室爆破作为生产爆破的主要手段。

（4）药壶爆破：把浅孔炮孔底部用少量炸药爆破扩大成壶状，以便孔底容纳更多的炸药，利用此种药壶进行的爆破称为药壶爆破。其主要用于穿孔工作困难的条件下，以减少钻孔工作量，克服较大的抵抗线。一般与浅孔爆破配合使用，以降低大块率。

（5）裸露爆破就是常说的糊炮，即在岩石的表面放一定量的炸药进行爆破的方法，主要用于二次破碎和处理根底。

第二节 爆破器材和起爆方法

184. 什么是炸药的感度，什么是炸药的爆炸性能？

炸药在外能作用下起爆的难易程度称为该炸药的敏感度，简称感度。炸药起爆所需的外能小，表示该炸药敏感度高；反之，则表示该炸药敏感度低。炸药的感度可分为热感度、撞击感度、摩擦感度、爆轰感度等。

炸药的爆炸性能通常指炸药的爆力、猛度、爆速和殉爆距离。爆力是指炸药在介质内爆炸做功的总能力，亦即炸药具有的总能量。炸药爆破产生的气体越多，则爆力越大。猛度是指炸药爆炸的猛烈程度，即爆炸瞬间爆炸产物直接对与之接触的局部固体介质的破坏程度。爆速是指炸药爆炸时爆轰波沿炸药的传播速度。殉爆距离是炸药爆炸时引起与它不相接触的邻近炸药爆炸的现象称为殉爆。前者能引爆后者的最大距离称为殉爆距离。

185. 矿用炸药的种类有哪些，各有何特性？

矿山常用炸药的品种有铵梯炸药、铵油炸药、浆状炸药、水胶炸药、乳化炸药、黑火药等，另外还有铵松蜡与铵沥蜡炸药、硝化甘油类炸药等。

（1）铵梯炸药。铵梯炸药以硝酸铵为主要成分，还加入一些敏化剂（梯恩梯）、可燃剂和疏松剂（木粉）等。国产铵梯炸药有露天铵梯炸药、岩石铵梯炸药、抗水铵梯炸药和煤矿许用炸药等。铵梯炸药的爆炸性能不太好，但比较稳定，是我国工业炸药的主要品种之一。既可用于露天爆破和地下爆破，添加适量的消焰剂后，还可用于地下煤矿爆破作业。

（2）铵油炸药。铵油炸药是我国使用量较大的炸药，主要成分是硝酸铵，配适量的柴油及木粉制成。铵油炸药中硝酸铵是氧化剂，柴油是可燃剂，不含敏化剂。为改善爆炸性能，一般采用轻柴油配制铵油炸药。铵油炸药不含梯恩梯，成分简单，原料来源丰富，加工简便，可以就地生产使用，成本较低，安全性好。但铵油炸药有敏感度低，爆炸威力不够高，易吸湿结块和抗水性差等缺点。

（3）浆状炸药。浆状炸药外观呈糊状，所以称为浆状炸药，它是以氧化剂水溶液、敏化剂和胶凝剂等为基本成分的抗水性硝铵类炸药。

浆状炸药具有抗水性强、可塑性好、装药密度大、爆炸威力大、安全性好、成本低等优点，因此在露天有水深孔爆破中应用广泛。缺点是敏感度低，需用高能量的起爆药起爆，成本高于铵油炸药。

（4）水胶炸药。水胶炸药与浆状炸药没有严格的区别，我国把以甲胺硝酸盐为敏化剂的浆状炸药称为水胶炸药。

（5）乳化炸药。乳化炸药是一种最新的抗水性炸药，它的主要成分是：氧化剂、乳化剂、燃烧剂和敏化剂、分散剂、添加剂等。其优点是：抗水性强；爆炸性能好，可用8号雷管直接起爆；机械敏感度低，安全性好；炸药不含有毒成分；爆炸生成的有毒气体量小；原料来源广泛，加工工艺简单，成本低；爆破效率较高。

（6）黑火药。黑火药是由硝酸钾、木炭和硫黄组成。硝酸钾是氧化剂；木炭是可燃剂；硫黄既是可燃剂，又起到木炭和硝酸钾的黏合剂作用，有利于火药的造粒。黑火药摩擦敏感度高，对火焰敏感性强，爆发点290～310℃。在密闭条件下导火索的火焰即可起爆黑火药，但其爆炸威力较低。黑火药一般用于工程爆破中开采石料和石膏，大部分用于制造导火索。

186. 起爆器材有哪几种，各有何特性？

起爆器材的品种很多，据其作用可分为起爆材料和传爆材料两大类。各种雷管属于起爆材料。导火索（导火线）、导爆管属于传爆材料。继爆管、导爆索（导爆线）既可起到起爆作用，又可起到传爆作用，是两者的综合。

起爆器材的特性如下：

(1) 火雷管。使用导火索引爆的雷管称为火雷管。导火索又称导火线，用于引爆火雷管。由于导火索点燃后，自身是一发火体，因此不能在有瓦斯或矿尘爆炸的场所使用。使用火雷管起爆，起爆顺序难以精确控制，爆炸后有明火，安全性差，产生的有害气体多，容易断火而产生盲炮，所以不能在有瓦斯等爆炸危险的环境中使用，更不能用于有水的炮孔中。火雷管起爆的安全性较差，有逐步取消其应用的趋势。

(2) 电雷管。用通电起爆的雷管称为电雷管。电雷管按通电后爆炸时间不同，可分为瞬发电雷管和延期电雷管两种。后者又可分为秒延期电雷管和毫秒延期电雷管，按用途分有普通、抗杂散电流、耐静电、深水电雷管等；按爆炸威力分为6号、8号电雷管等。

瞬发电雷管就是通电后立即爆炸的电雷管。秒延期电雷管也称为迟发电雷管，是在瞬发电雷管的电力点火装置与正起爆药之间，多设置一段缓燃剂，并以缓燃剂的燃烧时间来控制延期时间。国产秒延期电雷管分为7段，各段间相差1s，一般用脚线的颜色表示段数。毫秒延期电雷管也称为微差电雷管，是控制爆破中不可缺少的起爆器材，主要应用于微差爆破。

(3) 导爆索。导爆索是以副爆药为索芯，以棉、麻、纤维等为被覆材料，能够传递爆轰波的索状起爆器材。用来传递爆炸波并直接引爆炸药或与之相连的另一根导爆索。导爆索敏感度较低，但威力较大。它经雷管起爆后可引爆其他炸药。

导爆索按使用条件可分为普通导爆索和安全导爆索。非煤矿山使用的大多都是普通导爆索，其具有一定的抗水性和耐低温性能，能直接起爆常用的工业炸药。安全导爆索是专供有瓦斯和矿尘爆炸危险的矿山使用的。

使用导爆索时，只能用快刀切割导爆索，禁止切割已接上雷管或已插入炸药里的导爆索。严禁挤压和冲击导爆索，不论其长度大小，严禁点燃，以防发生意外爆炸。

(4) 继爆管。继爆管是专门与导爆索配合使用的延期起爆器材。借助于继爆管的微差延期继爆作用与导爆索一起实现微差爆破，继爆管分为单向继爆管和双向继爆管，前者只向一个方向传爆，切不可首尾颠倒连接，否则拒爆；后者则不受连接方向的影响。

(5) 导爆管。导爆管是一种非电起爆器材，不能直接起爆炸药，只能传递爆轰波起爆雷管，由雷管引爆炸药。导爆管也不能用于有瓦斯或矿尘爆炸危险的作业场所。

187. 爆破器材库由哪些部分组成，其可分为哪几类？

为防止爆破器材变质、自燃、爆炸、被盗以及有利于收发和管理，《爆破安全规程》规定，爆破器材必须存放在爆破器材库里。它由专门存放爆破器材的主要建、构筑物和爆破器材的发放、管理、防护和办公等辅助设施组成。

按其作用及性质分，爆破器材库分为地面库、分库和发放站三类；按其服务年限分，爆破器材库分为永久性和临时性库两类；按其所处位置分，爆破器材库分为地面库、永久性硐室式库和井下爆破器材库等三种。

188. 爆破器材库的贮存地点和库存量有哪些安全要求？

爆破器材库的贮存地点分为总库、分库、发放站三类。

（1）总库。总库是区域性库，是供应性质的库。其负责向各分库或发放站供应，而不直接向爆破员发放爆破材料。所以，总库内不拆箱（袋）发放爆破器材，只准整箱（袋）发放。总库都是永久性库，而且大都是地面库，少数是硐室式库。井下不得设总库。

地面总库的总容量：炸药不得超过本单位半年生产用量，起爆器材不得超过一年的生产用量。

（2）分库。分库是生产服务性质的库。允许在库区的独立房间内拆箱（袋），向爆破员直接发放爆破材料。对建、构筑物来说，分库和总库的要求是一样的。

地面分库的总容量：炸药不得超过三个月的生产用量，起爆器材不得超过半年的生产用量。井下只准建分库，其库容量炸药不得超过三昼夜生产用量，起爆器材不得超过十昼夜生产用量。

（3）发放站。它是直接为生产服务设置的，一般服务的范围较小。如果工作面距分库很远，往返麻烦，即可设发放站。

189. 爆破器材库房的安全要求有哪些？

（1）永久性地面爆破器材库房的安全要求。

1）永久性地面爆破器材库房的结构应为平房，房屋宜用钢筋混凝土梁柱承重，墙体应坚固、严密和隔热。

2）库房的门应为两层，向外开，从门到库房内任一点的距离不得超过15m。

3）库房应有足够的采光通风设施，地面应平整、坚实、无裂缝、防潮、防腐蚀。雷管库房的地板应铺软垫。

4）库房宜采用钢筋混凝土屋盖，房顶应有隔热层，采用木房顶时，必须经防火处理。

5）库区应有必要的消防设施，周围杂草、干树枝、干树叶应及时清除。

（2）井下爆破器材库的安全要求。井下爆破器材库分硐室式和壁槽式两种。硐室式、壁槽式爆破器材库主要由炸药硐室、雷管硐室、雷管加工室、导通室、空气预热室、发放室和连接巷道等组成；要求具有两个出口，库房的连通巷道必须拐三个直角弯，连通巷道在拐弯处要顺冲击方向延长2m，断面不小于$4m^2$。

190. 临时性爆破器材库应符合哪些要求？

（1）库房宜为单层结构。

（2）库房地面应平整无缝。

（3）墙、地板、屋顶和门为木结构者，应涂防火漆；窗、门应为有一层外包铁皮的板窗、门。

（4）宜设简易围墙或铁丝网，其高度不小于2m。

（5）库内应有足够的消防器材。

（6）库内应设置独立的发放间，面积不小于$9m^2$。

（7）应设独立的雷管库房。

191. 爆破器材存放时必须遵守哪些安全要求？

（1）每个库房的贮存量不得超过其设计容量。

（2）装硝化甘油类炸药、各种雷管和继爆管箱（袋）必须放在货架上，禁止叠放；装其他爆破器材的箱（袋）应堆放在大于0.1m高度的垫木上；架、堆相互之间的通道宽度不小于1.3m。

（3）货架（堆）与墙壁的距离不小于20mm。

（4）堆放导火索、导爆索和硝铵类炸药等的货架（堆）高度不超过1.6m。

（5）爆破器材箱（袋）距上层架板的间距不小于40mm，架宽不超过两箱（袋）的宽度。

（6）爆破器材应码放整齐、稳当，不得倾斜。

192. 爆破器材的收发必须遵守哪些安全要求？

（1）保管爆破器材的人员必须认真负责，严格执行安全规程与制度。

（2）爆破器材的收发、领用要有严格的制度和领退手续，做到账物相符。

（3）对新购进的爆破器材应逐箱（袋）检查包装情况，并按规定作性能检查。

（4）变质和性能不详的爆破器材不得发放使用。

（5）应按爆破器材出厂时间和有效期的先后顺序发放使用。

（6）总库区内不准许拆箱（袋）发放爆破器材，只准许整箱（袋）发放。

（7）爆破器材的发放应在单独的发放间（发放硐室）里进行，不应在库房硐室或壁槽内发放。

193. 装卸爆破器材应遵守哪些安全要求？

（1）认真检查运输工具的完好状况，清除运输工具内一切杂物。

（2）有专人在场监督。

（3）设置警卫，无关人员不允许在场。

（4）爆破器材和其他货物不应混装。

（5）雷管等起爆器材，不应与炸药在同时同地进行装卸。

（6）遇暴风雨或雷雨时，不应装卸爆破器材。

（7）装卸爆破器的地点，应远离人口稠密区，并设明显的标志，白天应悬挂红旗和警示标，夜晚应有足够的照明并悬挂灯。

（8）装卸搬运应轻拿轻放，装好、码平、卡牢，捆紧，不得摩擦、撞击、抛掷、翻滚、侧置、倒置爆破器材。

（9）装载爆破器材应做到不超高、不超宽、不超载。

（10）用起重机装卸爆破器材时，一次起吊质量不应超过设备能力的50%。

（11）分层装载爆破器材时，不应站在下层箱（袋）上装载另一层，雷管或硝化甘油类炸药分层装载时不应超过两层。

194. 矿区内和坑内铁路运输爆破器材有哪些安全要求？

（1）运输爆破器材的列车前后应设有“危险”的标志。

（2）装有爆破器材的车厢严禁溜放。

（3）车厢的停车线路与其他线路隔开。

（4）通往该线路的转辙器应锁住，车辆必须楔牢，其前后50m处设危险标志。

（5）装有爆破器材的车厢与机车之间要用空车隔开，以防止机车的火星、电弧引起爆破器材的燃烧、爆炸。

（6）炸药车厢与雷管车厢应用空车隔开。电机车运雷管时，应采取可靠的绝缘措施。

195. 装运爆破器材的车（船）行驶途中应遵守哪些安全要求？

（1）押运人员应熟悉所运爆破器材性能。

（2）非押运人员不应乘坐。

（3）按指定路线行驶。

（4）车（船）用帆布覆盖，并设明显的标志。

（5）不准在人员聚集的地点、交叉路口、桥梁上（下）及火源附近停留；中途停留时，应有专人看管，不准吸烟、用火，开车（船）前应检查码放和捆绑有无异常。

（6）气温低于10℃时运输易冻的硝化甘油炸药或气温低于－15℃时运输难冻的硝化甘油炸药时，应采取防冻措施。

（7）运输硝化甘油类炸药或雷管等感度高的爆破器材时，车厢和船舱底部应铺软垫。

（8）车（船）完成运输后应打扫干净，清出的药粉、药渣应运至指定地点，定期进行销毁。

196. 汽车运输爆破器材有哪些安全要求？

（1）汽车运输爆破器材，出车前应认真检查车辆，并在出车单上注明：“该车检查合格，准许用于运输爆破器材”。

（2）选择具有安全驾驶经验的司机驾驶。

（3）行驶中，应保持中速行驶；在能见度良好时不超过40km/h；在扬尘、起雾、暴风雪等能见度低时，时速减半；在平坦的道路上行驶时，两辆汽车的距离不小于50m；上山或下山时不小于300m。

197. 人工搬运爆破器材有哪些安全要求？

（1）人工搬运爆破器材，必须将雷管和炸药分装在两个专用背包（木箱）内，严禁将雷管装在衣袋里。

（2）领到爆破器材后，应直接运送到爆破地点，禁止乱丢乱放。

（3）不得提前班次领取爆破器材，不得携带爆破器材在人群聚集的地方停留。

（4）夜间或井下人工搬运爆破器材时，应随身携带矿用蓄电池灯、安全灯或绝缘手电筒。

（5）一人一次运送的爆破器材的数量，不准超过下列规定：

1）雷管5000发；

2）同时搬运炸药和起爆器材10kg；

3）拆箱（袋）搬运炸药20kg；

4）背运原包装炸药一箱（袋）；

5）挑运原包装炸药两箱（袋）。

198. 竖井、斜井运输爆破器材有哪些安全要求？

（1）应事先通知卷扬司机和信号工，严禁在上、下班或其他人员集中的时间内运输爆破器材。

（2）运输爆破器材的罐笼，除爆破人员和信号工外，其他人员不得同罐乘坐。

（3）炸药在罐笼中堆放的高度，不得超过罐笼的2/3。如果用车辆运送，装炸药的高度不得超过车厢边缘。如果运输硝化甘油炸药或雷管，不得超过两层，层间要设软垫。

（4）爆破器材到井口后应立即运走，不要在井口房、井底车场停留。

（5）运送爆破器材升降速度不能太快，用吊桶或斜坡卷扬运输速度不得超过1m/s；用罐笼运输雷管或硝化甘油时，升降速度不得超过2m/s；运送其他炸药，速度不得超过4m/s。

（6）向井下运输电雷管，要采取有效的绝缘措施防止杂散电流引爆雷管。

199. 地面爆破器材库硐库的照明有哪些安全要求？

（1）贮存爆破器材库房的用电负荷按二级负荷供电设计，辅助建筑物按一般供电场所设计。

（2）从库区变电站到各库房的低压线路，宜采用铜芯铠装电缆埋地敷设。当全长采用电缆有困难时，可采用钢筋混凝土杆和铁横担的架空线，并应使用一段金属铠装电缆或护套电缆穿钢管直接埋地引入，埋地长度应不小于两倍的电缆埋入处的土壤电阻率的平方根，但不应小于15m。室外架空线路不应跨越危险库房。在电缆入户端应将其金属外皮、钢管接到防雷电感应的接地装置上。在电缆与架空线连接处，应装设避雷器。避雷器、电缆金属外皮、钢管和绝缘子铁脚、金属等应连在一起接地，其接地电阻不应大于10Ω。

（3）库房内不应安装灯具，宜自然采光或在库外安设探照灯进行投射照明，灯具距库房的距离不应小于3m。

（4）电源开关或熔断器，应设在库房外面，并装在铁制配电箱中。

（5）采用移动式照明时，应使用防爆手电筒或手提式防爆应急灯，不应使用电网供电的移动手提灯。

200. 井下爆破器材库的电气照明有哪些安全要求？

（1）应采用防爆型或矿用密闭型电气设备，电线应采用铜芯铠装电缆。

（2）井下库区的电压宜为36V。

（3）贮存爆破器材的硐室或壁槽，不应安装灯具。

（4）电源开关或熔断器，应设在铁制的配电箱内，该箱应设在辅助硐室内。

（5）有可燃性气体和粉尘爆炸危险的井下库区，应使用防爆型移动灯具和防爆手电筒，其他井下库区应使用蓄电池灯、防爆手电筒或汽油安全灯作为移动式照明。

201. 爆破器材的销毁方法有哪些?

爆破器材经检查认为质量不符合规定，不能继续使用时，必须销毁。加工火雷管时切下的导火线头，也应集中起来，加以销毁。销毁爆破器材的工作是一项很慎重的工作，事先必须填写报告，报告中应说明被销毁爆破器材的名称、数量、销毁原因、销毁方法、销毁地点和时间。在取得有关部门同意后，在企业安全、保卫部门共同参加下进行。

常用的销毁方法有爆炸法、烧毁法和溶解法等。

（1）爆炸法。爆炸法适用于具有爆炸性质，而且确信可以完全爆炸的器材，如雷管、导爆线、继爆管、起爆药柱和爆炸性没有消失的炸药等。

（2）烧毁法。对于燃烧不会引起爆炸的爆破器材，可用烧毁法销毁。焚烧前，必须详细检查，严防其中混有雷管和其他爆破器材。雷管、导爆线、继爆管、起爆药柱等严禁用火烧毁法销毁，必须用电雷管起爆的炸毁法；严禁将爆破器材装入容器中销毁。

（3）溶解法。溶解法适用于能溶解于水而失掉爆炸性能的爆炸材料，如硝酸铵类炸药和黑火药等可用溶解法销毁。这种方法允许在容器中溶解爆破器材。10kg 炸药需水量 30kg。溶解的炸药水溶液，要倒在专用的坑内，不溶于水的 TNT、硫黄、木粉、木炭等残渣，必须收集起来用焚烧法或爆炸法销毁。

202. 什么是电雷管起爆法，使用时应注意哪些安全事项?

利用电力起爆电源引爆电雷管，并通过电雷管引爆炸药爆炸的起爆方法称为电雷管起爆法。起爆电源主要有干电池、蓄电池、起爆器、移动式发电机、照明线路和动力电源等。

使用电雷管起爆时必须注意以下安全事项：

（1）在使用前必须逐个检查，电雷管电阻误差不能超出表 3-2 列出的允许范围。用于同一爆破网路的电雷管应为同厂同型号产品。

表 3-2 电雷管电阻误差范围

脚线材质	桥丝材质及电阻允许误差	电阻测量方法
铜 线	康铜 0.30Ω、镍铬 0.85Ω	检查全电阻
铁 线	康铜 0.26Ω、镍铬 0.80Ω	检查桥丝电阻

（2）爆破作业场地的杂散电流值大于 30mA 时，禁止采用普通电雷管，应改用抗杂散电流雷管或改用非电起爆法起爆。

（3）爆破主线与起爆电流或起爆器连接之前，必须先测定全线路的总电阻值，总电阻值与实际计算值允许误差为 ±5%，若大于此误差，要查明原因，改正后再连接。

（4）硐室爆破时，装起爆体前应撤出各个硐室的电源。

203. 什么是导爆索起爆法，连接时应注意哪些事项?

导爆索起爆法是用雷管引爆导爆索，然后由导爆索的爆轰引爆起爆药包爆轰的方法。这种方法可以避免由杂散电流和静电引起的爆破事故。导爆索起爆网路连接有串联、并联和分段联等形式。网络中连接继爆管可实现单排孔或多排孔的孔间微差和排间微差爆破。

由于导爆索是用爆炸波来传递爆炸能量的，并具有方向性，因此，导爆索必须要正确连接，才能可靠传爆。导爆索的连接方法有搭接法、水手结接法、T形结接法和三角形结接法等几种。连接时，支线应顺主线传爆方向，夹角不小于90°，连接长度不小于15cm；起爆导爆索的雷管的集中穴应朝导爆索传爆方向，并用胶布绑紧。

204. 非电导爆管系统起爆网络连接方法有哪几种，应注意哪些事项?

非电导爆管起爆系统由击发、传爆、起爆和连接元件组成。塑料导爆管通过连接元件组成起爆网络，连接方法有胶布捆扎、橡皮筋捆扎、塑料连接块和导爆四通连接。爆破网路的基本形式有簇联法、串联法、并联法和加强复式网络（图3-2）。

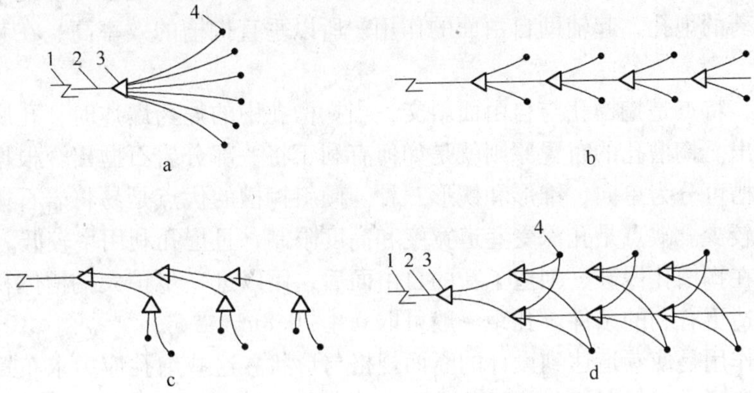

图3-2 导爆管起爆系统爆破网络连接形式

a—簇联法；b—串联法；c—并联法；d—加强复式网络

1—击发装置；2—导爆管；3—连接块；4—炮孔

导爆管的起爆网络连接中应注意：

（1）传导管的雷管与簇联的导爆管连接必须是反方向，否则会发生拒爆事故。

（2）连接块的连接点要用碎渣或泥覆盖，以免雷管残片横向飞散损坏其周围的导爆管。

（3）露天爆破需设人工掩体时，掩体应设在冲击波危险范围之外，其结构必须坚固严密，位置和方向应能防止飞石和炮烟的危害。通往人工掩体的道路不得有任何障碍物。

（4）塑料导爆管传递冲击波的速度为1750～1950m/s，即0.51～0.57ms/m，在使用时要注意除雷管段数的时间外，还应加上导爆管每米长度的延迟时间。

（5）爆破前要对起爆器材进行检验，防止因器材问题而发生爆破事故，并在起爆前对网路要精心检查，防止连接错误。

205. 什么是复式起爆法?

在大规模爆破时，为了保证爆破工作的安全可靠，避免发生拒爆事故。一般同时采用两套起爆网路，即复式起爆法。较常使用的复式起爆法有两种形式，一是用一套导爆索起爆网络和一套电雷管起爆网络，二是用一套电雷管起爆网络和一套非电导爆管起爆网络。

第三节 爆破作业安全管理

206. 掘进巷道的炮孔分为哪几类，其排列有哪些要求？

巷道掘进中的炮孔可分为掏槽孔、辅助孔和周边孔。爆破时按掏槽孔、辅助孔和周边孔的顺序起爆。周边孔还有顶孔、底孔和帮孔之分。掏槽孔的作用是为了形成新的自由面，为其余的炮孔爆破创造条件。所以从爆破顺序来看，掏槽孔必须先响。根据掏槽孔的形式，可分直线掏槽和倾斜掏槽。

为了获得较好的爆破效果，应合理布置炮孔。

直线掏槽，也称垂直掏槽，其特点是全部掏槽孔均与工作面垂直，彼此平行。其中一个或几个不装药的炮孔，起辅助自由面的作用。所以垂直掏槽的效率高，在巷道掘进中应用广泛。

倾斜掏槽，特点是掏槽孔与自由面斜交，当掏槽孔中的炸药爆炸时，孔底至自由面的岩石被破碎抛出。掏槽孔的布置原则就是如何有利于将一部分岩石抛出。根据爆破对象的不同，倾斜掏槽可分为单向、锥形和楔形三种。倾斜掏槽的优点是易将岩石抛出，而且所需的掏槽孔数较少。缺点是孔深受巷道宽度和高度限制，且炮孔利用率较低。

辅助孔是在掏槽孔爆破、创造了新的自由面后，用以进一步扩大掏槽体积的炮孔，为周边孔爆破创造更有利的条件。孔距一般可取0.4~0.8m。

周边孔的作用是使巷道达到设计的断面规格与形状。这些炮孔应力求布置均匀，以便充分利用爆药能量，为使爆后截面平整，周边孔的孔底部都应落在同一垂直于巷道轴线的平面上，周边孔的间距为0.5~1.0m，孔口距巷道轮廓线为0.1~0.3m。

207. 掘进巷道的爆破参数应如何确定？

常用的炸药主要是岩石铵梯炸药，其次是铵油炸药，采用电雷管或导爆管雷管起爆。

（1）炮孔直径。炮孔直径对爆破效果和掘进速度有很大影响。炮孔的直径决定凿岩钎头的直径。一般来说，小直径钎头比大直径钎头凿岩速度快，但炮孔过小会使装药量不足，影响炸药威力，降低炮孔利用率，影响爆破效果。

（2）炮孔深度。炮孔深度影响每班掘进循环次数和进尺。一般情况下，增加炮孔深度，可以提高一个循环的进尺，也就提高了总的掘进速度。因为每个循环都要进行同样的辅助工作，一个掘进循环的进尺越多，则相对减少了辅助工作时间。因此，保证正常循环作业的条件下，应合理加大炮孔深度。但是炮孔过深，钻孔速度下降，炮孔利用率也会下降。同时爆破块度不均匀，影响装岩工作，从而会使掘进速度下降。所以，合理的炮孔深度，要综合考虑各种影响因素。通常炮孔深度为1.5~2.5m。

（3）装药系数。装药系数就是装药长度与炮孔深度之比。通常掏槽孔的装药系数为0.6~0.8，辅助孔和周边孔的装药系数为0.5~0.7。

（4）炸药量的确定。掘进巷道时的单位炸药消耗量，与炸药本身的威力、岩石的硬度、巷道断面大小、自由面数量、炮孔直径和深度等因素有关。炸药消耗量要合理，用少了，爆破效果差，岩石破碎不均匀，甚至使巷道断面达不到设计要求；但是如果超量使用，不仅会造成浪费，而且会破坏巷道周围岩石，使岩石飞散，降低巷道围岩的稳定性，并给安装支架和装岩工作带来困难。一般根据实际情况通过查表可确定炸药消耗量，也可按照经验公式进行计算。

每掘进一个循环所需的炸药量的计算公式是：

$$Q = qSl\eta \tag{3-1}$$

式中 Q——一个循环所需炸药量，kg；

q——单位炸药消耗量，kg/m^3；

S——巷道断面积，m^2；

l——炮孔平均深度，m；

η——炮孔利用率，一般取 $\eta = 0.8 \sim 0.95$。

（5）炮孔数目。炮孔数目的确定，主要考虑巷道断面大小，岩石的性质、炸药的用量和药卷的规格等影响因素。一般情况下，按各孔平均分配炸药量的原则，根据下式计算炮孔数量：

$$N = Q/(aG) \tag{3-2}$$

式中 a——装药系数；

G——每个药包的质量，kg。

（6）炮孔利用率。炮孔利用率是合理选择爆破参数的一个重要指标。炮孔利用率可以分为个别炮孔和巷道全断面的炮孔利用率，其计算公式分别为：

$$\text{个别炮孔利用率} = \frac{\text{炮孔长度} - \text{炮窝(残孔)长度}}{\text{炮孔长度}} \tag{3-3a}$$

$$\text{巷道全断面炮孔利用率} = \frac{\text{每个循环工作面进度}}{\text{平均炮孔长度}} \tag{3-3b}$$

通常情况下以全断面的炮孔利用率作为掘进指标，影响炮孔利用率的因素，总的来说是炮孔排列与爆破参数，即单位岩石炸药消耗量、炮孔直径、数目、深度、装药系数等是否合理。通过试验可以取得各种参数的最佳值。在人员固定的情况下，最优的炮孔利用率一般为 0.85 ~ 0.95。

208. 采场崩矿爆破要求是什么，可分为哪几类？

与巷道掘进相比，采场崩矿爆破具有两个以上的自由面，爆破面积和爆破量比较大。采场崩矿爆破要求爆破作业安全，每米炮孔崩矿量大，回采强度大，大块少，矿石分化损失小，原材料消耗少等。

根据开采方法和矿岩赋存条件的不同，可采用浅孔爆破、深孔爆破和挤压爆破。

（1）浅孔爆破。浅孔爆破主要使用于留矿法、充填法、浅孔空场法等采场崩矿中。炮孔布置根据采场的切割情况，有向上孔和水平孔。炮孔的排列有平行与交错之分。交叉排列，炸药分布均匀，有助于减少大块。平行排列常用于矿石与围岩不易分离及采幅较宽的情况。

炮孔深度同矿体和围岩性质、矿体厚度及其规则性等因素有关。常用的炮孔深度为 1.5 ~2.5m。

炮孔间距 a、最小抵抗线 W 和炮孔直径 d 之间，有以下关系。

$$W=(25\sim30)d \tag{3-4}$$

$$a=(1\sim1.5)W \tag{3-5}$$

（2）深孔爆破。深孔（中深孔）崩矿主要用于回采中厚以上矿体，其具有劳动生产率高、回采强度大、作业安全、操作方便、采矿成本低和产尘少等优点。但如果钻孔及放矿管理不善时，贫化损失较大，大块率较高。深孔崩矿爆破的布孔方式有平行深孔、扇形深孔和束状深孔三种形式。

平行深孔炸药能量分布均匀，矿石破碎质量好。而扇形深孔则具有采准工程量少、炮孔布置灵活、钻机移动次数少等优点。因此在生产中应用较广泛，其中又以多层水平扇形及垂直扇形布孔为主。束状深孔一般只在回采矿柱、采空区处理、边缘矿体及零星矿体回采时使用。

（3）采场挤压爆破。挤压爆破是指被爆破矿石向已崩落的矿石（或废石）方向挤压，而不事先预留补偿空间的一种爆破方法；或虽有补偿空间，但小于正常的破碎膨胀要求的情况。

挤压爆破崩矿具有改善破碎质量、降低大块率、不必预留补偿空间、可实现一步骤回采等优点，因而得到广泛应用。挤压爆破一般采用微差起爆，从前往后依次起爆。一次爆破层厚约20m左右，炮孔排距约为1.5m。

209. 井下爆破作业的一般安全要求有哪些？

（1）井下爆破作业必须严格遵守《爆破安全规程》（GB 6722—2003），使用符合国家标准或行业标准的爆破器材。凡从事爆破工作的人员，都必须经过培训，考试合格并持有合格证。爆破作业必须按爆破设计书或爆破说明书进行。禁止进行爆破器材加工和爆破作业的人员穿化纤衣服。

（2）当井下爆破作业地点有冒顶危险、通道不安全或通道阻塞、爆破参数或施工质量不符合设计要求、工作面有涌水危险或炮孔温度异常及无有效保护措施等情况时，禁止进行爆破作业。

（3）当井下爆破可能引起地表陷落和山坡滚石时，必须在通往陷落区和滚石区的道路上设置警戒，竖立醒目的标志，防止人员误入。

（4）工作面的空顶距离超过设计（或作业规程规定）的高度时，不准爆破。

（5）电力起爆时，爆破主线、区域线、连接线必须悬挂，不得同金属管物等导电物体接触，也不得靠近电缆、电线、信号线等。

210. 井巷掘进爆破应遵守哪些安全规定？

（1）用贯通法掘通巷道，两工作面相距15m时，只准从一个工作面向前掘进，并应在双方通向工作面的安全地点派出警戒，双方工作面的人员全部撤至安全地点后，才准起爆。巷道贯通后，两侧开掘面应协调爆破时间。

（2）间距小于20m的两平行巷道中的一个巷道工作面需进行爆破时，相邻工作面的人员必须撤至安全地点。

（3）距离炸药库30m以内的区域禁止爆破。在离炸药库30~100m区域内进行爆破时，禁止任何人员留在库内。

（4）独头巷道掘进工作面爆破时，必须保持工作面与新鲜风流巷道之间的畅通。爆破后人员进入工作面之前，必须用水喷洒爆堆，并进行充分通风。

211. 竖井、盲竖井、斜井和天井的掘进爆破必须遵守哪些安全规定？

（1）起爆作业前必须打开所有的井盖门，与爆破作业无关的人员必须撤离井口；起爆时井筒内不得有人。

（2）装药时，禁止在两个吊盘上进行其他作业。

（3）井筒掘进时，必须使用绝缘的柔性电线作爆破导线，电雷管脚线的长度应比炮孔深度长1m以上，电爆网路的所有接头都必须使用绝缘胶布严密包覆并高出水面。

（4）反井掘井时，爆破作业前将人行格和材料格盖严，放炮后应首先通风，吹散炮烟后，方准进行检查，检查人员不得少于两人。

（5）天井掘进采用深孔分段装药爆破时，装药前必须在通往天井底部出入通道的安全地点派出警戒，确认底部无人，方准起爆。

（6）用吊罐法施工，爆破前必须放下吊罐，并放置在水平巷道的安全地点。

（7）刷井时必须有防止坠入的安全措施。爆破前必须回清炮孔底以下0.3m范围内的木垛盘，否则不得爆破。

（8）地下深孔或硐室大爆破时，起爆之前所有人员必须撤出危险区。通向二次爆破地点的每一个出口都必须设置警戒标志。

（9）井下爆破作业严禁在一个炮孔中使用两种不同品种的起爆器材和炸药；在有几个自由面的工作面爆破时，最小抵抗线的长度不得小于0.5m；爆破大块时，最小抵抗线不得小于0.3m。

（10）在具有硫尘或硫化物粉尘爆炸危险的矿井进行爆破时，应定期测定粉尘浓度；禁止用明火起爆或导爆索等在孔外传爆；禁止用炮孔深度小于0.65m的浅孔爆破、裸露药包爆破和无填塞的炮孔爆破，炮孔填塞长度不得小于炮孔全长的1/3，且不得小于30cm；爆破作业人员应随身携带自救器和防爆蓄电池灯，不得使用其他照明。

（11）井下爆破作业开始前，必须确定危险区的警界范围，并设置明显的标志；起爆前，应发出声光报警信号，撤出危险区域的人员；炮响完后，经通风后不少于15min，方准进入爆破作业地点。每次爆破后，必须经检查确认安全后，方准其他人员进入工作面；如发现有盲炮，要立即上报，并设立警戒标志。每次爆破后，爆破员应认真填写爆破记录。

212. 露天浅孔爆破有哪些要求？

（1）炮孔布置要求。在布置炮孔位置时，要尽量利用自由面较多的地形，或者有计划地改造地形，以创造两面或多面临空，这样可以收到良好的爆破效果。当地形为平坦的地面时，因这种地形只有一个临空面，可采用横向开挖或纵向开挖改造成两面或多面临空。布置炮孔时应注意以下两点：

1）炮孔应避免穿过岩石与岩石之间的缝隙，否则炸药在爆炸时很容易发生漏气现象。

炮孔的方向与石缝应大致垂直，并且炮孔底距石缝应保持20~30cm。

2）炮孔方向应避免与主要临空面垂直。因为炸药爆炸时，破坏力是向最小抵抗线方向发挥，如果炮孔方向与临空面垂直，也就是与最小抵抗线一致时，爆炸力多半向孔口发挥逸散，降低爆破效果。根据经验，炮孔方向应尽量与临空面相平行，或与水平临空面呈45°，与垂直临空面呈30°。

（2）最小抵抗线的确定。当岩石较硬、台阶较低时，最小抵抗线应小些，一般情况下，最小抵抗线为台阶高度的0.4~1.0倍，通常为0.7~0.8倍。

（3）炮孔距离的确定。炮孔之间的距离应根据不同的岩性、起爆方法、爆破要求的块度等因素来确定。火雷管起爆时，炮孔之间的距离为1.4~2.0倍最小抵抗线长度；电雷管起爆时，炮孔之间的距离为0.8~2.0倍最小抵抗线长度。行与行之间的炮孔距离，可以取第一行炮孔的最小抵抗线长度的0.85~1.0倍。

213. 露天深孔爆破的炮孔布置有哪些方式，倾斜孔有什么特点？

露天矿采用深孔爆破，具有较高的生产率和良好的工作条件，劳动强度低，成本低，能满足大型装载设备对爆破工作的要求，因此，成为国内外露天矿普遍采用的主要爆破方法。露天深孔爆破的炮孔布置方式有垂直孔与倾斜孔两种。这两种布置方式中，倾斜孔使用较多，倾斜孔与垂直孔相比主要有以下优点：

（1）沿炮孔全长的爆破抵抗线相等，爆破时对岩石破碎比较均匀，不易产生大块和留根底。

（2）爆堆高度和宽度容易控制；

（3）可通过调整钻孔角度，保持所需的台阶坡面角，爆破后坡面比较平整。

（4）采用倾斜孔时，钻孔设备至台阶坡顶线的距离比垂直孔大，因而设备与人员作业都比较安全。

214. 如何选择露天深孔爆破的主要参数？

露天深孔爆破时选择的爆破参数是否合理，直接影响爆破效果和安全，因此，必须根据具体条件和要求，进行认真全面的分析和综合考虑，确定出合适的孔径、孔深、孔距、抵抗线、装药量和爆破顺序等参数。

（1）孔径和孔深。孔径主要依据爆破高度（露天矿的台阶高度）、钻孔设备、岩石性质、炸药品种和爆破要求确定。例如，在露天采矿中，如果采用潜孔钻机，孔径通常可取150~250mm；采用牙轮钻机和钢绳冲击式钻机时，孔径可取250~300mm。

孔深由要求的爆破高度（台阶高度）加上一定量的超深而定。深孔爆破时，如果小于或等于要求的爆破高度，相邻炮孔的爆破漏斗必将高于底板，出现根底。因此，孔深必须超过台阶高度一定深度，以便降低装药中心位置，从而减少或消除根底，保证爆后台阶的平整。超深值主要依据岩石性质、台阶高度、孔距、排距、地形条件和炸药种类来确定。露天矿中，一般按底盘抵抗线（W_d）来计算，即超深 $h=(0.15\sim0.25)W_d$；岩石松软、层理发达时，取小值；岩石坚硬时取大值。但要注意超深也不能太大，否则会将底板或下一台阶的顶部破坏。

（2）抵抗线。在露天深孔爆破中，为了便于计算，常用底盘抵抗线代替最大抵抗线。

底盘抵抗线是指炮孔中心至台阶坡底线的水平距离。

底盘抵抗线是影响爆破效果的重要因素。底盘抵抗线过大，根底较多；过小，不仅增大了工作量，而且还多浪费炸药。因此，计算底盘抵抗线时，应根据台阶高度（H）、岩石性质、炮孔和炸药的直径及钻机的安全性等全面衡量，确定出合理的数值。一般可用以下经验公式确定 W_d 值：

$$W_d = (0.5 \sim 0.9)H \tag{3-6}$$

上式中的系数取值应根据台阶高度与矿岩坚固性选取。台阶高度越小，矿岩坚固性越大，取较小值，反之取较大值。

（3）孔距与排距。孔距 a 是指同一排炮孔中相邻两个炮孔的中心线间的距离。排距 b 是指相邻两排炮孔间的距离。

孔距与排距直接影响爆破效果和安全。孔距和排距过小不但钻孔工作量大，而且药量集中于炮孔底部，爆破后台阶底部矿岩爆堆抛掷过远，容易造成将设备埋住、砸坏设备等事故。相反孔距与排距太大，容易出现根底、硬帮、大块多等现象，不仅浪费炸药，还影响正常生产。

选择孔距与排距时，除根据底盘抵抗线、爆破高度（台阶高度）、孔径、炸药品种外，还要考虑岩石性质、地质条件及岩层含水程度等情况，并在施工中不断加以调整。孔距值可用底盘抵抗线 W_d 和炮孔邻近系数 m 的乘积来计算：

$$a = W_d m \tag{3-7}$$

我国冶金矿山常将 a 值取为 4～8m。

排距在排间炮孔交错呈等边三角形布置时，可按下式计算：

$$b = a\sin60^\circ = 0.866a \tag{3-8}$$

（4）炮孔装药量。计算深孔爆破炮孔装药量时，首先要确定合理的炸药单位消耗量，这是直接影响爆破效果及安全的主要因素之一。据目前露天深孔爆破的实际情况来看，因现场的条件不一样，还没有精确和统一的计算方法，一般情况都是根据下列几种具体条件来综合考虑，并在爆破后通过爆堆情况、岩石破碎程度等进行调整：

1）岩石性质和地质条件。不同的岩石其坚固性也不相同，一般情况下，越坚硬的岩石越难爆破。但是有的岩石虽然很硬，因节理发育，韧性差，却容易爆破；同样，有的岩石虽然较软，因含水性强、弹性好，却又难以爆破。因此，一般情况下岩石坚硬时，应适当将炸药单位消耗量取得大些。由于岩石性质的复杂性，露天深孔爆破中，常根据实际试验或参照有关的实例和经验来确定炸药单位消耗量。

2）炸药品种的影响。不同种类的炸药具有不同的爆炸威力，因而对岩石的破坏作用也就不同。通常坚硬的矿岩选用猛度和威力都较高的炸药，软弱的矿岩可选用威力较低的炸药。目前在有水的深孔中爆破，大量使用浆状炸药、乳化油炸药等新品种抗水炸药。因此，在相同的条件下，选用不同的炸药时，其炸药单耗也有所不同。

3）装药结构的影响。炮孔装药结构不同，爆破效果也有所不同，因而需要的炸药单耗也不相同。例如，采用间隔装药时，炸药单耗比一般的装药结构就要减少 10% 左右。

4）气候条件的影响。气候变化对炸药单位消耗量也会产生影响。天气寒冷时，岩土常因冻结变硬而增大爆破难度，这种情况在我国北方冬季较为突出。

5）爆破方法的影响。爆破方法不一样，炸药单位消耗量也不一样。例如，采用挤压爆破法与一般爆破法、采用微差起爆与齐发起爆，炸药单耗都不一样。

（5）根据以上具体条件进行综合分析，确定出炸药单位消耗量后，就可根据炮孔的爆破体积，用下式计算各个炮孔装药量 Q：

$$Q = qV = qaW_{d}H \tag{3-9}$$

式中 q——炸药单位消耗量，k/m^3；

V——炮孔的爆破体积，m^3；

a——孔距，m；

W_d——底盘抵抗线，m；

H——台阶高度，m。

使用式（3-9）时应注意：

第一，台阶坡面角较小时，如果仍然用底盘抵抗线来算，所得的炮孔的爆破体积与实际体积相差较大，会导致装药量过多，爆破时造成爆堆抛得太远、分散和不必要的炸药浪费。因此，通常坡面角小于55°时，应将底盘抵抗线换为最小抵抗线 W_d。

第二，多排孔爆破时，从第二排起，由于岩石的夹制作用，其装药量应增大10% ~ 20%。多排齐发爆破时取大值，微差爆破时取小值。

215. 装药结构的作用是什么，可分为哪几类，各有何特点？

合理的装药结构与爆破质量有密切的关系。在深孔爆破中，由于炮孔较深，底部阻力大，常采用炮孔超深来降低装药重心，以消除根底。

当采用垂直深孔爆破时，如果岩石坚固、台阶坡面角小，往往要求较大的炮孔超深，使炸药过分集中于炮孔底部，爆破时不仅炮孔上部岩石易产生大块，而且还易破坏底板。因此，必须采用合理的装药结构，使炸药的爆炸能量均匀分布，从而避免这些不良现象发生。

装药结构通常采用间隔装药和混合装药两种。

（1）间隔装药。间隔装药又称为分段装药，是在炮孔中将炸药分成几段，各段间用空气或充填物隔开，使炸药较均匀地布置在炮孔内，从而改善炮孔中部和上部岩石的破碎状况。

采用间隔装药结构时，要注意各段炸药都要有雷管或用导爆索连接。

采用间隔装药结构还有一个优点，即可以在孔内实行分段微差起爆，使之具有微差爆破和间隔装药的双重优点，进一步提高岩石破碎质量，降低超深和后冲作用。孔内微差间隔时间一般取10 ~ 25ms。

（2）混合装药。混合装药是在同一炮孔内分别装入不同种类的炸药，即炮孔底部装高密度威力炸药，而在炮孔上部装入普通硝铵炸药。这种方法可以比较有效地克服岩石阻力上小下大的问题，从而减小炮孔的超深。

216. 炮孔的堵塞质量对爆破有什么影响？

在露天深孔爆破中，合理的填塞和良好的堵塞质量，对炸药爆炸能量的充分利用、爆破质量和安全有很大影响。填塞过短或不严密，容易造成岩块飞散，产生冲天炮和出现根底。填塞过长又容易在孔口部分形成大块。

一般情况下，填塞长度为炮孔直径的16～30倍。装药结构不同时，填塞长度也要有相应的变化。

217. 露天爆破作业的一般安全要求有哪些?

（1）露天爆破作业必须严格遵守《爆破安全规程》，使用符合国家标准或部颁标准的爆破器材。

（2）凡从事爆破工作的人员，都必须经过培训，考试合格并持有合格证。

（3）爆破作业必须按爆破设计书或爆破说明书进行，进行爆破器材加工和爆破作业人员严禁穿化纤衣服。

（4）在大雾天、黄昏和夜晚，禁止进行地面爆破。需在夜间进行时，必须采取有效的安全措施，并经主管部门批准。遇雷雨时应停止爆破作业，并迅速撤离危险区。

（5）当露天爆破作业地点有边坡滑落危险、有涌水或炮孔温度异常、危及设备或建筑物安全而无有效防护措施等情况时，禁止进行爆破作业。

（6）露天爆破应在危险区的边界设立岗哨，使所有通路处于监视之下。每个岗哨应处于相邻岗哨视线范围之内。爆破前必须同时发出音响和视觉信号，使危险区内的人员都能清楚地听到和看到。确认爆破地点安全后，才准恢复作业。

（7）在爆破危险区域内有两个以上的单位进行露天作业时，必须统一指挥。雷雨季节宜采用非电起爆法。同一区段的二次爆破，应采用一次起爆或远距离起爆。

（8）露天裸露药包爆破时，必须保证先爆的药包不致破坏其他药包，如不能达到此要求，则只准用齐发起爆。禁止用石块覆盖药包。

（9）露天浅孔爆破时，采用导火索起爆或分段电雷管起爆，炮孔间距应保证其中一个炮孔爆破时不致破坏相邻的炮孔采用导火索点火起爆，应不少于两人进行点火作业；如无盲炮，从最后一响算起，经5min后才准进入爆破地点检查，若不能确认有无盲炮，应经15min后才能进入爆区检查。

（10）深孔爆破时，应有爆破技术人员在现场进行技术指导和监督；深孔周围（半径0.5m范围内）的碎石、杂物应清除干净；深孔爆破必须采用电力、导爆索或导爆管起爆法；填塞时，不得将电雷管脚线、导爆索或导爆管拉得过紧；在特殊条件下（如冰、冻土层或流沙等），经矿总工程师批准，并必须制定和采取安全措施，方准边钻孔边装药，且只准采用导爆索起爆；禁止用炮棍撞击阻塞在深孔内的起爆药包。

（11）露天硐室大爆破时，必须有经审批的爆破设计、施工组织和安全措施；硐室大爆破所用的爆破器材，必须进行复查检验，并进行爆破网路的预爆模拟试验；施工中，必须经常检查巷道、硐室的顶帮围岩情况及支护的稳固程度；硐室的装药作业应由爆破员带领经过培训合格发给临时作业证的人员进行，装起爆体的作业只准由爆破员进行；硐室装药，必须使用36V以下的低压电源照明，照明线路必须绝缘良好，照明灯应设保护网，灯泡与炸药堆之间的水平距离不得小于2m。装药人员离开硐室时，应将照明电源切断。往硐室中装带有电雷管的起爆药包，只准使用矿用蓄电池灯或安全手电筒照明，并且必须切断一切电源，拆除一切金属导体。硐室大爆破，必须采用复式起爆网络，装药连线时，禁止无关人员进入爆破现场；爆破后至少经过 15min 方准进入爆区检查，严防炮烟中毒。

（12）用药壶和蛇穴爆破时，在深孔扩壶中，禁止向孔内投掷起爆药包，孔深超过 5m 时，禁止使用导火索起爆；扩药壶时，孔口的碎石杂物必须清除干净；进行扩壶爆破，用硝铵类炸药时，每次爆破后，应经 15min 才能重新装药；两个以上的药壶爆破，禁止使用导火索起爆。

（13）采用深孔大爆破及硐室大爆破时，应编制专门的爆破设计，经批准后实施。该设计中，应对相关安全问题有明确的规定。

第四节 爆破事故预防

218. 爆破事故主要表现在哪些方面？

根据国内外矿山工伤事故统计分析，爆破事故在矿山伤亡事故中所占的比重较大。归纳起来，爆破事故主要表现在：

（1）炸药储存保管中造成的爆炸事故；

（2）炸药燃烧或炮烟引起的中毒事故；

（3）点炮迟缓或导火索质量不好造成的伤人事故；

（4）点火方法不符合要求、盲炮处理不当以及违章打残孔引起的事故；

（5）非爆破工作业、爆破后过早进入现场和查看回火引起的事故；

（6）警戒不严、信号不明、安全距离不够造成的事故；

（7）早爆事故和相向掘进巷道时的爆破事故；

（8）其他爆破事故。

在上述爆破事故中，以早爆事故、盲炮处理不当和炮烟中毒和爆破后过早地进入工作面以及违章打残孔为最多，占到爆破事故总数的 70% 左右。

219. 早爆事故的原因是什么，其预防措施有哪些？

早爆事故是指在爆破工作中，因受某些外界特殊能源作用造成雷管炸药的早爆。产生早爆事故的主要原因有：矿井内杂散电流引爆电雷管、压气装药时所产生的静电引爆电雷管、雷电引爆、硫化矿内，硝铵炸药发生自爆。

针对引起早爆事故的原因，应做好以下预防措施：

（1）杂散电流及其预防。

1）杂散电流的来源及分布情况。杂散电流是指存在于预设的电爆网络之外的电流，其主要来源是：电气牵引网路流经金属物或大地返回变电所的电流、动力和照明交流电路的漏电、大地自然电流、雷电和电磁辐射的感应电流等。

2）在井下（或露天），任何两物体（铁轨、风管、水管、矿岩等）间均存在杂散电流，当电雷管的脚线或电爆网络接触不同两物体时，就有电流流入雷管或电爆网络，从而有可能引起电雷管的爆炸。因此，爆破前必须检查杂散电流的大小，当杂散电流大于 50mA 时，必须采取可靠的安全措施。

3）预防杂散电流的措施如下：

①减少杂散电流，降低牵引网路的电阻，防止漏电。

②撤出爆破区的金属物体，如铁轨、风管、水管等，或使用绝缘轨道。

③严格敷设和管理电爆网络，或采用抗杂散电流的电爆网络。

④采用抗杂散电流电雷管。

⑤采用非电起爆。

（2）静电及其预防。采用装药车或装药器装药时，炸药沿输送管运动，由于相互间摩擦而产生静电荷，当电雷管的脚线与带电的药流或输送管接触时，静电荷有可能在脚线上集聚达到一定值而产生火花放电，引爆电雷管，造成早爆事故。

（3）预防静电的措施。

1）保证装药车或装药器具有良好的接地装置。

2）输送管用导电性良好的材料制作，如采用半导电塑料软管。

3）采用导爆索起爆，或孔口起爆，并在连线前将脚线短路。

4）采用抗静电电雷管。

5）采用非电起爆系统。

（4）雷电及其预防。为了预防雷电引起爆破器材意外爆炸，在炸药厂或炸药库应设置可靠的避雷装置。在露天爆破遇有雷雨时，禁止采用电雷管起爆，如突然遇有雷雨时，应将电爆网络短路，人员撤离危险区。大规模爆破时，最好避开雷雨季节。

220. 产生盲炮的原因是什么，其预防措施有哪些?

在爆破工作中，由于各种原因造成起爆药包（雷管或导爆索）拒爆和炸药未爆的现象称作盲炮。爆破中发生盲炮，如未及时发现或处理不当，潜在危险极大。往往因误触盲炮、打残孔或摩擦振动等引起盲炮爆炸，以致造成重大伤亡事故。

（1）产生盲炮的原因

1）雷管、导火索或导爆索本身在制造和保管上的缺陷，如电雷管桥丝断裂或与硝化棉引火线接触不良，导火索断药或燃速不均，雷管、导火索和导爆索受潮，导火索和导爆索浸油渗入药芯等。

2）操作工艺上的问题，如电雷管个别脚线未挂在母线上，电雷管脚线折断，点炮造成漏点或点火次序错误，爆破网络短路、接地或连接错误，导火索与雷管连接不紧等。

3）起爆器材威力不够等。

（2）预防盲炮的主要措施。

1）改善爆破器材的保管，如防止雷管、导火索和导爆索受潮；发放前严格检验爆破材料，对质量不合格的及时处理；发放时对电雷管是否是同厂同批生产应予检查；在一条线路上使用的电雷管，其电阻差不应大于0.2Ω；对不同燃速的导火索要分批使用。

2）改善爆破网络质量及连接方法，包括网络的测定和敷设质量的检查。

3）改善操作技术。对火雷管要保证导火索紧密连接，避免导火索与雷管、雷管与药包脱离；对电雷管要避免漏接、错接和防止折断脚线；经常检查开关、插销和线路接头；导爆索网络要注意接法正确，加强网络的维护工作。在有水的工作面装药时，应采取可靠的防水措施，避免爆破器材受潮。

221. 如何处理盲炮，常用处理盲炮和残炮方法有哪些？

发现盲炮要及时处理。处理方法要确保安全，力求简单、有效。不能及时处理的盲炮，应在附近设有明显标志，并采取相应措施。处理盲炮时，禁止无关人员在附近做其他工作。盲炮处理后，要检查和清理残余未爆的爆破器材，确认安全后，方可撤去警戒标志，进行施工。

除裸露药包和一些很浅的炮孔可以用表面爆破外，目前，通常采用以下几种方法处理盲炮和残炮：

（1）重新起爆法。经检查，盲炮中雷管未爆、线路完好时，可以重新连线起爆。重新起爆时，应检查药包最小抵抗线是否改变，并采取相应的安全措施。重新起爆法适用于漏连、错连、断线等产生的盲炮。

（2）诱爆法。利用竹制或有色金属制的掏勺，小心地将炮泥掏出，重新装入起爆药包爆破。如果是硐室爆破，需要从导硐内清除堵塞物，然后小心地取出起爆体，再妥善处理炸药，还可采用聚能穴药包诱爆盲炮，聚能穴药包爆炸后引爆盲炮里的雷管和炸药。

在距浅孔盲炮0.3～0.5m处，再打一平行炮孔装药爆破。露天深孔盲炮，在距炮孔不小于2m处，打平行炮孔装药起爆。

如果炮孔中为粉状硝铵类炸药，而堵塞物又松散，可用低压水冲洗，使炮泥和炸药稀释，再妥善取出雷管。也可用高压水或高压风水管冲洗，此法必须远距离操作并设置警戒。

222. 炮孔突然爆炸的原因是什么，其预防措施有哪些？

炮孔突然爆炸的原因可能是：

（1）井下杂散的直流电通过潮湿的矿壁或岩壁导入雷管脚线。

（2）井下交流电源一相接地，雷管脚线或放炮母线又相互接触另一个接地电源。

（3）雷管脚线或放炮母线与漏电的电缆接触。

（4）雷管受到外界冲击，如煤、岩块或金属器材的撞击、覆压。

预防措施主要有：

（1）在有杂散电流的地方钻孔爆破时，必须妥善保管好电雷管。

（2）加强井下机电设备和电缆的维护和检修。

（3）必须挂好放炮母线，使它不与导电物体接触，并将破线皮包裹好，使母线的一端随时能扭结或短路。

（4）在有杂散电流的地点装药放炮前，工作面必须清理平整，铺下绝缘胶垫。人站在胶垫上装药，装完后，脚线随即连接，并用胶布将接头包好。

（5）存放炸药和雷管或装配引药的地方，必须顶板完整，安全可靠。

223. 炮烟熏人的原因是什么，其预防措施有哪些？

炮烟熏人的原因如下：

（1）工作面的风量不足，炮烟不能及时排出，作业人员提前进入。

（2）使用的炸药量过多，超过通风能力，不能在一定时间内吹走炮烟。

（3）掘进巷道过长，炮烟长时间浮游在巷道中，使作业人员慢性中毒。

（4）使用变质炸药引起炸药缓慢燃烧，产生大量的一氧化碳和氮氧化物气体。

（5）在工作面前边有老硐，或有大空槽，放炮后空洞内积满了大量炮烟，扒装时炮烟突然涌出。

（6）作业人员在回风道内，距放炮地点较近。炮烟浓度大，人员不能及时撤离。

预防措施主要有：

（1）加强通风，增加风量，及时排除有害气体。

（2）爆破后必须等待炮烟吹散，在工作面洒水，然后再扒装矿岩。

（3）装药前检查炸药质量。工作面炮孔装药量多时，回风风流内的所有人员，要撤到安全地点。

（4）爆破时一切人员都要在进风巷道内，回风巷道内要设警戒牌。在单孔掘进巷道内所有人员要远远撤离爆破地点，同时要有充足的风量。

（5）作业人员在较浓的炮烟区通过，要用湿毛巾堵住口鼻，迅速撤到安全地点。

第四章 电气安全技术

第一节 矿山电气伤害

224. 矿山电气事故有哪些?

电是矿山生产的主要能源，电在矿山生产中应用越来越广泛。但是，如果用电不当，电又会对人类造成威胁，如触电会造成人员伤亡，电气事故可能毁坏机电设备，还会引起电气火灾。矿山电气事故主要有：触电事故，残余电荷电击事故，电磁场伤害事故，感应电压电击事故，静电事故、雷击事故，电路故障引发的电气火灾、爆炸事故，危及人身安全的电气线路事故等。

225. 电伤害的形式有哪几种?

电流对人体的伤害主要有三种形式：电击、电伤和电磁场伤害。

（1）电击是指电流通过人体，破坏心脏、肺及神经系统的正常功能，使人体血液循环大大减弱，发生抽搐、痉挛、失去知觉、假死，甚至死亡。电击是触电伤害的主要形式。当人体触及带电的导线、漏电设备的外壳或其他带电体，以及由于雷击或电容器放电，都可能导致对人体的电击伤害。

（2）电伤主要是指电流的热效应、化学效应和机械效应对人体外部器官造成的伤害，主要有电弧灼伤、电弧熔化的金属溅出烫伤等。电伤在人体触电事故中危害较轻。电击和电伤在高压触电事故中可能同时发生。

（3）电磁场生理伤害是指在高频磁场的作用下，人会出现头晕、乏力、记忆力减退、失眠、多梦等神经系统的不良症状。

226. 电伤害的途径及危险性有哪些?

电流通过人体的心脏、肺部和中枢神经系统时造成的危险性较大。触电还容易造成人体因剧烈痉挛而摔倒，导致电流通过全身并造成摔伤、坠落等二次事故。按照人体触及带电体的方式和电流通过人体的途径，触电可分为下列几种情况：

（1）单相触电。即当人体站在地面上或与地接通的导体上，接触到一相带电体的触电。大部分触电事故是低压单相触电。

（2）两相触电。即人体同时和两根相线接触，承受线电压，触电后果最严重，在电线杆上作业时发生的触电事故往往是两相触电。

（3）跨步电压触电。当带电体有电流流入地下时，在接地点周围地面各点会出现电位差。当人进入到上述区域时，其两脚间（人的跨步一般按 0.8m 考虑）就会产生跨步电压。由跨步电压引起的触电，称为跨步电压触电。跨步电压一般产生于高压线断裂落地处、短路电流或雷击电流等大电流流过的接地装置附近。发生跨步电压触电时，人会因双脚抽筋而倒地，从而增加人体触电的危险性。

（4）高压电击。对于1000V以上的高压电气设备，当人体过分接近时，高压电可将空气电离，然后通过空气进入人体，通常还伴有高压电弧，能把人烧伤。

227. 影响触电伤害程度的主要因素有哪些？

（1）电流的强弱。电流越大对人体的伤害越大。一般成年人通过的电流达到30～50mA就有生命危险。

（2）触电持续的时间。人体触电时间越长，电流对人体产生的热伤害、化学伤害和生理伤害就越严重。

（3）电流流经人体的途径。电流流经人体途径不同，人体触电的严重程度亦不相同。电流通过人体的途径最危险的是从手到脚，占触电事故的50%以上，因为沿该条途径有较多的电流通过心脏、肺等重要器官；其次是从一只手到另一只手的电流途径；再次是从脚到脚对人体的危险性较小。

（4）人体电阻。人体电阻在皮肤干燥、洁净、无破损的情况下，可高达几十千欧，而潮湿的皮肤，特别是有破损的皮肤，其电阻可降至1000Ω以下。

（5）电流频率。频率为25～300Hz的电流对人体伤害的程度最严重，低于或高于此频率的电流对人体的伤害程度要显著减轻。

（6）人体状况。电流对人体的伤害程度与人的性别、年龄、健康状况以及心理、精神状况等因素有关。不同性别的人对电流的敏感程度不同，一般来说，女性比男性敏感，而耐受能力差；无论是感知电流还是摆脱电流，女性比男性约低1/3。在遭受电击时，小孩的伤害程度远比成年人重。正常健康人在触电时伤害较轻，身体虚弱者，尤其是内脏病患者在触电后的死亡率较高。有无思想准备，对电流的敏感程度不同，会影响触电的伤害程度。特别是酒醉、过度疲劳、心情不好的人，将增加触电的伤害程度。

228. 矿山触电事故的原因和特点是什么？

矿山触电事故的主要原因有：

（1）作业人员缺乏安全用电知识，违反电气安全操作规程。

（2）电源电压、电气设备等方面的选用与所处的环境条件不相符。

（3）使用了安全性能不合格的设备、器具，缺乏必要的安全保护装置。

（4）设备使用不当，超载运行。

（5）设备和线路的安装不合格，检查、维修不善，带病运行等。

矿山触电事故的特点如下：

（1）从作业人的类别来看，非电气操作人员中，低压触电事故较多；电气操作人员中，高压触电事故较多。

（2）从作业来看，带电作业死亡人数最多，其次分别是手持长杆物体接触带电体、误登带电线杆和设备、设备漏电及误触电。

第二节 电气安全管理技术

229. 矿山供电系统由哪些构成，哪些重要设备必须采用双回路供电？

矿山所需的电能一般来自电网，通过输电线路到矿山变电所，变压器降压后送到各用电地点。矿山各级变电所的变压器、配电装置、电力线路及各用电设备，按照一定的方式互相连接成一个整体，构成了矿山的供电系统。

为了减少因供电系统故障影响其正常工作，矿山地面和井下的重要设备，如提升机、主排水泵等，一般采用双回路供电。

230. 矿山供配电电压和电气设备的额定电压等级有哪些规定？

（1）井下和露天矿高压电力网的配电电压，一般采用6kV和10kV，井下一般采用6kV。

（2）井下低压电网的配电电压一般采用380V和660V。露天矿和地下矿井的地面低压配电电压一般采用380V和380V/220V。

（3）井下手持式电动工具的额定电压应不大于127V。露天矿场手持式电动工具的电压应不大于220V。

（4）照明电压。有爆炸危险的矿井，工作面和流动作业用矿灯照明一般采用127V；无爆炸危险的矿井，运输巷道、井底车场应不超过220V；采掘工作面、出矿巷道、天井和天井至回采工作面之间应不超过36V；露天矿照明电压为380V/220V。露天和井下行灯电压为36V。

（5）井下信号电源电压一般采用127V，远距离控制线路的电压一般为36V。

（6）在金属容器和潮湿地点作业，安全电压不得超过12V。

231. 绝缘、屏护和安全距离有哪些要求？

绝缘、屏护和安全距离是最为常见的安全措施，是防止人体触及或过分接近带电体造成触电事故以及防止短路、故障接地等电气故障的主要安全措施。

（1）绝缘。绝缘就是用绝缘材料把带电体封闭起来。常用的绝缘材料有塑料、橡胶、瓷、玻璃、云母、木材、胶木、布、纸和矿物油等。如矿山井下应使用矿用橡套电缆。应当注意，很多绝缘材料受潮、遭受机械损伤后会丧失绝缘性能，尤其是在矿山井下更要注意。

（2）屏护。屏护就是用遮栏、护罩、护盖以及箱匣等将带电体与外界隔离开来。电器开关的可动部分一般不能使用绝缘，而要使用屏护。高压设备不论是否绝缘，均应采取屏护或其他防止接近的措施。开关电器的屏护装置除了具有防止触电的作用外，还能防止电弧伤人和电弧短路。用金属制成的屏护装置，不仅要与带电体绝缘良好，而且必须接地或接零。

（3）安全距离。安全距离就是带电体与设备、设施之间，以及作业时人员与带电体之间要保持一定的间距，以防止电气短路和放电伤人。安全距离还有防止火灾、防止混线和方便操作的作用。为了防止在检修工作中，人体及所携带的工具触及或接近带电体，必须保证足够的检修间距。在露天矿或井下矿的地面，在同杆共架的多回线路中进行检修，当只有部分线路检修时，操作人员及其所携带的工具、材料与带电体之间的安全距离：10kV 及以下，不得小于 2m；35kV，不得小于 2.5m。在低压工作中，最小检修距离不得小于 0.1m。

232. 中性点接地方式有哪几种，其有何特点，矿山中性点接地有什么要求？

低压供电系统中性点接地方式的不同，直接影响到人身安全和设备的正常运行。低压供电系统接地方式通常有两种：一种是将配电变压器的中性点通过金属接地体与大地相接，称为中性点直接接地方式；另一种是中性点与大地绝缘，称为中性点不接地方式。中性点接地属于工作接地。中性点接地与否，对于电网的安全运行关系极大。

在中性点接地系统中，当人体触及电网一相时，通过人体的电流较大，因而危险性也很大。而在中性点不接地的系统中，当人触及电网的一相时，产生触电的危险性要小一些，并且还能减小由此引起的杂散电流，防止杂散电流引起电雷管爆炸。中性点接地系统能使窜入的高电压得到限制。中性点不接地系统不能限制低压电网由于某种意外原因而引起的对地高电压，如雷击、高压线搭接等。当有这种情况发生时，将会造成严重事故。

由于矿山井下环境恶劣，对安全用电要求较高。露天矿山采场内以及井下禁止采用中性点直接接地的供电系统。地面供电系统一般采用中性点直接接地系统。小型矿山为了实现地面和井下分开供电，而又不增加供电容量，可采用“矿井安全供电隔离器”。

233. 什么是保护接地，其有何作用，矿山井下如何实现保护接地？

运行中的电气设备可能由于绝缘损坏、线路断线等原因，使其金属外壳以及与电气设备相接触的其他金属物上出现危险的对地电压。人体接触后，就有可能发生触电危险。为了避免触电事故的发生，最常用的措施是保护接地和保护接零。

保护接地就是把电气设备中正常不带电的金属部分通过接地装置（由接地体和接地线组成）进行接地。保护接地是一项降低人身触电危险的重要措施，该法适用于中性点不接地系统（图 4-1）。

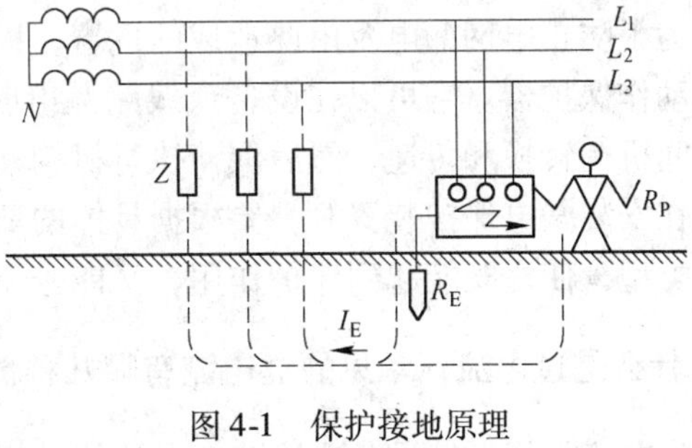

图 4-1　保护接地原理

保护接地的作用就是当设备外壳带电后，电流从接地装置导入地下。如果电气设备接地良好，则接地电阻会比人体电阻要小得多，这样，当人体接触带电外壳时，通过人体的电流就会大大减少，从而减小触电的危险性。

为了进一步提高保护接地的可靠性，要利用接地干、支线或铠装电缆的金属外皮和橡套电缆的接地芯线，把所有需要接地的设备和局部接地极与设在水仓中的主接地极（不少于两组）相连，形成接地网，以降低系统的接地电阻。井下接地网上任一保护接地处测得的接地电阻值不得超过 2Ω，任一移动电气设备至接地干线的接地导线电阻不得大于 1Ω。

保护接地装置必须齐全可靠，凡有值班人员的机电硐室和有专职司机的电气设备，交接班时必须由值班人员和专职司机对保护接地装置进行一次表面检查；而其他设备的保护接地装置，则由维修人员每周至少进行一次表面检查，如发现有接触不良或严重锈蚀等情况，应立即处理，以防接地电阻增大，失去保护作用。

234. 什么是保护接零，其有何作用，保护接零应注意哪些事项？

保护接零是指在380V/220V的三相四线制中性点接地的供电系统中，为防止触电伤人，用导体将电气设备金属外壳与中性点接地的零线连接起来的保护措施（图4-2）。

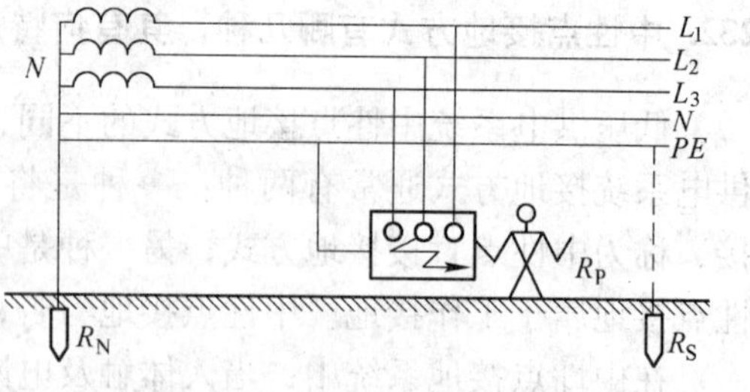

图4-2 保护接零原理

在中性点接地系统中，保护接零的作用是，当某相带电体与设备外壳连接时，通过设备外壳的接零导线造成单相短路，短路电流促使保护装置动作，断开故障部分的电源，从而消除触电危险。

保护接零注意事项如下：

（1）在同一低压电网中，不允许对一部分电气设备采用保护接零，而对另一部分采取保护接地的做法。

（2）为了提高接零系统的可靠性，应重复接地，即将零线的一处或多处再次接地，如架空线的终端，车间内的配电屏等处应装设重复接地装置。

（3）零线不能装设开关或熔断器，防止零线回路断开时零线出现高电压而引起触电事故。

（4）保护接零必须齐全，牢固可靠，要有足够的机械强度，接地导线应连接良好。

（5）接地电阻值应符合安全规程的要求。

（6）接地装置要经常检查，及时维护，接地电阻每年应测定一次。

235. 漏电保护装置的作用是什么，其注意事项有哪些？

为了防止电网漏电及由此造成的危害，以及人触及带电体时造成的触电事故，应装设漏电动作保护器。它可以在设备或线路漏电时，通过保护装置的检测机构取得异常信号，经中间机构转换和传递，然后促使执行机构动作，自动切断电源而起到保护作用。

在安装漏电保护装置时，要根据具体的环境、线路状况和保护对象，选择漏电保护装置的类型，使之既能起到保护作用，又能避免误动作。

236. 什么是过电流，常见的过电流有哪几种情况？

过电流是指电气设备或线路的电流超过规定值。过电流可能造成严重事故，如烧毁电气设备、引发电气火灾，造成电气设备的机器损伤，使电气设备绝缘老化、寿命降低等。

常见的过电流有短路和过载两种情况。短路是在电网或设备中，不同相之间直接短接或通过电弧短接。一般是由于电气设备或线路的绝缘损坏而造成的。过载是指用电设备或线路的负荷电流及相应的时间（过载时间）超过允许值。

短路和过载都将使电气设备或线路发热超过允许限度，从而引起绝缘损坏，设备或线路烧毁，甚至引起火灾事故。为了保障安全可靠供电，电网或用电设备应装设过电流保护装置，当电网发生短路或过载故障时，过电流保护装置动作，迅速可靠地切断故障部分的电源，避免造成严重后果。常用的过电流保护装置有熔断器、热继电器、电磁式过电流继电器等。

要使过电流保护装置起到应有的保护作用，就应合理地选择熔丝的额定电流，选择并调整继电器的动作值。选择和调整的原则是在被保护范围内发生过电流时，保护装置能迅速可靠地将故障部分的电路切断，而其他部分则仍能正常工作。

237. 雷电危害是什么，防雷电措施有哪些？

雷电是一种大气云层中的放电现象。雷电放电，时间很短促，电流极大，高达200～300kA，放电时温度可达20000℃，放电的瞬间出现耀眼的闪光和震耳的轰鸣，具有强大的破坏力，可在瞬间击毙人畜，焚毁房屋和其他建筑物，毁坏电气设备的绝缘，造成大面积、长时间的停电事故，甚至造成火灾和爆炸事故，危害十分严重。

防雷电包括电力系统的防雷和建筑系统的防雷，主要措施是采用避雷针和避雷器。

238. 安全电流、安全电压是如何规定的，矿山哪些位置采用安全电压？

我国将交流（50～60Hz）30mA和直流50mA确定为人体安全电流值。但是，如果电流长时间通过人体，再加上其他不利因素，即使比上述数值还小的电流，对人体也可能是不安全的。

安全电压是防止触电事故的安全技术措施之一。在各种不同环境条件下，人体接触到带有一定电压的带电体而不会受到任何伤害，该电压称为安全电压。我国规定的安全电压为42V、36V、24V、12V、6V五个等级。

在矿山配电电压等级中，矿井采掘工作面和天井照明的电压、远距离控制线路的电压、在金属容器和潮湿地点作业电压都必须采用安全电压。但必须应该注意，36V的照明线路也应有良好的绝缘，因为36V的照明线路也曾发生过触电致死事故。

239. 电气安全标志的作用是什么？

电气安全标志的作用是提示人们注意或区别各种电气线路和设备的性质和用途。有起警示作用的警告牌或警告提示，如闪电符号，在高压电器上注明“高压危险”的警告语，检修设备的电气开关上挂“有人作业，禁止送电”的警告牌等。表示不同的性质和用途的一般是用颜色来标志，如红色按钮表示停机按钮，绿色按钮表示开机按钮等。还有各种用途的电气信号指示灯等。

240. 加强电气安全的组织管理措施有哪些？

加强电气安全的组织管理措施有：严格执行工作票制度、工作监护制度和恢复送电制度。

（1）工作票制度。工作票是准许在电气设备或线路上工作及进行停电、送电、倒闸操作的书面命令。工作票上要写明工作任务、工作时间、停电范围、安全措施、工作负责人等。同时，签发人和工作负责人要在上面签字。签发人必须根据工作票的内容安排好各方面的协调工作，避免误送电。除按规定填写工作票之外的其他工作或紧急情况，可用口头或电话命令。口头或电话命令要清楚，并要有记录。紧急事故处理可不填工作票，但必须做好安全保护工作，并设专人监护。

（2）工作监护制度。工作监护制度是保证人身安全及操作正确的重要措施，可防止工作人员麻痹大意，或对设备情况不了解造成差错；并随时提醒工作人员遵守有关的安全规定。如果万一发生事故，监护人员可采取紧急措施，及时处理，避免事故扩大。

（3）恢复送电制度。停电检修等工作完成后，应整理现场，不得把工具、器材遗留在工作地点。待全体工作人员撤离工作地点后，要把有关情况向值班人员交代清楚，并与值班人员再次检查，确认安全合格后，然后在工作票上填明工作结束时间。值班人员接到所有工作负责人的完工报告，并确认无误后，方可向设备或线路恢复送电。合闸送电后，工作负责人应检查电气设备和线路的运行情况，正常后方可离开。

241. 电气设备和线路检修程序是什么？

在电气设备和线路上进行检修工作，尤其是在高压场所工作，必须按照停电、验电、放电、装设临时接地线、悬挂警告牌、装设遮拦的程序，采取安全保护措施后再进行检修等作业。

（1）停电。对所有可能来电的线路，要全部切断，且应有明显的断开点。停电设备有关的变压器、电压互感器，必须从高、低压两侧断开，防止其向被检修设备反送电。为防止误合闸事故的发生，应断开开关和刀闸的操作电源，并锁住刀闸操作把手。除了检修设备外，所有在检修工作人员安全工作范围内的其他电气设备都应停电。

（2）验电。对已停电的线路要用与电压等级相适应的验电器进行验电。高压验电时必须戴绝缘手套。

（3）放电。放电的目的是消除被检修设备上残存的电荷。放电可用绝缘棒或开关来进行操作。要注意线与地之间、线与线之间均应放电。对于残存电荷较多的电容器等，应采用专门的放电设备放电。

（4）装设临时接地线。为防止作业过程中意外送电和感应电，要在检修的设备和线路上装设临时接地线、短路线。对于停电设备可能接受送电或产生感应电的各个部分，都要装设接地线。在装设时，先连接接地一端，后连接设备一端，并将三相短路。拆除时，正好相反。装拆接地线均应使用绝缘棒和戴绝缘手套。接地线必须用专用的线夹固定在设备导体上，严禁用缠绕的方法进行接地或短路。

（5）悬挂警告牌和装设遮拦。在被检修设备和线路的电源开关上，应加锁并悬挂“有人作业，禁止送电”的警示牌。对于部分停电的作业，安全距离小于0.7m的末停电设备，应装设临时遮拦，并悬挂“止步，高压危险”的警告牌。

242. 安全用电要求是什么？

（1）不得随便乱动或私自修理电气设备。

（2）经常接触和使用的配电箱、配电板、闸刀开关、按钮、插座、插销以及导线等，应保持完好，不得有破损，或将带电部分裸露出来。

（3）熔断器、熔丝、熔片、热继电器等保险装置，使用前必须进行核对。严禁用铜丝等代替保险丝。

（4）在带电设备周围不得使用钢卷尺和带金属丝的线尺。

（5）在导线、电气设备、变压器、油开关附近，不得有损坏电气绝缘或引起电气火灾的热源。

（6）在使用手持式电动工具时，应安装漏电保护器，工具外壳要进行保护接地，移动工具时要防止导线被拉断。

（7）在雷雨天不要走进高压电线杆、铁塔、避雷针的接地导线周围 20m 以内。当遇到高压线断落时，在落点周围 10m 以内不许人员进入；若已进入危险区域且感觉到有跨步电压作用时，应赶快将双脚并在一起或用单腿跳离危险区。

243. 矿山电气火灾事故的原因及其预防措施是什么？

由于使用、维护不当，矿山电气设备、照明设备、电动工具等会发生火灾事故。其原因通常是：设备选用不当；线路年久失修，绝缘老化造成短路；超负荷运行；维修不善导致接头松动；电气设备积尘、受潮，热源接近电器，接近易燃易爆物；通风散热不良；电焊火星引燃易燃物等。

从电气火灾事故的发生情况看，低压橡套电缆着火事故最多，占 70% 以上，其他依次是铠装电缆着火、矿用变压器着火、灯泡和电炉采暖着火及其他着火事故等。

矿山电气火灾的预防措施主要有：

（1）应选用合格的矿用不易燃橡套电缆，电缆的悬挂应符合矿山安全规程的要求。

（2）避免外力打击电缆，开关在跳闸后，不查明原因不得反复强行送电。

（3）电缆不准成堆堆放或压埋，电缆接线盒附近不得存放易燃物。

（4）要正确使用电缆的连接方法，不能用捆接法和压接法。

（5）矿用变压器使用的绝缘油应定期化验，不合格的应及时更换。

（6）井下不准用灯泡、电炉取暖。

（7）机电硐室应采用不燃物支护，不得存放易燃物料，并设防火门。

（8）进行电焊作业应办理动火证，并采取相应的防火措施。

第五章　尾矿库安全技术

第一节　尾矿和尾矿库

244. 什么是尾矿，为什么要妥善处理？

金属或非金属矿山开采出的矿石，经选矿厂选出有价值的精矿，剩下砂一样的“废渣”称为尾矿。

选矿厂排出的尾矿送往指定地点堆存或利用的技术称为尾矿处理。

由于尾矿不仅数量大（每年以亿吨计），有些还含有暂时不能回收的有用成分，如随意排放，就会造成资源的流失，更主要的是会大面积覆没农田，淤塞河道，造成严重的环境污染。由于尾矿库内堆贮大量的尾矿砂和尾矿水，并且在汛期还要拦蓄洪水，一旦发生溃坝事故，可能导致人员伤亡、财产损失和严重的生态破坏。尾矿库是矿山重要的危险源，一次尾矿库失事可能会导致上百人死亡。因此，对于尾矿库安全管理工作必须高度重视，进行妥善处理。

245. 尾矿可分为哪几类，各有何特点？

各种矿石的尾矿有很大变化，即使是同一种矿石也因矿体赋存性质和选矿方法不同其尾矿也有很大差异，很难系统归纳。根据尾矿基本物理特性，可将尾矿分作软岩尾矿、硬岩尾矿、细尾矿和粗尾矿四类。

（1）软岩尾矿。软岩尾矿主要由页岩型矿石产生的，包括细煤废渣、天然碱不溶物等。一些尾矿尽管包含一定数量的砂质颗粒，但黏土性质是它的显著物理特征。

（2）硬岩尾矿。硬岩尾矿主要包括铅、锌、铜、金、银、铂、镍、钴、锡、钨、铬、钛等类型矿石尾矿以砂质颗粒为主。

（3）细尾矿。细尾矿含有很少或不含砂质颗粒，包括磷酸盐黏土、铝土矿红泥、铁细尾矿、沥青砂尾矿中的矿泥。这些矿泥的特性对这些尾矿的性态起支配作用，它们需要非常长的时间沉淀和固结，极为软弱，可能需要很大的库容。

（4）粗尾矿。粗尾矿以粗砂颗粒为主，包括沥青砂的粗粒尾矿、铀矿、石膏、粗铁尾矿和磷酸盐砂尾矿。

246. 什么是尾矿设施，其由哪几个部分组成？

为尾矿处理所建造的构筑物系统称为尾矿设施。

尾矿设施通常由以下四部分组成：

（1）尾矿水力输送系统。尾矿水力输送系统包括尾矿浓缩池、尾矿输送管槽、砂泵站和尾矿分散管槽等，用以将选矿厂排出的尾矿浆送往尾矿库堆存。

（2）尾矿回水系统。尾矿回水系统包括回水泵站、回水管道和回水池等，用以回收尾矿库或浓缩池的澄清水，送回选矿，供选矿生产重复利用。

（3）尾矿堆存系统。尾矿堆存系统一般常简称为尾矿库，包括库区、尾矿坝、排洪构筑物和尾矿坝的观测设施等，用以储存选矿厂排出的尾矿。

（4）尾矿水处理系统。尾矿水处理系统包括水处理站和截渗、回收设施等，用以处理不符合重复利用或排放标准要求的尾矿水，使之达到标准。

247. 尾矿库有哪几类，有何特点？

尾矿库有山谷型、傍山型、平地型、截河型四种类型。

（1）山谷型尾矿库是在山谷谷口处筑坝形成的尾矿库。它的特点是初期坝不太长，堆坝比较容易，工作量较小，尾矿坝常可堆得较高，管理和维护相对比较简单。我国大中型尾矿库大多属于这种类型。

（2）傍山型尾矿库是在山坡脚下依山筑坝所围成的尾矿库。这种库的初期坝一般较长，堆坝工作量较大，堆坝高度不可能太高，管理维护较复杂。国内低山丘陵地区的尾矿库大多属于这种类型。

（3）截河型尾矿库是截取一段河床，在其上、下游两端分别筑坝形成的尾矿库。有的在宽线式河床上留出一定的流水宽度，三面筑坝围成尾矿库。相对于山谷型尾矿库来说，管理维护较为复杂。

（4）平地型尾矿库是在平地四面筑坝围成的尾矿库。其尾矿坝很长，堆坝工作量相当大，堆坝高度受到限制，管理和维护相当复杂。国内平原或沙漠地区多采用这类尾矿库。

248. 什么是尾矿库的全库容、总库容，全库容由哪几部分组成？

尾矿库的库容随着堆积高度的增大而逐渐增大。某一堆积标高时，坝顶水平面 *FE* 以下、尾矿堆外坡面、初期坝内坡面 *FGA* 以内和库底地面 *ABE* 以上区间所形成的空间称为全库容（图 5-1）。它是用来确定尾矿库等别的一个重要指标。根据设计生产年限内选矿厂排出的总尾矿量确定的最终堆积标高对应的全库容称为总库容。

全库容可进一步分为有效库容、调洪库容和安全库容等部分。

（1）有效库容。有效库容是指尾矿沉积滩面 *FB* 以下、尾矿坝外坡面、初期坝内坡面 *FGA* 以内和库底地面 *AB* 以上区间所形成的空间。最终堆积标高时的有效库容称为总有效库容，它表示一个尾矿库最终能容纳的尾矿量。

（2）调洪库容。调洪库容是指正常库水位 *HC*、尾矿沉积滩面 *HI* 和地面 *CD* 三者以上，最高洪水位 *ID* 以下区间所形成的空间。它是用来调节洪水的库容。这部分库容在正常生产情况下不允许被尾矿或水侵占。

（3）安全库容。安全库容是指最高洪水位 *ID*、尾矿沉积滩面 *IF* 和地面 *DE* 三者以上，坝顶水平面 *FE* 以下区间所形成的

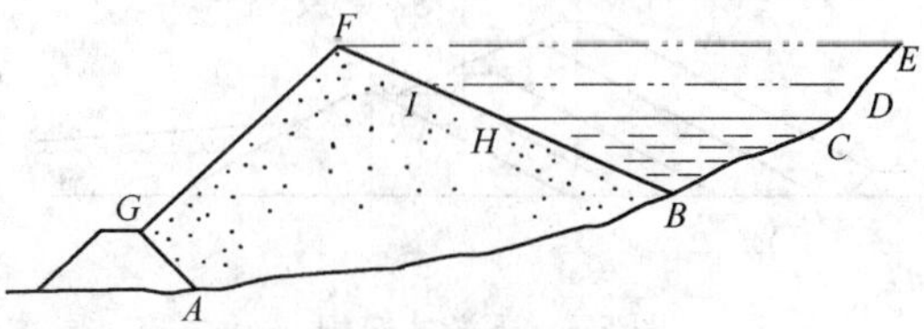

图 5-1 尾矿库库容示意图

空间。它是为防止洪水漫坝，确保坝的安全而预留出的安全储备库容。正常情况下，这部分库容也不允许被尾矿或水侵占。

一般来说，尾矿库的库容越大，尾矿坝越高，其失事后对下游可能造成的灾害就越大，因而其重要性也就越大。

249. 什么是尾矿坝，各组成部分特点如何？

尾矿坝是尾矿库用来贮存尾矿和水的围护构筑物，由初期坝（又称基础坝）和后期坝（又称尾矿堆积坝）组成。

（1）初期坝。初期坝是指在尾矿库基建期间，在尾矿坝址上用土、石等材料修筑成的坝体，用以容纳选矿厂生产初期0.5～1年排出的尾矿量，并作为后期坝的支撑及排渗棱体。初期坝的坝型可分为不透水坝和透水坝。透水初期坝采用透水性较好的材料堆筑而成，具有较强的透水性，有利于后期堆积坝的排渗固结和坝体稳定，故被广泛采用。

初期坝根据筑坝材料常采用：均质土坝、透水堆石坝、废石坝、砌石坝、混凝土坝等坝型。

（2）后期坝。后期坝是指选矿厂投产后，在生产过程中随着尾矿不断排入尾矿库，在初期坝顶以上用尾砂逐层加高筑成的小坝体称为子坝。子坝用于形成新的库容，并在其上敷设放矿主管和放矿支管，以便继续向库内排放尾矿。子坝连同子坝坝前的尾矿沉积体统称为后期坝（也称尾矿堆积坝）。根据其筑坝方式，后期坝可分为上游式尾矿坝、下游式尾矿坝、中线式尾矿坝、浓缩锥式尾矿坝等。

1）上游式筑坝。坝轴线位置不断向上游推进，坝体与沉积滩连为一体。坝体内存在多层细泥夹层，降低了坝体渗透性，抬高了坝内浸润线的位置，坝体稳定性较差。但由于该堆坝方式生产管理方便，在我国仍被广泛采用（图5-2）。

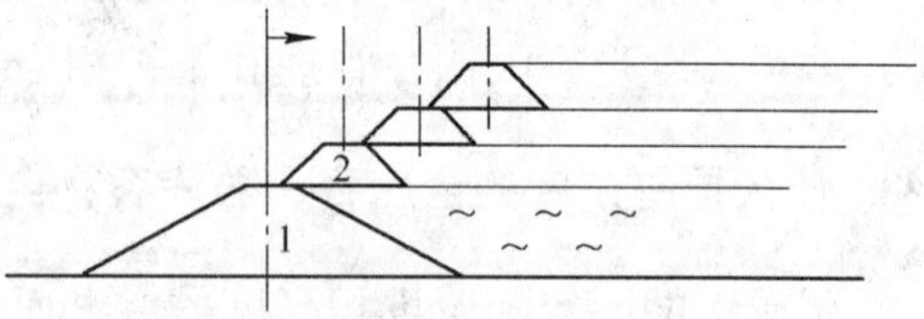

图5-2　上游式筑坝

1—初期坝；2—子坝

2）下游式筑坝。将经水力旋流器分级后的粗尾矿送至初期坝下游进行筑坝，分期加高坝体，以增加库容，其坝轴线位置不断向下游推进；同时，将经分级后的细尾矿排入库内充填（图5-3）。此种堆筑方式的坝体，由于是由抗剪强度较高、渗透性较强的粗尾矿堆筑而成，故其稳定性也较高，是一种先进的筑坝工艺，已被国外发达国家广泛采用。但这种筑坝工艺对尾矿的粒度组成、尾矿库地形条件要求较高，同时生产管理也比较复杂，在我国尚未推广。

3）中线式筑坝。中线式筑坝是一种改进的下游式筑坝工艺，如图5-4所示。将经水

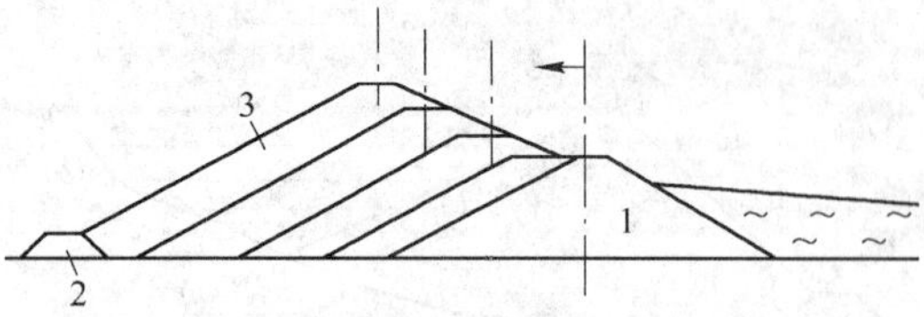

图5-3　下游式筑坝

1—初期坝；2—下游挡堤；3—后期坝坝体

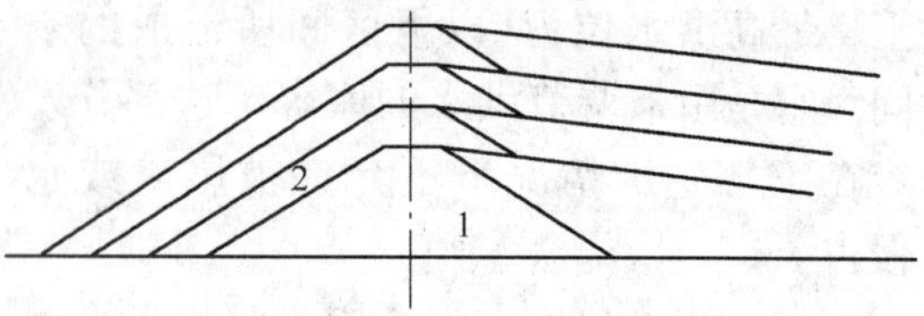

图5-4　中线式筑坝

1—初期坝；2—后期坝坝体

力旋流器分级后的粗尾矿自初期坝顶向上下游填筑，逐渐加高坝体，分级后的细尾矿送至库内充填。在整个堆积过程中，坝轴线位置始终维持不变。该堆坝工艺所需粗尾矿的数量较下游式筑坝工艺要少，坝体稳定性介于上游式筑坝工艺和下游式筑坝工艺之间，被广泛使用。

4）浓缩锥式尾矿坝。浓缩锥式尾矿坝是将尾矿浆浓缩至75%左右在尾矿库内集中放矿，尾矿按照强迫存放规律（不出现自然分级）呈锥形体状堆积，周边建有很低的围堤，拦截析出的尾矿水和雨水，排出库外。此种尾矿库具有较高的安全性，但占地面积大，管理复杂。国外仍处于摸索试验阶段，尚未推广。

所有形式的后期坝下游坡的坡度均须通过稳定性分析确定。尾矿坝稳定分析主要包括抗滑稳定、渗透稳定和液化稳定的分析。

250. 尾矿库排水、排洪构筑物的组成是什么，各有何特点？

尾矿库库内排水、排洪构筑物通常由进水构筑物和输水构筑物两部分组成。其特点如下：

（1）进水构筑物基本形式有排水井、排水斜槽、溢洪道以及山坡截洪沟等。排水井是最常用的进水构筑物，有窗口式、框架式、井圈叠装式（叠圈式）和砌块式等形式。

（2）输水构筑物基本形式有排水管、隧洞、斜槽、山坡截洪沟等。排水管是最常用的输水构筑物，一般埋设在库内最底部。坝坡排水沟有两类：一类是沿山坡与坝坡结合部设置块石截水沟，以防止山坡暴雨，汇流冲刷坝肩。另一类是在坝体下游坡面设置纵横排水沟，将坝面的雨水导流排出坝外，以免雨水滞留在坝面造成坝面拉沟，影响坝体安全。

第二节 尾矿库安全管理

251. 尾矿库的维护管理要求是什么，避免尾矿事故的危害有哪些规定？

尾矿库的维护管理要求是：加强尾矿库的维护管理，经常保持尾矿库有必要的安全贮存容积，保证尾矿砂的堆积和尾矿水的澄清，确保坝体的稳定性，严防倒坝、坍塌、陷落事故的发生。

避免尾矿事故的危害，要遵守以下规定：

（1）要落实尾矿坝的安全组织管理工作，有专门的机构和人员负责，建立健全各项管理规章制度。

（2）在运行中，要严格执行设计要求，适当调配放砂支管放砂的顺序，使滩面基本保持均匀上升，不得出现扇形坡和反坡。

（3）要及时调整汛期洪水深度和超高度，保证坝顶有足够的安全超高及滩面安全坡度长度。

（4）子坝的堆筑应合理、稳定，严禁子坝直接拦挡库中蓄水；洪水应有可靠的出路。

（5）要合理地调节库内水位，确保库内各种排渗设施及排洪构筑物正常运行，及时排除故障。

（6）要加强对尾矿库的安全检查，以便及时排除隐患。车间、工段应经常对尾矿库及其设施的安全状况进行检查，矿山每季应检查1～2次。雨季及暴雨时，矿、车间负责人必须坚守岗位，进行特别检查。检查的内容主要有：坝体坡度及坡面是否符合规范要求；库内水位高度；调洪能力及是否有足够的安全超高和安全滩长；库内排渗设施及坝体，排洪设施是否失效、阻塞；库内是否均匀放砂；是否有滥采乱挖及违章作业等隐患。

（7）要加强对尾矿库的安全检查、监测，发现异常情况，及时报告处理。汛期、暴雨后、地震后要加强检查。

（8）做好有关尾矿库的技术档案资料的建立和管理工作。

252. 尾矿排放与筑坝有哪些要求？

（1）尾矿坝滩顶高程必须满足生产、防汛、冬季冰下放矿和回水的要求。

（2）尾矿筑坝必须有足够的安全超高、沉积干滩长度和下游坝面坡度。

（3）每一期筑坝冲填作业之前，必须进行岸坡处理。岸坡处理应做隐蔽工程记录，如遇泉眼、水井、地道或洞穴等，要采取有效措施进行处理，经主管技术人员检查合格后方可冲填筑坝。

（4）上游式尾矿筑坝法，应于坝前均匀分散放矿，除修子坝或移动放矿管时外，不得任意从库后或库侧放矿。同时满足以下要求：粗颗粒尾矿沉积于坝前，细颗粒排至库内，在沉积滩范围内不允许有大面积矿泥沉积；沉积滩顶应均匀平整；沉积滩坡度及长度等应符合设计的要求；严禁矿浆沿子坝内坡趾横向流动冲刷坝体；放矿矿浆不得冲刷坝坡；放矿应有专人管理。

（5）坝体较长时应采用分段交替放矿作业，使坝体均匀上升，应避免滩面出现侧坡、扇形坡或细颗粒尾矿大量集中沉积于一端或一侧。

（6）放矿口的间距、位置、同时开放的数量、放矿时间以及水力旋流器使用台数、移动周期与距离，应按设计要求或作业计划进行操作。分散放矿支管、导流槽伸入库内的长度和距滩面的高度应符合设计要求。

（7）为保护初期坝的反滤层免受尾矿水冲刷，应采用多管小流量的放矿方式，以利尽快形成滩面，并采用导流槽或软管将矿浆引至远离坝顶处排放。

（8）冰冻期、事故期或由某种原因确需长期集中放矿时，不得出现影响后续堆积坝体稳定的不利因素。

（9）岩溶发育地区的尾矿库，应加强周边放矿，以加速形成防渗层，减少渗漏和落水洞事故。

（10）每期子坝堆筑完毕，应进行质量检查，检查记录需经主管技术人员签字后存档备查。主要检查内容：子坝剖面尺寸、长度、轴线位置及边坡坡比；新筑子坝的坝顶及内坡趾滩面高程、库内水面高程；尾矿筑坝质量。

（11）尾矿滩面及下游坝坡面上不得有积水坑。

（12）坝外坡面维护工作可视具体情况选用以下措施：坝面修筑人字沟或网状排水沟；坡面植草或灌木类植物；采用碎石、废石或山坡土覆盖坝坡。

253. 尾矿库水位控制与防汛有哪些规定？

（1）控制尾矿库水位应遵循的原则：在满足回水水质和水量要求前提下，尽量降低库水位；当回水与坝体安全对滩长和超高的要求有矛盾时，应确保坝体安全；水边线应与坝轴线基本保持平行。尾矿库实际情况与设计要求不符时，应在汛期前进行调洪演算。

（2）汛期前应采取以下措施做好防汛工作：明确防汛安全生产责任制，建立值班、巡查和下游居民撤离方案等各项制度。组建防洪抢险队伍；疏浚库内截洪沟、坝面排水沟及下游排洪河（渠）道；详细检查排洪系统及坝体的安全情况，要根据实际条件确定排洪口底坎高程，将排洪口底坎以上1.5倍调洪高度内的堵板全部打开，清除排洪口前水面漂浮物，确保排洪设施畅通；库内设清晰醒目的水位观测标尺，标明正常运行水位和警戒水位；备足抗洪抢险所需物资，落实应急救援措施；及时了解和掌握汛期水情和气象预报情况，确保上坝道路、通讯、供电及照明线路可靠和畅通。

（3）排除库内蓄水或大幅度降低库水位时，应注意控制流量，非紧急情况不宜骤降。

（4）岩溶或裂隙发育地区的尾矿库，应控制库内水深，防止落水洞漏水事故。

（5）未经技术论证，不得用常规子坝拦洪。

（6）洪水过后应对坝体和排洪构筑物进行全面认真的检查与清理。发现问题应及时修复，同时，采取措施降低库水位，防止连续暴雨后发生垮坝事故。

（7）不得在尾矿滩面或坝肩设置泄洪口。有地形条件的尾矿库，可设置非常排洪通道。

（8）尾矿库排水构筑物停用后的封堵，必须严格按设计要求施工，并确保施工质量。一般情况下，必须在井内井座顶部封堵或在隧洞支洞处封堵，严禁在排水井井筒上部封堵。

（9）严禁在非尾矿堆坝区排放尾矿，以防占用必要的调洪库容。

（10）尾矿坝下游坡面上的排水沟除了要经常疏通外，还要将坝面的积水坑填平，让雨水顺利流入排水沟。

254. 排渗设施管理与渗流控制有哪些要求?

（1）尾矿坝的排渗设施包括排渗棱体、排渗褥垫、排渗盲沟和各种排渗井等。在尾矿坝运行过程中如需增设或更新排渗设施，应经技术论证，并经企业安全管理部门批准。

（2）排渗设施属隐蔽工程，必须按设计要求精心选料、精心施工，详细填写隐蔽工程施工验收记录，并绘制竣工图。排渗设施的施工可参照《碾压式土石坝施工技术规范》（DL/T 5129—2001）执行。

（3）坝肩、盲沟等应严格按设计要求施工，防止发生集中渗流。

（4）尾矿库运行期间应加强观测，注意坝体浸润线出溢点的变化情况和分布状态，严格按设计要求控制。

（5）当发现坝面局部隆起、塌陷、流土、管涌、渗水量增大或渗水变浑等异常情况时，应立即采取措施进行处理并加强观察，同时报告企业安全管理部门，情况严重的，应报当地安全生产监督部门。

255. 尾矿库防震与抗震有哪些要求?

（1）处于地震区的尾矿库，应制订相应的防震和抗震的应急计划，内容包括：抢险组织与职责；尾矿库防震和抗震措施；防震和抗震的物资保障；尾矿坝下游居民的防震应急避险预案；震后值班、巡坝制度等。

（2）尾矿库原设计抗震标准低于现行标准时，必须进行加固处理。

（3）严格控制库水位,确保抗震设计要求的安全滩长满足地震条件下坝体稳定的要求。

（4）上游建有尾矿库、排土场、水库等工程设施的，应了解上游所建设施的稳定情况，必要时应采取防范措施。

（5）地震后，必须对尾矿库进行巡查和检测，及时修复和加固破坏部分，确保尾矿库运行安全。

256. 尾矿库的闭库有哪些规定？

（1）根据《冶金矿山尾矿设施管理规程》的规定，在尾矿库使用到最终设计高程前三年应做出闭库处理设计和安全维护方案，报上级主管部门审批实施。其闭库设计方案中应包括以下内容：

1）根据现行设计规范规定的洪水设防标准，对洪水重新核定，并尽可能减少暴雨洪水的入库流量，可采取分流、截流等措施将洪流排至库外。

2）对现存的排洪系统及其构筑物的泄流能力和强度进行复核。

3）对现存坝体的稳定性（静力、动力及渗流）做出评价。

4）对库区及其周围的环境状况进行彻底调查并记录。

5）确保闭库后安全的治理方案。

（2）尾矿库闭库必须根据闭库设计要求进行工程处理，竣工后经验收方可闭库。闭库后的尾矿库在库区范围内（不包括尾矿坝），应逐步进行植树造林工作，以利于防风及水土保持，并严禁滥伐、滥垦、乱牧。尾矿库干涸的沉积滩上，应按闭库设计的要求有计划地逐步实施土地复垦工作，使之恢复良好的生态环境和自然景观，以造福于人类。尾矿坝应设置警戒线，采取隔离措施，并设立警示牌，以防止对坝体及其坡面的人为破坏。尾矿坝外坡面应按闭库设计要求，做好排水设施及坝面防尘的维护工作。

（3）闭库后，若发生新的情况，应按以下规定办理：库内尾矿作为资源回收利用时，必须进行开发工程设计，并报主管部门批准，同时报送当地安全生产监督管理部门备案后方可实施；尾矿库若再次使用时，应视同新建尾矿库，需进行加高增容工程设计，报请主管部门审批，同时报请同级安全生产监督管理部门审查备案。

257. 尾矿坝的维护措施有哪些？

尾矿坝多远离矿区，易受自然的、社会的多种不利因素的影响，其管理工作较为复杂，且难度较大。在尾矿坝的维护管理中，首先要严格按设计要求及有关的技术规程、规范的规定进行管理，确保尾矿坝安全运行所必需的尾矿沉积滩长度、坝体安全超高，控制好浸润线，根据各种不同类型尾矿坝特点做好维护工作，防止环境因素的危害，及时处理好坝体出现的隐患，使尾矿坝在正常状态下运行。

（1）基础坝的管理和维护。

1）基础坝的内坡一般不设护面，但为防止投产初期放矿时在坝面上冲成水沟，可采用适当措施，如将坝上分散管延长等。

2）对于基础坝顶和外坡，应采用以下措施护面：

①铺盖0.1～0.15m的密实砾石、碎石或块石。

②种植草皮等植被。

③在坝肩与坡脚设截水沟或排水沟。

④为了排除雨水，下游坡的马道坡横向、纵向都应有一定的坡度。

⑤定期检查基础坝下游的排渗水情况，并做好记录，发现异常及时向上级汇报。

（2）后期堆积坝的管理与维护。

1）尾矿库使用初期应做好后期堆积坝的长远规划。

2）尾矿堆筑的子坝，不得作为抗洪挡水堤坝使用。

3）坝面设置排水沟，将汇水、渗水及时排出。

4）控制后期坝的平均外坡坡度。经过稳定性计算和长期生产实验证明：平均外坡坡度在1∶4～1∶6之间比较合理，尾矿水才不易从坝面溢出、产生管涌，坝体也不易液化。

5）做好坝的植被工作，防止雨水对坝体的冲刷和破坏。

6）尾矿坝堆筑至1/2、2/3时，必须进行抗洪和安全稳定性评价，总结以前生产实践，指导后期生产和闭库工作，对稳定性差的尾矿坝进行加固。

7）尾矿筑坝达到设计最终标高后，未经设计和进行专业鉴定和稳定性评价，不得擅自加高和使用已期满的尾矿库。闭库前必须做好闭库设计。

（3）尾矿坝正常运行管理。

1）确保坝前干滩长度。坝前干滩要规则平整，坡度、长度应达到设计要求和足够的抗剪强度；尾矿在坝前能按粗、中、细的沉积规律依次沉积，矿泥则在库内澄清区沉积。坝前干滩是降低坝体浸润线，提高尾矿坝安全稳定性的重要条件。沉积滩越长，意味着上游的入渗水头越低，相应的坝体浸润线也低，安全系数也就越高。在生产中，尽可能使尾矿在坝前一定范围内分层分带合理沉积，切忌为了存水，任意减少沉积滩长度。

2）确保坝体安全超高。不能用调洪高度代替安全超高。在生产实践中不允许占用安全超高来储存尾矿和水。如果安全超高得不到保证，当遇到超标洪水时，就会没有缓冲余地，酿成垮坝事故。

3）严格控制坝体浸润线。浸润线的高低是坝体安全的重要标志，也是防止震动液化的根本措施。控制坝体浸润线，使坝面下有足够的非饱和尾矿的覆盖层，这是防止因渗透失控而导致坝体破坏，提高坝体稳定性的最有效措施。在坝高等条件不变的情况下，浸润线位置相差1m，坝体安全系数相差0.03～0.05，因此，必须严格按设计要求控制浸润线位置。

4）设置尾矿坝安全保护区。严禁在尾矿坝的安全保护区内爆破、采石、采矿、挖土、打井；坝顶、坝坡、栈台上除堆置放矿管外，不得堆放矿石和其他物料，更不能利用排水沟堆置物料；不得在坝顶、坝坡上修筑渠道、敷设水管；坝面、坝坡前干滩上禁止种植农作物、放牧等。

第三节　尾矿库安全治理和事故预防

258. 尾矿库事故发生的原因是什么，其治理要求是什么？

根据不完全统计，导致尾矿库溃坝等事故的直接原因中，洪水约占50%、坝体稳定性不足约占20%、渗流破坏约占20%、其他约占10%。

尾矿库事故的原因有：

(1) 尾矿库存在隐患，如尾矿库建设前期对自然条件（如工程地质、水文、气象等）了解不够；设计不当（如考虑不周，盲目压低资金而置安全于不顾，由不具备设计资格的设计单位进行设计等）或施工质量不良等是造成隐患的先天因素。

(2) 在生产运行中，尾矿库由不具备专业知识的人员管理，未按设计要求或有关规定执行，则是造成隐患的后天因素。

针对尾矿库可能存在的各种隐患，必须通过检查尾矿库各构筑物的工况，及时发现不正常现象，并及时采取有效的预防和处理措施，防止尾矿库事故的发生。

259. 尾矿库设施安全巡查的内容有哪些?

尾矿库的任何事故都不是突然爆发的，而是由隐患逐渐发展扩大，最终导致事故形成。巡查工作就是从不正常现象的蛛丝马迹上及时发现隐患，以便采取措施消除安全隐患。因此，尾矿库应建立巡检制度，规定巡检工作的内容、办法和时间等。

(1) 对尾矿坝进行日常检查和观测，主要内容和项目有：堆积边坡、坝体位移、沉陷、裂缝、塌滑、浸润线溢出、渗漏水、坝坡冲刷等是否存在异常。

(2) 库内水位的检查。应按现水位和沉积坡度复核其在最高洪水位情况下坝顶安全超高和安全滩长是否符合规程要求，调洪库容是否满足设计要求。

(3) 检查库区排洪设施、排洪能力的结构完好性；检查排水井、排水管涵、隧洞、截洪沟、溢洪道等是否完好，有无淤堵，排水井、斜槽盖板的封堵方式、材料、方法是否符合要求，有无损坏，启闭设备有无锈蚀，是否灵活可靠，下游泄流区有无障碍物妨害行洪等。

(4) 检查库区范围内危及尾矿库安全的活动和情况。如库区周围的违章施工、违章建筑、山体滑坡、违章采掘爆破活动、放牧开垦等。

(5) 检查交通道路是否畅通，通讯、照明系统是否完好有效。防汛物资、器材和工具是否完好、齐备。岗位人员是否到位，管理制度与细则是否完善并行之有效等。

值得特别指出的是，上述巡查工作仅是日常的巡查内容。汛期尚应根据气象预报加强检查，并做好预警工作。汛前、汛后、暴雨期、地震后等应对尾矿库进行全面的安全大检查，必要时应请主管部门派人参与共同检查。

260. 尾矿坝裂缝的成因是什么，如何检查与判断，其处理措施有哪些?

裂缝是一种尾矿坝较为常见的病患，有些裂缝宽度可达数十厘米，长度可达数十米，甚至更长，深度有的深达坝基。裂缝对坝体的安全影响重大。某些细小的横向裂缝有可能发展成为坝体的集中渗漏通道，有的纵向裂缝也可能是坝体发生滑坡的预兆，所以应给予充分重视。

(1) 裂缝的成因。裂缝的成因主要是由于坝基承载能力不均衡、坝体施工质量差，坝身结构及断面尺寸设计不当或其他因素等所引起。有的裂缝是由单一因素所造成，有的则是由多种因素所形成。

(2) 裂缝的检查与判断。土坝裂缝有的在坝体表面可以直接看到；有的隐藏在坝体内部，要开挖检查才能发现。裂缝检查需特别注意坝体与两岸山坡接合处及附近部位，坝基地质条件有变化及地基条件不好的坝段，坝高变化较大处，坝体分期分段施工接合处及合拢部位，坝体施工质量较差的坝段，坝体与其他刚性建筑物接合的部位。

当坝的沉陷、位移量有剧烈变化时，坝面有隆起、塌陷，坝体浸润线不正常，坝基渗漏量显著增大或出现渗透变形，坝基为湿陷性黄土的尾矿库开始放矿后或经长期干燥或冰冻期后以及发生地震或其他强烈振动后均应加强检查。

检查前应先整理分析坝体沉陷、位移、测压管、渗流量等有关观测资料。对没条件进行钻探试验的土坝，要进行调查访问，了解施工及管理情况，检查施工记录，了解坝料上坝速度及填土质量是否符合设计要求；采用开挖或钻探检查时，对裂缝部位及没发现裂缝的坝段，应分别取土样进行物理力学性质试验，以便进行对比，分析裂缝原因；因土基问题造成裂缝的，应对土基钻探取土，进行物理力学性质试验，了解筑坝后坝基压缩、重度、含水量等变化，以便分析裂缝与坝基变形的关系。

裂缝的种类很多，如果不了解裂缝的性质，就不能正确地处理，特别是滑动性裂缝和非滑动性裂缝，一定要认真予以辨别。应根据裂缝的特征进行判断。滑坡裂缝与沉陷裂缝的发展过程不同，滑坡裂缝初期发展较慢而后期突然加快；沉陷裂缝的发展过程则是缓慢的，并到一定程度而停止。只有通过系统的检查观测和分析研究才能正确判断裂缝的性质。

内部裂缝一般可结合坝基、坝体情况进行分析判断。当库水位升到某一高程时，在无外界影响的情况下，渗漏量突然增加的，个别坝段沉陷、位移量比较大的，个别测压管水位比同断面的其他测压管水位低很多，浸润线呈现反常情况的，注水试验测定其渗透系数大大超过坝体其他部位的，当库水位升到某一高程时，测压管水位突然升高的，钻探时孔口无回水或钻杆突然掉落的，相邻坝段沉陷率（单位坝高的沉陷量）相差悬殊等现象都可能预示产生内部裂缝。

(3) 裂缝的处理。发现裂缝后都应采取临时防护措施，以防止雨水或冰冻加剧裂缝的发展。对于滑动性裂缝的处理，应结合坝坡稳定性分析统一考虑。对于非滑动性裂缝可采取以下措施进行处理：采用开挖回填是处理裂缝比较彻底的方法，适用于不太深的表层裂缝及防渗部位的裂缝；对坝内裂缝、非滑动性很深的表面裂缝，由于开挖回填处理工程量过大，可采取灌浆处理。一般采用重力灌浆或压力灌浆方法。灌浆的浆液，通常为黏土泥浆；在浸润线以下部位，可掺入一部分水泥，制成黏土水泥浆，以促其硬化；对于中等深度的裂缝，因库水位较高不宜全部采用开挖回填办法处理的部位或开挖困难的部位可采用开挖回填与灌浆相结合的方法进行处理。裂缝的上部采用开挖回填法，下部采用灌浆法处理。先沿裂缝开挖至一定深度（一般为 2m 左右）再进行回填，在回填时按上述布孔原则，预埋灌浆管，然后对下部裂缝进行灌浆处理。

261. 尾矿坝滑坡的种类有哪些，如何检查与判断，其处理措施有哪些？

尾矿坝滑坡往往导致尾矿库溃决事故，因此，即使是较小的滑坡也不能掉以轻心。有些滑坡是突然发生的，有些是先由裂缝开始的，如不及时注意，任其逐步扩大和漫延，就可能造成重大的垮坝事故。

(1) 滑坡的种类。滑坡的种类按滑坡的性质可分为剪切性滑坡、塑流性滑坡和液化性滑坡，按滑坡的形状可分为圆弧滑坡、折线滑坡和混合滑坡。

（2）滑坡的检查与判断。滑坡检查应在高水位时期、发生强烈地震后、持续特大暴雨和台风袭击时以及回春解冻之际进行。从裂缝的形状、裂缝的发展规律、位移观测资料、浸润线观测分析和孔隙水压力观测成果等方面进行滑坡的判断。

（3）滑坡的预防及处理。防止滑坡的发生应尽可能消除促成滑坡的因素。注意做好经常性的维护工作，防止或减轻外界因素对坝坡稳定的影响。当发现有滑坡征兆或有滑动趋势但尚未坍塌时，应及时采取有效措施进行抢护，防止险情恶化；一旦发生滑坡，则应采取可靠的处理措施，恢复并补强坝坡，提高抗滑能力。抢护中应特别注意安全问题。

滑坡抢护的基本原则是：上部减载，下部压重，即在主裂缝部位进行削坡，而在坝脚部位进行压坡。尽可能降低库水位，沿滑动体和附近的坡面上开沟导渗，使渗透水能够很快排出。若滑动裂缝达到坝脚，应该首先采取压重固脚的措施。因土坝渗漏而引起的背水坡滑坡，应同时在迎水坡进行抛土防渗。

因坝身填土碾压不实，浸润线过高而造成的背水坡滑坡，一般应以上游防渗为主，辅以下游压坡、导渗和放缓坝坡，以达到稳定坝坡的目的。在压坡体的底部一般可设双向水平滤层，并与原坝脚滤水体相连接，其厚度一般为80～150cm。滤层上部的压坡体一般用沙、石料填筑，在缺少沙石料时，亦可用土料分层回填压实。

对于滑坡体上部已松动的土体，应彻底挖除，然后按坝坡线分层回填夯实，并做好护坡。

坝体有软弱夹层或抗剪强度较低且背水坡较陡而造成的滑坡，首先应降低库水位，如清除夹层有困难时，则以放缓坝坡为主，辅以在坝脚排水压重的方法处理。地基存在淤泥层、湿陷性黄土层或液化等不良地质条件，施工时又没有清除或清除不彻底而引起的滑坡，处理的重点是清除不良的地质条件，并进行固脚防滑。因排水设施堵塞而引起的背水坡滑坡，主要是恢复排水设施效能，筑压重台固脚。

处理滑坡时应注意：开挖与回填应符合上部减载，下部压重的原则。开挖回填工作应分段进行，并保持允许的开挖边坡。开挖中，对于松土与稀泥都必须彻底清除。填土应严格掌握施工质量，土料的含水量和干重度必须符合设计要求，新旧土体的结合面应刨毛糙，以利结合。对于水中填土坝，在处理滑坡阶段进行填土时，最好不要采用碾压施工，以免因原坝体固结沉陷而开裂。滑坡主裂缝，一般不宜采取灌浆方法处理。

滑坡处理前，应严格防止雨水渗入裂缝内。可用塑性薄膜、沥青、油毡或油布等加以覆盖。同时还应在裂缝上方修截水沟，以拦截和引走坝面的积水。

262. 尾矿坝管涌的处理措施有哪些？

管涌是尾矿坝坝基在较大渗透压力作用下而产生的险情，可采用降低内外水头差，减少渗透压力或用滤料导渗等措施进行处理。

（1）滤水围井。在地基好、管涌影响范围不大的情况下可抢筑滤水围井，在管涌口沙杯的外围，用土袋围一个不太高的围井，然后用滤料分层铺压，其顺序是自下而上分别填0.2～0.3m厚的粗沙、砾石、碎石、块石，一般情况可用三级级配。滤料最好要清洗，不含杂质，级配应符合要求，或用土工织物代替沙石滤层，上部直接堆放块石或砾石。围井内的涌水，在上部用管引出。如险处水势太猛，第一层粗沙被喷出，可先以碎石或小块石消杀水势，然后再按级配填筑；或铺设土工织物，如遇填料下沉，可以继续填沙石料，直至稳定。若发现井壁渗水，应在原井壁外侧再包以土袋，中间填土夯实。

（2）蓄水减渗。险情面积较大，地形适合而附近又有土料时，可在其周围填筑土埂或用土工织物包裹，以形成水池，蓄存渗水，利用池内水位升高，减少内外水头差，控制险情发展。

（3）塘内压渗。若尾矿坝后渊塘、积水坑、渠道、河床内积水水位较低，且发现水中有不断翻花或间断翻花等管涌现象时，不要任意降低积水水位，可用芦苇秆和竹子做成竹帘、竹箔、苇箔围在险处周围，然后在围圈内填放滤料，以控制险情的发展。如需要处理的管涌范围较大，而沙、石、土料又可解决时，可先向水内抛铺粗沙或砾石一层，厚15～30cm，然后再铺压卵石或块石，做成透水压渗台。或用柳枝秸料等做成15～30cm厚的柴排（尺寸可根据材料的情况而定），柴排上铺草垫厚5～10cm，然后再在上面压沙袋或块石，使柴排潜埋在水内（或用土工布直接铺放），也可控制险情的发展。

（4）降低水位或减少渗透压力。如尾矿坝后严重渗水，采用一些临时防护措施尚不能改善险情时，宜降低库内的水位，以减少渗透压力，使险情不致迅速恶化，但应控制水位下降速度。

263. 为什么要对尾矿库进行巡检，巡检内容有哪些？

尾矿库的任何事故都不是突然爆发的，而是由隐患逐渐发展扩大，最终导致事故形成。巡检工作就是从不正常现象的蛛丝马迹上及时发现隐患，以便采取措施消除之。因此，尾矿库的巡检工作非常重要，应建立巡检制度，规定巡检工作的内容、办法和时间等。

（1）尾矿库的巡检。应检查尾矿堆积坝顶高程是否一致。尾矿坝上放矿是否均匀，尾矿沉积滩是否平整，沉积滩长度、坡度是否符合要求，水边线是否与坝轴线大致平行，库内水位是否符合规定，子坝堆筑是否符合要求，塌陷、表面冲刷、兽蚁洞穴等危及坝体安全的现象，坝面护坡、排水系统是否完好，有无淤堵、沉降、积水等不良现象，坝体下游坡面、坝脚、坝下埋管出坝处、坝肩等部位有无散浸、渗水、漏水、管涌、流土等现象，渗流水量是否稳定，水质是否有变化，观测设施（测压管、测点、水尺、警示设备、孔隙水压力计、测压盒、量水堰等）是否完好等。

（2）排水构筑物的巡检。应检查排水井、排水管涵、隧洞、截洪沟、溢洪道等是否完好，有无淤堵，排水井、斜槽盖板的封堵方式、材料、方法是否符合要求，有无损坏，启闭设备有无锈蚀，是否灵活可靠，下游泄流区有无障碍物妨害行洪等。

（3）还应检查交通道路是否畅通，通讯、照明系统是否完好有效，防汛物资、器材和工具是否完好、齐备。岗位人员是否到位，管理制度与细则是否完善并行之有效等。

值得特别指出的是，上述巡检工作仅是日常的巡检内容。汛期尚应根据气象预报加强检查，并做好预警工作。汛前、汛后、暴雨期、地震后等应对尾矿库进行全面的安全大检查，必要时应请主管部门派人参与共同检查。

264. 如何预防和治理尾矿坝的漫顶？

尾矿坝多为散粒结构，如果洪水漫顶就会迅速冲出决口，造成溃坝事故。当排水设施已全部使用，水位仍继续上升，根据水情预报可能出现险情时，应抢筑子堤，增加挡水高度。在堤顶不宽、土质较差的情况下，可用土袋抢筑子堤。在铺第一层土袋前，要清理堤坝顶的杂物并耙松表土。用草袋、编织袋、麻袋或蒲包等装土七成左右，将袋口缝紧，铺于子堤的迎水面。铺砌时，袋口应向背水侧互相搭接。用脚踩实，要求上下层袋缝必须错开。待铺叠至预计水位以上时，再在土袋背水面填土夯实。填土的背水坡度不得陡于1:1。

在缺土、浪大、堤顶较窄的场合下，可采用单层木板或埽捆子堤。其具体作法是先在堤顶距上游边缘约0.5~1.0m处打一排小木桩，木桩长1.5~2.0m，入土0.5~1.0m，桩距1.0m；再在木桩的背水侧用钉子、铅丝将单层木板或预制埽捆（长2~3m，直径约0.3m）钉牢，然后在后面填土加戗。

当出现超过设计标准的特大洪水时，应在抢筑子堤的同时，报请上级批准，采取非常措施加强排洪，降低库水位。如选定单薄山脊或基岩较好的副坝炸出缺口排洪，开放上游河道预先选定的分洪口分洪或打开排水井正常水位以下的多层窗口加大排水能力，以确保主坝体的安全，严禁任意在主坝坝顶上开沟泄洪。

265. 如何预防和治理尾矿坝的防风浪冲击？

对尾矿坝坝顶受风浪冲击而决口的抢护，除参照有关办法进行处理外，还可采取防浪措施处理。用草袋或麻袋装土（或沙）约70%，放置在波浪上下波动的部位，袋口用绳缝合，并互相叠压成鱼鳞状。当风浪较小时，还可采用柴排防浪，用柳枝、芦苇或其他秸秆扎成直径为0.5~0.8m的柴枕，长10~30m，柴枕的中心卷入两根5~7m的竹缆作芯子，柴枕的纵向每0.6~1.0m用铅丝捆扎。在堤顶或背潮水坡钉木桩，用麻绳或竹缆把柴枕连在桩上，然后推放到迎水坡波浪拍击的地段。可根据水位的涨落，松紧绳缆，使柴排浮在水面上。

挂树防浪是砍下枝叶繁茂的灌木，树梢向下放入水中，并用块石或沙袋压住；其树干用铅丝、麻绳或竹缆连接于堤坝顶的桩上。木桩直径0.1~0.15m，长1.0~1.5m，布置形式可为单桩、双桩或梅花桩等。

第六章　矿山事故隐患排查与治理

第一节　矿山事故隐患排查

266. 什么是事故隐患，什么是矿山事故隐患？

事故隐患是事故的前兆，是事故发生的原因。美国著名的安全工程师海因里希认为：伤害事故是下列五因素按顺序接连发生的：社会环境及管理缺陷 A_1 促成人为失误 A_2 的发生；A_2 又造成了人的不安全行为或物质及机械的不安全状态 A_3；A_3 又导致意外事件（即事故，包括险肇事故）A_4 和由 A_4 产生的人身伤害或物质的损失 A_5。显然，A_1、A_2、A_3 便是事故隐患。在研究事故预防原理时，可以在充分分析了构成事故的基本要素后，从事故的直接原因入手，找出事故的间接原因和基础原因，并绘出事故发生规律的综合模型（图 6-1）。图 6-1 中可以清楚地看出事故隐患为：物的不安全状态、人的不安全行为、环境的不安全因素及管理缺陷。

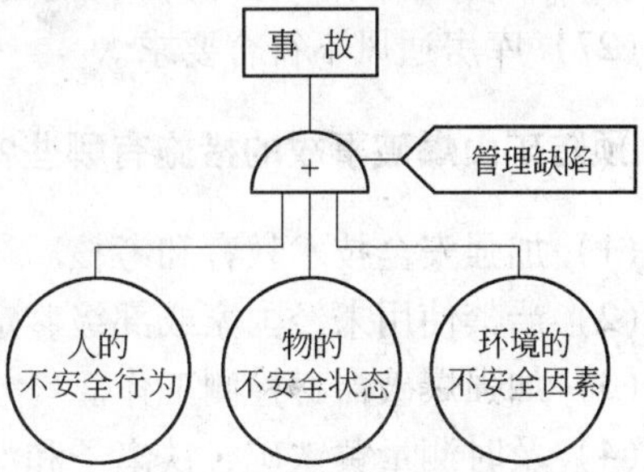

图 6-1　事故发生规律的综合模型

矿山事故是否发生和事故频率的高低，主要取决于矿山作业人员的安全技术素质、作业场所的环境和物（设备、材料、工具等）的安全程度以及管理上的缺陷。因此，矿山事故隐患的定义为：矿山作业人员安全技术素质差、作业环境恶劣（或危险）、物的不安全状态和管理缺陷。

267. 矿山爆破的主要事故隐患有哪些？

（1）管理人员、工程技术人员和实际操作人员素质太差。

（2）使用未经鉴定的爆破器材。

（3）使用不符合国家或部颁标准的爆破器材。

（4）在硫化矿床中应用粉（粒）状硝铵类炸药进行爆破。

（5）在高温矿床爆破。

（6）在含沼气矿床进行爆破。

（7）雷雨时进行爆破施工。

（8）杂散电流不清楚时，使用普通电雷管进行爆破。

（9）在射频设备附近，使用电雷管进行爆破。

（10）穿易积聚静电的衣物进行爆破作业，以及进入爆破器材库。

（11）在高压输电线下或附近，用电雷管进行爆破。
（12）用灯泡烘烤爆破器材或将灯泡挂在炸药上方。
（13）携带明火或火种进入爆区或爆破器材库区。
（14）起爆前，未认真清查爆破危险区人员是否全部撤出。
（15）警戒不严或爆破信号缺陷。
（16）爆破后，过早地进入爆区。
（17）无避炮设施或避炮设施不符合安全规定。
（18）用烟头、火柴和灯火点火。
（19）打残孔。
（20）在爆破危险区内有两个以上的爆破小组进行爆破工作，未设统一指挥。
（21）贯通巷道的爆破作业。
（22）起爆电源闸刀箱未锁，又未设专人看管。
（23）运输爆破器材时，爆破器材与人或其他物料混装。
（24）不允许共存的两种爆破器材，同一库房存放或同一车辆运输。
（25）库房周围有易燃物品或荒草灌木。
（26）爆破器材库区无防雷设施或防雷设施不符合要求。
（27）库房通风不符合要求。

268. 预防矿山爆破事故的措施有哪些？

（1）加强安全技术教育和考核。
（2）严禁使用未经国家或部级鉴定的爆破器材。
（3）加强爆破器材检测工作。
（4）及时测量黄铁矿、铁离子和湿度、严禁炸药与孔壁接触。
（5）及时测温，并采用耐高温爆破器材。
（6）及时测定沼气浓度，严禁明火。
（7）进行雷电预报，雷电时停止爆破施工，雷电多发地区的矿山建立避雷系统。
（8）装药前测定杂散电流或用抗杂电雷管起爆。
（9）进行测定或采用非电起爆器材。
（10）禁止爆破作业人员穿戴易积聚静电的衣物。
（11）禁止在高压输电线附近使用电气爆破，应采用非电爆破，严格控制药量。
（12）必须确认在危险区无人后，方准起爆。
（13）必须按设计设警戒，爆破信号必须提前通知全体职工和附近居民，应能使危险区的人员都能听清或看清。
（14）必须按设计规定通风排烟后方可进入工作面。
（15）按 GB 6722—2003 的规定，设避炮设施，爆破设计应确保爆破工有充分的撤退时间。
（16）采用一次点火，并使用专用点火器材。
（17）严禁打残孔，并对工作面认真检查，防止误打。
（18）设统一指挥、统一爆破信号，协调爆破时间。

（19）加强测量工作，及早知道贯通距离，加强爆破时的安全警戒工作。

（20）电源必须锁上，并由爆破人员看管，人员未全部撤离前，不准将爆破母线接到闸刀上。

（21）严禁爆破器材与其他物料混装，不准他人搭乘运输爆破器材的车辆。

（22）必须严格遵守 GB 6722—2003 的有关规定。

（23）经常消除库房周围的易燃物品、荒草和灌木。

（24）按规定安设避雷装置，并定期进行检查。

（25）必须通风良好，并进行库房温度和通风测定。

269. 露天作业的主要事故隐患有哪些？

（1）露天开采境界内有未查明或查明后未处理的废弃巷道、采空区或溶洞。

（2）边坡过陡。

（3）边坡位于断层、节理发育地段。

（4）岩层倾角小或又接近边坡角。

（5）安全平面上有疏松岩块或坡面上有浮石。

（6）塌方。

（7）段高偏大，超过了安全规程的规定。

（8）含水层未疏干或地表水冲刷边坡。

（9）在地下开采的岩石移动范围内同时进行露天开采。

（10）无边坡管理与检查制度，或制度不健全。

（11）高山脚下进行露天开采。

（12）在挖掘机回转半径内停留。

270. 预防露天作业事故隐患的措施是什么？

（1）及时查明并采取措施。

（2）减小边坡角或采用陡帮开采法。

（3）局部加固、砌坡面或喷锚护面。

（4）局部加固或喷锚支护。

（5）及时清理安全平面上有疏松岩块或坡面上有浮石。

（6）严禁超挖。

（7）按规程规定确定段高。

（8）疏干或设截水沟。

（9）必须建立完善的边坡管理制度并认真执行。

（10）监测、加固边坡，移动征兆明显时及时撤离。

（11）电铲作业时，严禁司机上下电铲，电铲回转半径内不准有人。

271. 井下作业的主要事故隐患有哪些？

（1）大量采空区未作处理。

（2）支护不符合标准或支护不合理。

(3) 采矿方法不合理，如在顶、底板围岩和矿石破碎的矿床开采时采用留矿法。
(4) 采场或井下安全出口少于两个。
(5) 梯子或梯子间不符合规定。
(6) 主要运输巷道和斜井无人行道或人行道宽度不够，巷道过窄过低。
(7) 松石没处理或处理不彻底，人员在松石下作业。
(8) 沼气涌出。
(9) 硫化矿粉尘。
(10) 在山脚下进行地下采矿，采矿上盘岩石移动。
(11) 废旧巷道未封闭或封闭不严。

272. 预防井下作业事故隐患的措施是什么？

(1) 应及时处理采空区，若未处理，必须加强监测。
(2) 支护必须进行设计，施工必须符合设计要求。
(3) 经过采矿方法论证，采用生产上安全，经济上合理的采矿方法。
(4) 必须设两个或两个以上出口，并经常进行检查，确保安全畅通。
(5) 设置符合规定的梯子和梯子间，并经常进行检修。
(6) 设置符合安全规程要求的人行道，并经常予以维护与清理。
(7) 浮石尽可能处理彻底，处理不下来的浮石，必须采取措施后，才准在其下作业。
(8) 定期监测沼气浓度，并严禁明火和防止静电产生。
(9) 定期监测粉尘浓度和分散度，洒水喷雾降尘。
(10) 进行监测，及时撤离。
(11) 废弃的井巷，必须封闭，并设禁止人员进入的标志。

273. 井下提升作业的主要事故隐患有哪些？

(1) 井架高度不够，设计不合理或材质、加工不符合安全要求。
(2) 卷扬机处地基的地质情况不明。
(3) 钢丝绳磨损严重，安全系数不够，或未进行定期检查。
(4) 无防止过卷装置或过卷保护装置不符合要求。
(5) 罐笼无栅门，井底车场无栅栏，或照明不良，或未挂好栅门（栏杆）。
(6) 提升时，超载或超速运行。
(7) 无提升信号或信号不健全或错打信号。
(8) 提升机的紧急制动装置不灵，或制动力不够。
(9) 斜井提升时，无防止跑车的装置或设施。
(10) 罐笼无安全卡。

274. 预防井下提升事故隐患的措施是什么？

(1) 井架必须进行认真设计，严格审查，精心架设。
(2) 地质情况不明，禁止设计、施工和安装。
(3) 确保钢丝绳的安全系数，并定期检查和更换。

（4）设置符合安全要求的过卷保护设施，并定期进行检查使其经常处在良好状态。

（5）罐笼和井底车场应设牢固的栅栏门和良好的照明。

（6）必须按额定载重和运行速度曲线运行，严禁超载超速运行。

（7）设置健全、灵敏、可靠的信号系统，无信号不开车。

（8）经常检查和检修，确保灵敏可靠。

（9）必须经常检查钩环和钢绳，设置防止跑车装置和设施。

（10）设置安全卡，并定期检查。

275. 运输作业的主要事故隐患有哪些？

（1）机车驾驶室无顶棚。

（2）露天矿用电机车无顶棚自动断电防护装置。

（3）井下或晚上运行的列车首尾无灯光信号。

（4）主要运输道路及联络道的大坡道上未设汽车避难道。

（5）山坡填方弯道处，坡度较大的填方地段以及高路堤上未设坚固的护栏或挡车土堆。

（6）架空索道通过居民区或与道路交叉时，在其下方未设安全网。

（7）带式输送机，在运转的状态下进行清扫。

（8）跨越运转的皮带。

276. 预防运输作业事故隐患的措施是什么？

（1）设顶棚，无顶棚的机车不准使用。

（2）设顶棚自动断电连锁装置，穿戴绝缘劳保用品。

（3）必须设灯光信号。

（4）设避难道。

（5）设坚固的护栏或挡车土堆。

（6）尽可能不通过居民区和道路，必须通过时应设网。

（7）清扫时，必须停车。

（8）严禁跨越，设过渡走桥。

277. 溜井作业的主要事故隐患有哪些？

（1）溜井口未设围栏、墩坎和红灯等标志。

（2）使用井壁破碎的溜井。

（3）溜井内存有大量的粉矿和水。

（4）溜井未设格筛。

278. 预防溜井作业事故隐患的措施是什么？

（1）必须设围栏、墩坎和红灯等危险标志。

（2）及时进行处理或维护。

（3）禁止水流入溜井，不准向溜井卸含有大量水的粉矿。

（4）严格控制矿岩块度，从上部处理时要系好安全带；从下部处理时，不准进入溜井或站在溜井口处。

279. 井下水灾的主要事故隐患有哪些？

（1）井口、平硐口、堑沟口低于当地历年最高洪水位。
（2）井巷、采场采掘方向及其附近有溶洞、暗河及流沙层。
（3）巷道从河流下方通过。
（4）采场位于江、湖、海的下方。

280. 预防井下水灾事故隐患的措施是什么？

（1）制定周密的防洪计划和采取可靠的防洪措施。
（2）超前探水和控制爆破。
（3）牢固可靠的支护，确保巷道不塌落。
（4）采用充填法开采。

281. 井下火灾的主要事故隐患有哪些？

（1）木支护。
（2）木罐道。
（3）硫化矿物或炭质页岩自燃等。

282. 预防井下火灾事故隐患的措施是什么？

（1）不采用木支护或严格控制火种，禁止用电炉、灯泡取暖和烘烤。
（2）采用金属罐道或严格控制火种。
（3）查清发火原因，制订防灭火对策并予以实施。

283. 废石场的主要事故隐患有哪些？

（1）未按设计堆排。
（2）无可靠的截流、防洪、排水设施。
（3）电机车运输时，独头卸载线端部未设车挡和挡拦指示。
（4）汽车排土时，排土场边缘未设移动式车挡或用岩土堆砌的安全垛。

284. 预防废石场事故隐患的措施是什么？

（1）严格按设计堆排。
（2）设截流、防洪、排水设施，雨季前进行维修。
（3）设车挡和挡拦指示。
（4）设车挡和安全垛。

285. 尾矿库的主要事故隐患有哪些？

（1）库容小，超量储存。

（2）库址位于不良地质地段，地基未作处理或处理不当。

（3）未严格控制尾矿库水位和干滩长度。

（4）汛期前未对坝肩截洪沟、坝面排水沟和防洪沟、防洪道、防洪闸门及其他防洪设施进行检修。

286. 预防井下水灾事故隐患的措施是什么？

（1）禁止超量存放尾矿。

（2）尽量避开不良地质地段，并对地基进行妥善处理。

（3）必须采取措施，严格控制尾砂矿水位和干滩长度。

（4）汛期前对各种防洪设施进行严格检查和修理。

287. 安全设施装置和劳保用品的主要事故隐患有哪些？

（1）安全栏杆、操作平台、走桥等锈蚀或脱焊。

（2）人可触及的设备的运转部分未设安全罩或安全防护屏。

（3）井、坑、水沟未设盖板或围栏、标志。

（4）废石的下方和陷落区的边界未设危险标志。

（5）安全带固定不牢，安全带太长或强度不够。

（6）安全出口不符合规定。

（7）安全标志（或警告标志）不全或有误。

（8）反风设施不能正常工作。

（9）安全帽强度不够。

（10）绝缘鞋、绝缘手套等绝缘用品的绝缘程度不符合要求。

（11）自救器失效或不会使用。

（12）警报器失灵。

288. 预防安全设施装置和劳保用品事故隐患的措施是什么？

（1）定期检查和更换。

（2）必须设安全罩或安全防护屏。

（3）水沟设盖，井坑设围栏及标志。

（4）必须设明显的危险标志。

（5）定期检查强度，固定牢靠并确认，长度只准达作业地点。

（6）按规定设置，并经常维护。

（7）定期检查和确认。

（8）设计合理，经常维检。

（9）产品抽检和定期更换。

（10）产品抽检和定期测定。

（11）定期检查换药，加强培训。

（12）定期检查和校核。

289. 矿井通风事故隐患信息管理系统是什么，其作用有哪些？

矿井通风事故隐患信息管理系统的建立是通过应用数据库技术和信息处理技术，开发系统评估软件，全面、可靠地完成日常隐患排查，并结合矿井基本信息知识库、专家系统等，提出矿井灾害的防治措施。

矿井通风事故隐患信息管理系统的具体作用包括：

（1）矿井通风系统状况评估。主要从通风系统层面上对全矿井通风事故隐患进行评估，包括通风系统的设计、系统的稳定性分析、分区通风实施情况、串联通风情况、矿井有效风量分析、通风阻力状况等。

（2）矿井通风设施评估。针对矿井通风设施，分析通风设施的致灾可能性和抗灾能力，包括通风设施的可靠性分析、通风设施的质量检查、通风设施的致灾可能性、环境监测系统的应用效果分析。

（3）通风措施评估。分析通风措施致灾可能性，包括全矿反风的可行性及效果分析、局部反风和控风方案的效果分析等。

（4）通风系统特殊问题的分析评估。矿井通风中的循环风、串联通风、角联巷道、无风或微风等引发灾变的转化条件及可能性的详细分析。

（5）对矿井通风系统防灾体系总体稳定性和抗灾能力进行评估。根据矿井危险源和防治系统的情况，应用各种灾害非稳态模拟技术，分析矿井通风系统在不同灾变状况下的稳定性、可靠性和抗灾能力，从而对具体矿井进行评估。

290. 矿井通风系统的隐患检查内容有哪些？

（1）检查通风系统中是否存在主要通风机供风量小于井下总的需风量，多台通风机并联运转不匹配，分支风流不稳定、无风、微风或反向，串联通风，循环风。

1）地面检查。主要查看通风系统图，分析风流间的关系；查阅测风记录、风量分配记录和通风报表等；分析矿井供风量是否满足用风地点通风的要求。

2）通风机房检查。查看主要通风机实际工况、风量和风压特性曲线。

3）井下检查。检查风流路线、流向，测定风速和有毒有害气体浓度，分析风量供给、风流是否稳定，整体评价通风的可靠性。

（2）检查主要通风机运转状况，包括通风机工况及其变化、电压电流的稳定情况、风机故障情况。查看风机房负压计、测量风速等。

（3）矿井通风设施完好状况，包括反风设施、风门、风桥、测风站、密闭墙等设施，分析反风设施的可靠性、设施的设置是否合理、是否符合质量标准的要求。

（4）检查矿井内部漏风和外部漏风。

291. 采区通风事故隐患检查重点、内容和方法是什么？

（1）检查重点。

1）采区通风系统及其抗灾防灾能力。

2）工作面有毒有害气体含量。

3）作业场所粉尘量。

（2）检查内容。

1）采区通风系统是否完善。

2）采掘串联通风是否符合安全规程规定。

3）工作面通风形式、风速、风量是否符合安全规程的要求。

4）采空区漏风情况。

5）采区通风是否稳定可靠。

（3）检查方法。

1）查看通风系统图或采掘工程平面图，分析采区通风系统的可靠性。

2）根据安全规程要求对串联通风进行检查。

3）查阅通风报表，分析通风的有效性和可靠性。

4）现场测定风速、有毒有害气体浓度，计算漏风量，分析是否符合有关规定，工作面风速是否符合要求。

292. 掘进通风事故隐患检查重点、内容和方法是什么？

掘进巷道常采用局部通风设备通风，因可靠性容易受到干扰而发生事故。煤矿中掘进工作面瓦斯、煤尘爆炸事故，金属矿山中炮烟中毒、粉尘危害等较为突出，所以必须加强对掘进通风的安全管理。

（1）检查重点。

1）通风系统的可靠性。必须具备完善的通风系统，采用局部通风机通风或全风压通风，严禁扩散通风。

2）局部通风机的运转状况。

3）掘进通风安全装备系列化状况。

（2）检查内容。

1）局部通风机是否安装在进风巷中。

2）局部通风机是否产生循环风。

3）风机及与风筒连接处是否存在漏风。

4）煤矿是否装备“风电、瓦斯电”闭锁装置。

5）煤矿机电设备防爆性能。

（3）检查方法。

1）检查风筒。是否使用符合安全规程规定的风筒，吊挂是否合格，风筒间接头是否漏风，风筒有无破口。

2）检查掘进通风管理。查阅掘进作业规程、局部通风机运转记录、停风记录和进行现场实际检测。

第二节　矿山事故隐患监测与治理

293. 探测矿山开采过程中暗河、流动层、溶洞等事故隐患的方法有哪些？

位于地下的暗河、流沙层、溶洞等流体对其周围岩体都存在一定的压力作用，当巷道或采场工作面推进到其附近时，岩壁有可能倒塌、崩溃，涌出流体，危及人员与设备。探测这类事故隐患的常用方法如下：

（1）打超前探孔。在工作面推进方向上，打一个10m以上的超前探孔。探查前方有无暗河、流沙层、溶洞，以便为采取预防措施提供依据。

（2）经常观察巷道两帮有无“发汗”、裂隙渗水现象并调查裂隙扩展情况。

（3）应用岩石声发射检测仪（即地音仪），检查岩石受力破坏状况，预防事故。

294. 简易边坡位移计用途是什么，由哪些部分组成，其特点如何？

简易边坡位移计用于监测山体、边坡滑动。简易边坡位移计主要由指针、标尺、重锤、滑轮、支架、钢丝绳、滑体和铁桩组成（图6-2）。

该仪器用于露天边坡、山体等产生局部垮落前的滑动位移测量，结构简单，易于制作。读数精度为±0.5mm。现场测定表明：露天边坡垮落前1~2天，滑动体每天滑移量达数十毫米数量级，所以，该仪器尽管读数精度较低，但作为露天边坡、山体等岩体局部滑移垮落预测预报，是能满足要求的。

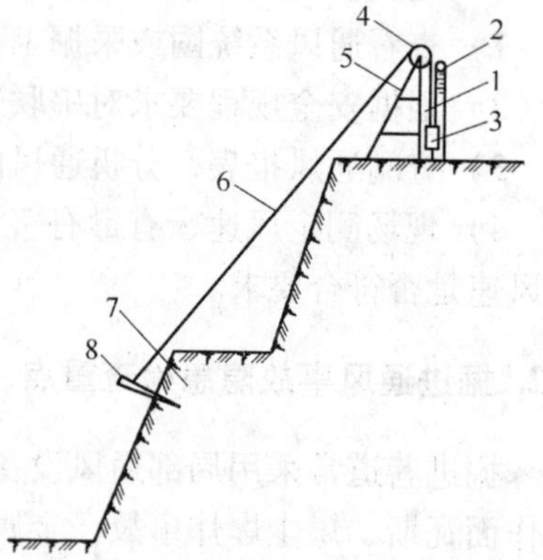

图6-2　简易式边坡位移计结构

1—指针；2—标尺；3—重锤；4—滑轮；5—支架；6—钢丝绳；7—滑体；8—铁桩

295. 矿井局部岩体冒落预测预报技术有哪些，如何使用无线电地音仪？

矿井局部岩体冒落（松石冒落）是矿山经常容易发生的事故。目前，可以用于岩体局部冒落监测的技术途径有：岩体位移与变形检测、超声检测、力学检测、声发射检测等。但在已有的检测仪器中，相当一部分需要在岩体中设置某些工程后才能进行检测，这样，首先遇到的问题是检测人员自身的安全，因此，部分仪器在实用上受到了限制。

近年来，冶金部安全环保研究院研制的无线电地音仪已在矿山推广应用，该仪器的使用方法如下：

（1）工作原理与现场应用。该仪器以检测岩石声发射现象的主要参数之一的“频度”（每分钟时间内的声响次数）为依据，预报冒落的来临。仪器由小型发射机、便携式接收机及耳机等组成。使用时，用黄蜡油将发射机粘贴在岩体表面上，在安全地点监听。如果岩体冒落范围已经较明确，可在其周围选取粘贴发射机的测点。冒落范围、地点均不明确时，可按每两个测点间距离为10m的网度布设测点。伴随着岩体受力破坏的声发射由源点传至粘贴发射机的岩面，即为发射机所感受到并转换成电信号发射于空间，由接收机接收，接收机与发射机间的作用距离，采场内为20m范围以内，巷道内为15m范围以内。

（2）数据分析与预报方法。工作面每日三班均有人作业时，每个测点每个班要监测一次，每次连续监测5~10min，记下每分钟所监测到的岩音次数（即频度），以其中最大频度绘制时间-频度曲线。当曲线连续上升时，即可作出危险冒落预报。由于各矿山岩石性质的差异，现场条件亦不一样，可在预报前组织有矿山工作经验的人员进行现场审核和在检测实践中总结经验。图 6-3 所示为焦家金矿局部岩体冒落预报岩音时间-频度曲线可供参考。

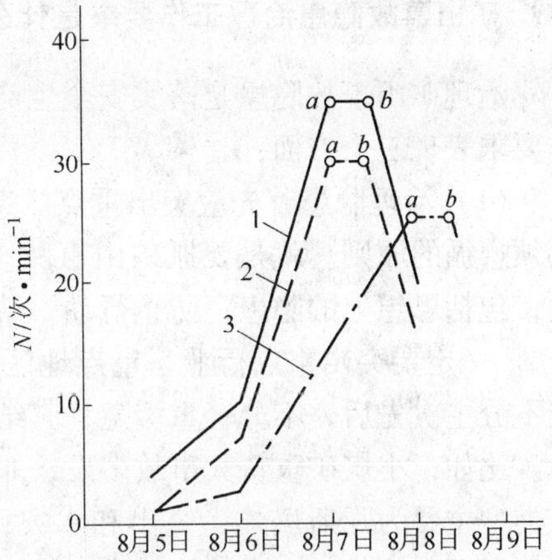

图 6-3　焦家金矿局部岩体冒落预报岩音时间-频度曲线
a—预报点；*b*—采场发生冒顶；1～3—测点

296. 矿井大面积地压活动的检测与预报的有关事项是什么？

我国矿井大面积地压活动检测与预报的技术都已比较成熟。一般都采用多种手段综合预报，结果较为准确可靠。如大厂矿务局巴里锡矿采用岩体声发射等多种手段，经一年十个月左右的时间，于 1977 年 10 月 22 日上午 11 时 30 分预报巴里锡矿大面积地压活动的来临，当日下午 4 时 30 分即发生了大面积地压活动。

组织大面积地压活动检测预报的有关事项如下：

（1）现场检测仪器的选用。

1）岩体位移测量仪器：经纬仪、水准仪、木滑尺、收敛计、裂隙测量等。

2）岩体应力、应变测量仪器：光应力计、单向光弹应变计、油压枕等。

3）岩体声发射检测仪器：便携式地音仪、岩体声发射监测仪、无线电地音仪等。

（2）检测点网度的确定。

1）根据各类仪器传感器的有效作用范围，沿采空区的纵、横两方向有规律地布设检测点。

2）地压活动的突破口适当加密网度，突破口一般位于采空区密集或地质条件不良区域。

（3）冒顶预报的两个主要条件。

1）突破口处检测到的数据明显升高或首先发生冒落。

2）检测网内各测点的检测数据普遍升高。

297. 矿山事故隐患排查治理目的是什么？

（1）贯彻“安全第一，预防为主，综合治理”的方针。

（2）强化安全生产源头管理，消除事故隐患，确保安全生产。

（3）促进企业和各级政府部门掌握有关隐患信息，提高安全管理决策的针对性。

（4）提高企业的风险管理水平。

298. 矿山事故隐患排查治理工作目标是什么？

（1）查隐患。企业全面排查治理事故隐患和薄弱环节，认真解决存在的突出问题，实现安全生产。

（2）建机制。企业建立隐患排查报告治理机制；地方安全监管部门建立重大危险源监控、重大隐患排查治理监督机制，有效防范和遏制重特大事故的发生，实现矿山行业长治久安。

299. 矿山事故隐患治理工作要求是什么?

治理矿山事故隐患是落实安全生产方针，实现预防为主、关口前移的重要举措。其工作要求表现三个方面：

(1) 治理隐患首先应突出重点。突出重点是安全生产工作的重要方法，也是隐患治理必须遵循的原则。就是要抓矿山事故多发的部位和环节，抓苗头性、倾向性、集中性问题，包括思想上的隐患，防止行动一结束，隐患又依旧，也就是"野火烧不尽、春风吹又生"。一定要突出重点行业、重点地区、重点企业、重点隐患。如果面面俱到，就可能造成不分主次先后，不分轻重缓急，其结果是样样抓、样样松，无法实现隐患排查治理的目标。比如，小煤矿重特大事故多发，非法违法生产和基建、技改、整合矿井事故多发，事故类型主要为瓦斯爆炸、突出和水灾；非煤矿山事故多发在小矿山，事故类型主要为坍塌、冒顶、片帮、中毒窒息和水灾；化工事故主要发生在生产环节，类型主要为中毒窒息、爆炸、火灾。

(2) 治理隐患必须制度化、常态化。同一个行业，同一个区域，甚至同一个企业，发生同样性质事故的情况并不鲜见。这是因为有些隐患尽管治理过了，但是企业的生产方式、生产工具、生产环境等因素没有改变，同一隐患就可能重复出现。占矿山事故死亡人数三分之一以上的都是运输事故，由此证明隐患整改是一场持久战，仅依靠一两次专项行动，没有形成制度，没有常抓不懈是无法满足安全预防的要求，无法实现安全生产的长治久安。

(3) 治理隐患必须防微杜渐。隐患是一时不可明见的灾祸，常态显现出的是"安全"假象，往往使人感觉不出，意识不到。漫不经心的工作和走马观花的检查往往是造成这种从量变到质变的直接原因。因此，要求矿山隐患排查必须依靠那些天天都有可能和隐患打交道的人增强意识，包括增强每一个从业人员的安全意识，不给隐患实现质变的条件。

300. 矿山事故隐患治理的主要依据有哪些?

矿山安全生产隐患治理的主要依据主要有：

(1)《中华人民共和国安全生产法》及配套规章及规范性文件。

(2)《关于立即在国有重点企业开展重大事故隐患排查整改工作的通知》(安监总协调字［2005］192号)。

(3)《国务院办公厅关于在重点行业和领域开展安全生产隐患排查治理专项行动的通知》(国办发明电［2007］16号)。

(4)《关于煤矿、金属非金属矿山、冶金、有色、石油、化工、烟花爆竹、建筑施工、民爆器材、电力等工矿商贸企业安全生产隐患自查自改的指导意见》(安委办明电［2007］9号)。

(5)《关于在中央企业开展安全生产隐患排查治理专项行动的指导意见》(安委办［2007］18号)。

(6)《关于各地对安全生产隐患排查治理专项行动进行检查督查的指导意见》(国务院安委会办公室)。

(7) 各级政府制定的《矿山安全生产管理专项整治工作方案》。

（8）矿山行业及各类危险物质安全操作规程。

（9）国家安监总局和国资委联合下发有关文件（安监总协调字［2005］192号），各有关企业进行了自查自改。

（10）2006年国家安监总局和国资委联合组织了5个检查组，对5个行业的13家企业的排查整改情况进行了检查，并颁发了有关通报，总结了有关工作。

（11）国务院办公厅及国务院安委会办公室发出有关指导意见，布置隐患自查、自改、上报工作。

（12）《事故隐患排查治理暂行管理规定》（国家安监总局令第16号）。

301. 矿山事故隐患治理方法有哪些？

矿山安全生产隐患治理专项行动实际上是一次行政执法活动，必须遵循行政执法的程序及相关要求进行，切忌图形式、走过场，听听汇报、翻翻资料、转转基层、看看现场、讲讲要求，检查不作记录，发现隐患不做处理等。否则，就承担了无限责任，出了矿山重大安全事故，检查部门及其检查人员将难逃其咎。因此，隐患排查治理必须按如下思路有序进行：

（1）查制度执行，全面掌握矿山企业安全管理机制的运行情况。

（2）查现场是否存在重大安全隐患，印证矿山企业安全管理机制是否正常运行。

（3）严格处罚、惩治严重违法、违规行为。对没有进行隐患排查、排查中回避重大隐患、排查后不及时治理等行为的矿山企业予以行政处罚。

（4）督促矿山企业制定整改方案，治理隐患。涉及设备设施的必须先整改到位，后施工；重大隐患治理期间，不得组织整改方案以外内容的施工和生产。

（5）严格复查验收，坚持重大隐患销号制度。

302. 矿山事故隐患治理的步骤是什么？

（1）安排部署阶段。国务院统一部署矿山安全生产隐患排查治理工作，国家安全生产监督管理总局制订矿山各重点企业和领域隐患排查治理专项行动的具体指导意见。地方各级人民政府根据国家安全生产监督管理总局制订的指导意见，结合本地区实际，研究制定开展矿山安全生产隐患排查治理专项行动的工作方案，并督促企业认真落实。

（2）企业自查自改阶段。各类生产经营单位按照有关法律法规要求，深刻吸取本企业和其他同类企业以往发生的事故教训，结合实际制订具体方案，认真开展自查，全面治理事故隐患，一时难以治理的应列入计划，落实资金和责任，限期整改，并制订应急预案，加强监控。企业应将排查治理情况按照监管关系及时上报地方人民政府及安全监管和行业主管部门。同时，各级安全监管部门和有关行业主管部门对企业的自查自改工作加强指导和监督检查。

（3）督促检查阶段。地方各级人民政府组成由政府分管领导、安全监管部门和有关部门参加的督查组，对本行政区域开展安全生产隐患排查治理工作情况进行督促检查。主要内容包括：一是查企业安全生产主体责任落实情况；二是查隐患排查治理工作到位情况、存在的问题和应急措施制订情况；三是查企业安全生产投入和隐患治理资金落实情况；四是查已发生的事故按照“四不放过”的原则处理情况；五是查地方政府组织打击非法建设、生产和经营情况。

（4）政府督促检查阶段。国务院安全生产委员会组织由有关部门参加的联合督查组（包括综合组和专业组），对地方人民政府开展隐患排查治理专项行动以及打击非法建设、生产和经营情况进行督查。综合组主要督查各地区开展专项行动的总体情况及工矿商贸等行业领域专项行动开展情况，督查内容包括：地方人民政府开展隐患排查治理专项行动的工作部署和贯彻落实情况；本行政区域内的重大隐患排查治理监控情况；安全生产治本之策落实情况，以及是否结合本地区实际情况制定了相关政策措施；煤矿“两个攻坚战”和金属非金属矿山、石油、化工、烟花爆竹、冶金、有色、建筑施工、民爆器材、渔业、农机等重点领域专项治理工作进展情况；重大事故及瞒报事故的查处情况等。专业组主要督促检查道路交通、铁路、水上交通、民航、电力、消防、水利等行业领域以及中央企业的专项行动开展情况。

（5）各单位“回头看”再检查阶段。为巩固隐患排查治理专项行动成果，确保取得实效，组织开展“回头看”再检查。主要检查企业和地方政府对排查出的重大隐患是否治理到位、隐患排查监管机制是否建立健全等。

303. 矿山安全检查分为哪几类，其检查的项目有哪些？

矿山安全检查是保证安全生产的基础工作。它是实现综合治理，消除事故隐患，防止工伤事故，保证职工安全健康，提高经济效益的矿山安全管理工作的重要内容之一。

矿山安全检查一般分为年检、半年检、月检和班前检查，有的矿山还实行半月检和季度检等。不论哪种检查类型，年检通常为本工业系统内组织的各单位互检，其他均为本单位自检。

矿山安全检查的项目包括：安全生产方针贯彻落实情况；安全机构与人员编制及人员素质情况；安全制度制订情况；安全教育与技术培训考核；安全检查制度与整改台账；安全生产计划与经费；事故管理；与矿山安全有关的各种图纸；施工组织与作业规程编制；安全出口与路标；人行道的规格；地压与采空区的管理；井巷检查与维修；井筒防坠措施；通风系统；有效风量、风速与风质；局部通风；温湿度与有毒有害气体测定；防灭火措施；防治水措施；斜井安全设施；竖井及提升设备的安全装置；机车架线与轨道规格；机车安全装置；电气及供电安全；机电设备完好率；火工品管理制度；井下、地面炸药库安全设施；雷管、炸药存放状况；爆破操作规程；现场火工品管理；爆破设计；现场爆炸施工组织；文明生产；工伤死亡事故率；重大未遂事故。

304. 矿山安全监察的内容包括哪些方面？

（1）安全生产责任制落实情况。企业法定代表人负责制及主要负责人、分管负责人、安全管理人员、各职能机构、各岗位安全生产责任制建立及落实情况。

（2）安全生产规章制度建立和落实情况。设立安全生产管理机构、配备专（兼）职安全管理人员情况；技术设备安全管理制度和岗位安全作业规程建立、执行情况；隐患排查整改、重大危险源监控、作业现场安全监督检查情况；外来施工队伍（承包商）安全监管情况等。

（3）贯彻落实安全生产法律法规和标准情况。安全生产费用提取和使用、风险抵押金缴纳、为从业人员缴纳保险费等情况；新建、改建、扩建项目依法履行安全“三同时”制度情况。

（4）安全培训教育情况。企业建立健全安全培训教育制度、保证经费情况；企业全员（包括农民工）培训教育及考核情况；企业负责人、安全管理人员及特种作业人员持证上岗情况。

（5）应急管理情况。建立专（兼）职应急救援队伍或与相关应急救援队伍签订协议情况；应急救援物资、设备配备及维护情况；应急救援预案制订及演练情况。

（6）事故处理和责任追究情况。事故报告制度建立情况；已发生的事故按照“四不放过”的原则要求，认真吸取事故教训，对有关责任人的责任追究和落实整改情况。

305. 爆破作业安全检查的内容有哪些?

（1）爆破作业、爆破安全距离符合《爆破安全规程》（GB 6722—2003）要求。

（2）落实爆破作业设计和作业规程、防止危及人身安全和中毒窒息事故的预防措施以及推广中深孔爆破技术情况。

1）爆破作业有爆破设计和作业规程。

2）有防止危及人身安全和中毒窒息的安全预防措施。

（3）爆炸物品的储存、购买、运输、使用和清退登记制度等落实情况。

1）制定爆炸物品存储制度，取得《爆炸物品存储许可证》。

2）取得《爆炸物品购买证》并向指定的持有《爆炸物品销售许可证》供应点购买。

3）爆炸物品的运输取得《爆炸物品运输证》。

4）有完善的爆炸物品存储、使用、管理台账及专管人员。

306. 露天矿山开采安全检查的内容有哪些?

（1）露天矿山自上而下分台阶开采，台阶高度符合《金属非金属矿山安全规程》（GBI 6423—2006）或《小型露天采石场安全生产暂行规定》要求情况。

（2）露天边坡稳定性是否进行定期监测。

（3）深凹露天采场是否配备专用防洪设施。

（4）排土场截洪、防洪和排水设施及防止泥石流的措施落实情况。

307. 安全出口检查的内容有哪些?

（1）地下矿山有两个独立的、直达地面的、能行人的安全出口。

（2）安全出口间距不得小于30m；大型矿井矿床地质条件复杂走向长度一翼超过时，应在矿体端部的下盘增设安全出口。

（3）每个生产水平中段至少有两个能行人的安全出口，并与通往地面的安全出口相通，井巷的分道口应有路标。

308. 地下矿山通风安全检查的内容有哪些?

（1）地下矿山建立机械通风系统及安全管理制度的情况。

（2）风质、风量、风速满足安全生产需要和规程要求的情况。

1）检查风质结果。井下采矿工作面的空气成分（按体积计算），氧气不低于20%，二氧化碳不超过0.5%，同时粉尘含量不得超过0.5mg/m^3。

2）检查风量结果。必须保证井下人员达到4m^3/(min·人)的新鲜风量。

3）检查风速结果。采掘巷道的最低风速不小于0.25m/s；最高风速：专用风井不超过15m/s、运输巷道的采区进风道不超过6m/s、采掘工作面不超过4m/s。

309. 地下矿山采空区安全检查的内容有哪些？

（1）地下矿山采空区管理制度、采空区处理方案的制订和贯彻落实情况。

（2）采空区必须及时密闭采场，开采结束后应封闭所有与采空区相通的影响正常通风的巷道。

（3）根据采空区的分布状况，制定统一的采空区处理方案。

（4）建立采空区管理制度，并有相关执行记录。

310. 防止人员进入采空区、已关闭废弃矿井的检查内容有哪些？

（1）建立围栏。

（2）设立标志。

（3）正规的巡视制度。

311. 地下矿山顶板管理制度的检查内容有哪些？

（1）对顶板不稳固的采场监控手段和处理措施的落实情况。

（2）建立、健全顶板管理制度。

（3）采场内应有齐全完备的“敲帮问顶”工具及监控设施，有处理措施。

（4）围岩松软不稳固的回采工作面支护措施落实情况。

（5）围岩松软不稳定的回采工作面、采准和切割巷道应有支护措施。

312. 地下矿山落实防范水害的检查内容有哪些？

（1）一般规定。建设前应进行专门的勘察和防治水设计，勘察和设计工作应由具有相应资质的单位完成。水害严重的矿山企业应成立防治水专门机构，在基建、生产过程中持续开展有关防治水方面的调查、监测和预测预报工作。

（2）图纸，包括矿井地形地质图、矿区工程地质和水文地质图、排水管路系统图。

（3）地表水文资料。

1）矿区及其附近地表水流系统和汇水面积、河流沟渠的汇水情况、疏水能力、积水区、水利工程的现状和规划。

2）当地日最大降雨量。

3）当地历年最高洪水位。

4）建立和健全防水、排水系统

（4）井下水文资料。

1）矿区范围内小矿井、老井、老采空区，现有生产井中的积水区、含水层、岩溶带、地质构造。

2）查明矿坑水的来源。

3）掌握矿区水的运动规律。

4）摸清矿井水与地表水和大气降雨的水力关系。

（5）竖井、斜井、平硐等井口的标高，高于当地历史最高洪水水位 1m 以上。

（6）防止地表水进入井下的措施如下：

1）容易积水的地点应修筑泄水沟。

2）矿区受河流、洪水威胁时应修筑防水堤坝。

3）漏水的沟渠和河流应及时防水、堵水或改道。

4）地面塌陷、裂缝区的周围应设置截水沟或挡水围堤。

5）有用的钻孔必须封盖，报废的竖井、斜井、探矿井、钻孔和平硐等必须封闭，并在周围挖掘水沟，防止地表水进入地下采区。

6）影响矿区安全的落水洞、岩溶漏斗、溶洞等均应严密封闭。

（7）是否查清采空区及废弃井积水的情况。

（8）雨季防洪，包括防汛措施及检查情况、防排水措施及检查情况、防雷电措施及检查情况。

（9）防水矿岩、矿柱。

1）对积水的旧井巷、老采区、流沙层、各类地表水体、沼泽、强含水层、强岩溶带等不安全地带应设置防水矿岩、柱。

2）相邻的井巷或采区，如果其中之一有涌水危险，则应在井巷或采区间留出隔离安全矿柱。

（10）防水门设置。

1）一般矿山的主要泵房进口应装设防水门。

2）水文地质条件复杂的矿山应在关键巷道内设置防水门。

3）在通往强含水带、积水区和有大量突然涌水可能区域的巷道，以及专用的截水、放水巷道内应设置防水门。

（11）探水和放水。

1）对接近水体的地带或与水体有联系的可疑地段，应编制探水设计。探水孔的位置、方向、数目、孔径、每次钻进的深度和超前距离，符合设计规定。

2）探水、放水工作，应由有经验的人员根据专门设计进行。

3）放水量应按照排水能力和水仓容积进行控制。

4）对老采空区、硫化矿床氧化带的溶洞、与深大断裂有关的含水构造进行探水以及被淹井巷的排水和放水作业时，应事先采取通风安全措施，并使用防爆照明灯具。

（12）水泵。

1）井下主要排水设备，至少应由同类型的 3 台泵组成。

2）工作水泵应能在 20h 内排出一昼夜的正常涌水量。

3）除检修泵外，其他水泵应能在 20h 内排出一昼夜的最大涌水量。

（13）排水管，包括工作排水管配备、备用排水管配备。

（14）水仓。涌水量较大的矿井，每个水仓的容积，应能容纳 2 ~4h 的井下正常涌水量。一般矿井主要水仓总容积，应能容纳 6 ~8h 的正常涌水量。

（15）水泵房。

1）井底主要泵房的出口有一个通往井底车场，其出口要装设防水门。

2）井底主要泵房的出口有一个用斜巷与井筒连通，斜巷上口应高出泵房地面标高7m以上。

3）泵房地面标高，应高出其入口处巷道底板标高0.5m（潜没式泵房除外）。

（16）是否存在超层越界、乱采滥挖等违法违规行为。

313. 尾矿库安全检查的内容有哪些？

（1）生产运行管理。

1）按照设计要求组织生产运行。

2）按照规定编制年度尾矿排放作业计划。

3）按照规定编制年度尾矿排放作业计划实施记录。

4）是否存在危害尾矿库安全的违规设计、超量储存、超期服役情况。

（2）人员安全培训。

1）是否安排从事尾矿库放矿、筑坝、排洪和排渗设施操作的专职作业人员安全教育培训。

2）从事尾矿库放矿、筑坝、排洪和排渗设施操作的专职作业人员持证上岗。

（3）尾矿筑坝。

1）有足够的安全超出高度。

2）有足够的沉积干滩长度。

3）下游坝面坡度，尾矿坝滩顶满足生产、防汛、冬季冰下放矿和回水的要求。

（4）防洪度汛。防洪度汛主要措施准备工作情况、应急预案准备工作情况、物资器材准备工作情况，对尾矿坝下游居民区或重要设施起实施有效监控。

（5）其他情况。

1）库区内是否存在从事爆破或采砂等危害尾矿库安全的情况。

2）已投入生产运营的尾矿库有无正规设计或者资料不全的情况。

314. 矿山事故隐患排查治理的主体责任是什么？

（1）矿山企业是落实隐患排查治理工作的主体，应按照专项行动方案及特别规定对矿山生产过程中的危险危害因素、安全隐患进行并全面排查、按规定报告、及时采取治理措施。

（2）城市各级政府及监管部门是隐患排查的监管责任主体，应充分发挥县（区）、乡（镇）人民政府在人员和地域上的优势；各级安全监管、矿山行业管理等部门应严字当头，综合通过法律、经济、行政等措施，促进企业责任制的落实，达到消除隐患的目的。

（3）特别需要强调是两个责任主体间的关系。矿山企业是主体，是内因，是关键因素，企业如果没有实现“要我安全”向“我要安全”意识的转变，把隐患排查治理当成企业生存发展的必然要求，被动应付就很难取得预期效果，事故的发生也将成为必然。政府相关部门是隐患排查治理的督导力量，是外因，工作是否到位，直接影响专项行动的效果，一定要有作为；要加强宣传，始终保持专项行动的高压态势，极大推动工作的开展，同时充分运用检查、复查、行政处罚等手段，严格把关，消除事故隐患。

315. 矿山事故隐患排查治理和报告制度如何规定的?

（1）建立安全生产隐患治理制度。矿山企业应当建立安全生产隐患排查、治理制度，组织职工发现和排除隐患。企业主要负责人应当每月组织一次由相关安全管理人员、工程技术人员和职工参加的安全生产隐患排查。对查出的隐患进行登记建档。

（2）实行安全生产隐患分级管理和监控。一般隐患由矿山企业主要负责人指定隐患整改责任人，责成立即整改或限期整改。对限期整改的隐患，由整改责任人负责监督检查和整改验收，验收合格后报矿山企业主要负责人审核签字备案，并组织实施。重大隐患由矿山企业主要负责人组织制定隐患整改方案、安全保障措施，落实整改的内容、资金、期限、人数、整改作业。

（3）建立安全生产隐患排查整改制度。矿山企业应当建立安全生产隐患排查整改制度，并于每季度第一周将上季度重大隐患和排查整改情况向县级以上市人民政府负责安全生产监督管理的部门提交书面报告，报告应当经矿山企业主要负责人签字。报告要包括产生重大隐患的原因、现状、危害程度分析、整改方案、安全措施以及整改结果等内容。重要情况应当随时报告。

（4）安监部门跟踪督导隐患整改工作。县级以上市人民政府负责安全生产监督管理的部门接到矿山企业重大隐患整改报告后，对不符合要求和措施不完善的提出修改意见，并对矿山重大隐患登记建档，指定专人负责跟踪监控，督促企业认真整改。

第七章　矿山职业危害预防

第一节　矿山有毒有害气体防治

316. 地面空气进入矿井后其组分发生哪些变化？

地面空气进入矿井后，因发生一些物理、化学的变化，其组分发生较大变化。

物理变化包括：

（1）气体混入。沼气、碳氧化合物、硫化氢、氮氧化物、碳氢化合物等气体混入井下空气中。

（2）固体混入。井下各种作业所产生的微细矿尘、岩尘和其他杂尘悬浮在井下空气中。

（3）气象变化。由于井下空气的温度、气压和湿度的变化，引起井下空气的体积和浓度变化。

井下空气物理变化的结果，不仅使井下空气成分种类增多，而且各种成分的浓度也发生变化。

化学变化包括：

（1）井下物质的氧化。煤、坑木、硫化物矿物等的氧化产生碳氧化合物、硫化物等气体。

（2）爆破作业。矿井内实施爆破作业，爆破产生大量的一氧化碳和氮氧化物等有毒、有害气体。有毒、有害气体的种类和数量与炸药的性质、爆炸条件及介质有关。

（3）井下火区。井下火区氧化和含硫矿物缓慢地氧化，会产生大量一氧化碳、二氧化硫、氨气等。

（4）充电硐室电解。井下充电硐室充电过程中，液体电解产生氢气。

化学变化的结果，不仅使井下空气的成分种类和浓度发生变化，而且各种化学变化都要消耗空气中的氧气而产生二氧化碳，使井下空气中的氧含量减少，二氧化碳含量增加。

综上所述，地面空气进入井下，由于发生一些物理、化学变化，使得空气组分发生变化，其组分种类通常包括：N_2、O_2、CO_2、CO、H_2、NO_x、H_2S、HCHO、CH_4、SO_2、NH_3、水蒸气和浮尘等十几种。井下空气的主要成分见表 7-1。

表 7-1　井下空气的主要成分

气体名称	N_2	O_2	CO_2	CO	H_2	NO_x	HCHO	CH_4	SO_2	炭烟
体积分数/%	76 ~ 78	2 ~ 18	1 ~ 10	0.01 ~ 0.5	0 ~ 0.05	0.001 ~ 0.4	0 ~ 0.002	0.002 ~ 0.02	0 ~ 0.003	
质量浓度/$g \cdot m^{-3}$	950 ~ 970	30 ~ 260	20 ~ 200	0.12 ~ 6.25	0 ~ 0.004	0.02 ~ 8	0 ~ 0.03	0.01 ~ 0.1	0 ~ 86	0.01 ~ 1.5

317. 矿内空气的主要成分有哪些，各有什么特性？

矿内空气的主要成分是氧气、氮气和二氧化碳，氮气为惰性气体，在井下变化很小。

（1）氧气。氧气为无色、无味、无臭的气体，对空气的相对密度为1.11。它是一种非常活泼的元素，能与很多元素起氧化反应，能帮助物质燃烧和供人和动物呼吸，是空气中不可缺少的气体。当氧与其他元素化合时，一般是发生放热反应，放热量决定于参与反应物质的量和成分，而与反应速度无关。当反应速度缓慢时，所放出的热量往往被周围物质所吸收，而无显著的热力变化现象。

人体维持正常的生命过程所需的氧量，取决于人的体质、神经与肌肉的紧张程度。休息时耗氧气量为0.25L/min，工作和行走时为1～3L/min。

空气中的氧气少了，人们的呼吸就感到困难，严重时会因缺氧而死亡。当空气中的氧气减少到17%时，人们从事紧张的工作会感到心跳和呼吸困难；减少到15%时，会失去劳动能力；减少到10%～12%时，会失去理智，时间稍长对生命就有严重威胁；6%～9%时，会失去知觉，若不急救就会死亡。

我国《金属非金属矿山安全规程》规定，矿内空气中氧含量不得低于20%。

（2）二氧化碳。二氧化碳是无色，略带酸臭味的气体，对空气的相对密度为1.52，是一种较重的气体，很难与空气均匀混合，故常积存在巷道的底部，在静止的空气中有明显的分界。二氧化碳不助燃也不能供人呼吸，能溶于水，生成碳酸，使水溶液成弱酸性，对眼鼻，喉黏膜有刺激作用。

二氧化碳对人的呼吸起刺激作用。当肺气泡中二氧化碳增加2%时，人的呼吸量就增加一倍，人在快步行走和紧张工作时感到喘气和呼吸频率增加，就是因为人体内氧化过程加快后，二氧化碳生成量增加，使血液酸度加大刺激神经中枢，因而引起频繁呼吸。在有毒气体（譬如CO、H_2S）中毒人员急救时，最好首先使其吸入含5% CO_2 的纯氧，以增强肺部的呼吸。

当空气中二氧化碳浓度过大，造成氧浓度降低时，可以引起缺氧窒息。当空气中 CO_2 浓度达5%时，人就出现耳鸣，无力，呼吸困难等现象，达到10%～20%时，人的呼吸处于停顿状态，失去知觉，时间稍长有生命危险。

《金属非金属矿山安全规程》规定：有人工作或可能有人到达的井巷，二氧化碳不得大于0.5%，总回风流中，二氧化碳不超过1%。

318. 矿内空气中有毒气体的来源渠道是什么？

（1）爆破时所产生的炮烟。炸药在井下爆炸后，产生大量的有毒有害气体，种类和数量与炸药的性质、爆炸条件与介质有关。在一般情况下，产生的主要成分大部分为一氧化碳和氮氧化物。如果将爆破后产生的二氧化氮，按1L二氧化氮折合6.5L一氧化碳计算，则1kg炸药爆破时所产生的有毒气体（相当于一氧化碳量）为80～120L。

（2）柴油机工作时产生的废气。柴油机的废气成分很复杂，是柴油在高温高压下燃烧时所产生的各种有毒有害气体的混合体。一般情况下有氮氧化物、含氧碳氢化合物，低碳氧化合物、油烟等，但其中的主要成分为氧化氮、一氧化碳、醛类和油烟等。柴油机排放的废气量由于受各种因素的影响，变化较大，没有统一的标准。1975年一机部、冶金部召开的废气净化座谈会上，提出了坑内矿用柴油机废气排放指标，列入表7-2。当管理不善时，柴油机释放的废气，往往超过上述指标，污染井下空气。2000年北京市开始实施的车用柴油机排气污染物排放标准（京 DHJB 3—1999）见表7-3。

表7-2 坑内矿用柴油机废气排放指标 (g/(kW·h))

成分	135系列柴油机	105系列柴油机	成分	135系列柴油机	105系列柴油机
CO	10.06	10.06	CH	1.34	1.34
NO_x	6.71	8.05			

表7-3 车用柴油机排放标准 (g/(kW·h))

实施阶段	实施日期	CO	HC	NO_x	颗粒（PM）	
					≤85kW	>85kW
第1阶段	2000年1月1日	4.9	1.23	9.0	0.68	0.40
第2阶段	2004年1月1日	4.0	1.1	7.0	0.15	0.15

（3）硫化矿物的氧化。在开采高硫矿床时，由于硫化矿物缓慢氧化除产生大量的热外，还会产生二氧化硫和硫化氢气体，如：

$$FeS_2 + 2H_2O \longrightarrow Fe(OH)_2 + H_2S + S \tag{7-1a}$$

$$CaS + H_2O + CO_2 \longrightarrow CaCO_3 + H_2S \tag{7-1b}$$

$$Fe_7S_8 + O_2 \longrightarrow 7FeS + SO_2 \tag{7-2}$$

在含硫矿岩中进行爆破工作时，或硫化矿尘爆炸以及坑木腐烂和硫化矿物水解，都会产生硫化气体（SO_2、H_2S）。

（4）井下火灾。当井下失火引起坑木燃烧时，会产生大量一氧化碳（CO），如一架棚子（直径为180mm，长2.1m的立柱两根和一根长2.4m的横梁，体积为0.17cm^3）燃烧所产生的CO约97m^3，这么多的CO足使断面为4～5m^2的巷道在2km长范围以内的空气中CO含量达到致命的数量。

在煤矿中瓦斯和煤尘爆炸，也会产生大量的一氧化碳，往往成为重大死亡事故的主要原因。

319. 矿井空气中的一氧化碳有哪些毒害特性？

一氧化碳（CO）是无色、无味、无臭的气体，对空气的相对密度为0.97，故能均匀地散布于空气中，不用特殊仪器不易察觉。一氧化碳微溶于水，一般化学性不活泼，但浓度在13%～75%时能引起爆炸。当空气中CO浓度为0.4%时，在很短时间内人就会失去知觉，抢救不及时就会中毒死亡。

日常生活中的煤气中毒就是CO中毒。CO的毒性是因为：人体的血液中的血红素是专门在肺部吸收空气中的氧气以维持人体的需要，而血红素有另外一种特性，即它与CO的亲和力超过它与氧的亲和力的250～300倍。由此，当人体吸入含CO的空气后，CO很快与血红素相结合，这就大大降低了血红素吸收氧的能力，使人体各部分组织和细胞产生缺氧现象，引起窒息和血液中毒，严重时造成死亡。

CO的中毒程度和中毒快慢与以下因素有关：

（1）空气中CO的浓度。人处于静止状态时，CO浓度与人体中毒程度关系见表7-4。

表7-4 CO浓度与人体中毒程度的关系

中毒程度	中毒时间	CO质量浓度 /mg·L^{-1}	CO体积浓度 /%	中毒特征
无征兆或有轻微征兆	数小时内	0.2	0.016	
轻微中毒	1h以内	0.6	0.048	耳鸣，心跳，头昏，头痛
严重中毒	0.5~1h	1.6	0.128	头痛，耳鸣，心跳，四肢无力，哭闹，呕吐
致命中毒	短时间内	3.0	0.400	丧失知觉，呼吸停顿

（2）与含有CO的空气接触时间。接触时间越长，血液内CO量就越大，中毒就越深。

（3）呼吸频率与呼吸深度。工作人员在繁重工作或精神紧张时，呼吸急促，频率高，呼吸深度也大，中毒就快。

（4）与人的体质和体格有关。工作人员经常处于CO略微超过允许浓度的条件下工作时，虽短时间不会发生急性病兆，但由于血液和组织长期轻度缺氧，以及对神经中枢的伤害，会引起头痛，胃口不好，记忆力衰退及失眠等慢性中毒病症。

《金属非金属矿山安全规程》规定：矿内空气中CO体积浓度不得超过0.0024%，按重量计算不得超过0.03mg/L。爆破后，在通风机连续运转条件下，CO的浓度降至0.02%时，才可进入工作面。

320. 矿井空气中的氮氧化物有哪些毒害特性？

炸药爆炸可产生大量的氮氧化物（NO_x），如一氧化氮（NO）、二氧化氮（NO_2），其中的一氧化氮极不稳定，遇空气中的氧即转化为二氧化氮。

二氧化氮是一种褐红色有强烈窒息性的气体，对空气的相对密度为1.57，易溶于水，而生成腐蚀性很强的硝酸。所以它对人的眼、鼻、呼吸道及肺组织有强烈腐蚀作用，对人体危害最大的是破坏肺部组织，引起肺水肿。

二氧化氮中毒后有较长的潜伏期，初期没有什么感觉（经过4~12h甚至24h以后才发生中毒征兆），即使在危险的浓度下，初期也只是感觉呼吸道受刺激，开始咳嗽吐黄痰，呼吸困难，以致很快死亡。

当空气中二氧化氮浓度为0.004%时，24h还不会引起中毒现象。当浓度为0.006%时，就会引起咳嗽，胸部发痛。当浓度为0.01%时，短时间内对呼吸器官就有很强烈刺激作用，咳嗽、呕吐、神经麻木。当浓度为0.025%时，可很快使人窒息死亡。

《金属非金属矿山安全规程》规定：NO_2浓度不得超过0.00025%。

321. 矿井空气中的硫化氢有哪些毒害特性？

硫化氢（H_2S）是一种无色有臭鸡蛋味的气体。对空气的相对密度为1.19，易溶于水。通常情况下，一个体积的水中，能溶解2.5个体积的H_2S，故它常积存于巷道的积水中。硫化氢能燃烧，当浓度达到6%时，具有爆炸性。

硫化氢具有很强的毒性，能使血液中毒，对眼睛黏膜及呼吸道有强烈的刺激作用。当空气中硫化氢的浓度达到0.01%时，就使人嗅到气味而流唾液、流清鼻涕；达到0.05%时，经过0.5~1h，就能引起严重中毒；达到0.1%时，在短时间内就会有生命危险。

《金属非金属矿山安全规程》规定：井下空气中硫化氢含量不得超过0.00066%。

322. 矿井空气中的二氧化硫有哪些毒害特性?

二氧化硫（SO_2）是一种无色、有强烈硫黄味的气体，易溶于水，对空气相对密度为2.2，常存在于巷道的底部，对眼睛有强烈刺激作用。

二氧化硫（SO_2）与水蒸气接触生成硫酸，对呼吸器官有腐蚀性，使喉咙和支气管发炎，呼吸麻痹。严重时引起肺水肿。当空气中含SO_2为0.0005%时，嗅觉器官就能闻到刺激味；0.002%时，有强烈的刺激，可引起头痛和喉痛；0.05%时，引起急性支气管炎和肺水肿，短时间内即死亡。

《金属非金属矿山安全规程》规定：空气中SO_2含量不得超过0.0005%。

323. 矿井空气中的其他有害气体有哪些，各有何毒害特性?

(1) 矿内使用柴油机时，有柴油机废气排出，主要成分为氧化氮、一氧化碳、醛类和油烟等。

(2) 矿井内空气压缩机工作时，其润滑油因高温分解，形成油蒸气及一氧化碳、沼气等。这些有害气体与压缩气体一起被送入工作面时，可能引起中毒、窒息或爆炸事故。

(3) 矿井发生火灾或爆炸事故时，也可产生氢气（H_2）和氨气（NH_3）等。井下充电硐室也产生氢气。氨气无色，有浓烈的臭味和剧毒，相对密度为0.9，易溶于水，其最高允许浓度是0.004%。浓度为0.0011%时即可闻到其特殊的臭味。有爆炸性，其最高允许浓度是0.5%。

(4) 钾盐矿放出的气体有甲烷（CH_4）、二氧化碳（CO_2）、氢气（H_2）等。

324. 矿井有害气体中毒时的急救措施是什么?

当井下发生灾害，工作人员遇有毒气体中毒或缺氧时，应立即组织抢救，以便使其脱离危险，保障其生命安全。

中毒时的施救原则及措施：

(1) 立即将中毒者移至进风巷道新鲜空气处或地表。

(2) 将中毒者口中一切妨碍呼吸的东西（如假牙、黏液、泥土）除去，将领结及腰带松开。

(3) 使患者保暖。

(4) 为促使患者体内毒物洗净和排除，给患者输氧。当H_2S中毒时，最好在纯氧中加入5%的CO_2，以刺激呼吸中枢神经，增强呼吸能力，促使毒物排除体外。当SO_2和NO_2中毒时，进行人工呼吸应特别注意，因为患者中毒后会引起肺水肿，所以，施行人工呼吸时，应尽量避免对患者肺部的刺激，以免加剧肺部浮肿，特别是NO_2中毒时，只能用拉舌头的人工呼吸法刺激神经引起呼吸，并在喉部注入碱性溶液，以减轻肺水肿现象。

(5) 中毒时，用浸有氯水的棉花或手帕，放在患者的嘴或鼻旁，或者给中毒者喝稀氯水溶液，利用药物解毒。

325. 矿山有毒有害气体的检测方法有几类，常用的检测方法有哪些？

矿山有害气体的检测方法分取样到化验室分析、用便携式仪器在现场快速测试两大类。

常用的检测方法有：

（1）实验室测定法，有吸光光度分析法、原子吸收、气相色谱法、离子选择性定级等。

（2）快速测试，有检气管法、试纸比色法、溶液快速比色法、仪器现场测定法。

326. 我国矿山有害气体常采用哪种检测方法，其检定步骤是什么？

我国矿山广泛采用检定管快速测定法，它所使用的仪器包括抽气唧筒（图7-1）、秒表及温度计等。

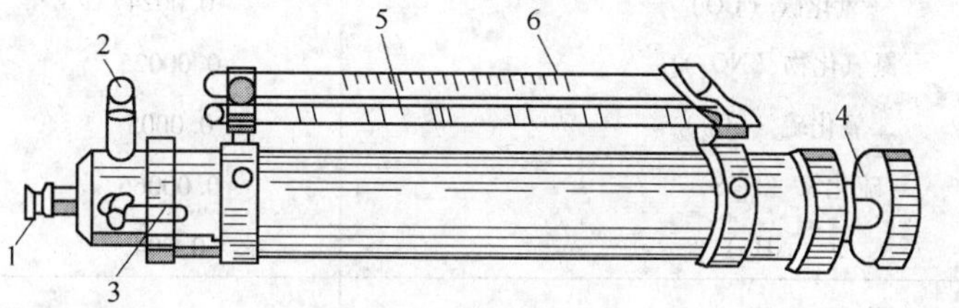

图7-1　抽气唧筒

1—气体入口；2—检定管插孔；3—三通阀阀把；4—活塞杆；5—比色板；6—温度计

用检定管测定某种有害气体的浓度，是根据待测气体与检定管中的指示剂发生化学变化后，指示剂变色的深浅或长度来确定的。以变色深浅确定浓度的方法称为比色法，以变色长度确定浓度的方法称为比长法。目前我国多采用比长法，常用的有检测 CO、NO_2、H_2S 及 O_2 等比长式检定管。

检定步骤如下：

（1）将检定管玻璃封口锯开，插在抽气唧筒口上。

（2）将唧筒的三通开关转到水平位置，取出待测气体。

（3）将三通开关转到垂直位置，用100s时间缓慢压送抽气唧筒内待测气体，使之均匀通过检定管，管中指示剂起化学反应，颜色改变，颜色变化的深浅与标准比色板相比，即可得出气体浓度。若用比长式检定管，根据变色长短即可确定待测气体的浓度。

327. 举例说明比长法的测定原理。

以比长法进行CO浓度的检定为例，来说明其测定原理。

如图7-2所示，检定管是内装试剂和过滤物、两端溶封的玻璃管。它用吸附了发烟硫酸和五氧化二碘（I_2O_5）的硅胶作指示剂，当含有CO的气体通过时，发生式（7-3）的化学反应，并在管内形成棕色变色圈，变色的长度与通过的气样中的CO浓度成正比，由检定管上的刻度可直接读出CO的浓度。

$$5CO + I_2O_5 \longrightarrow 5CO_2 + I_2(\text{棕色}) \tag{7-3}$$

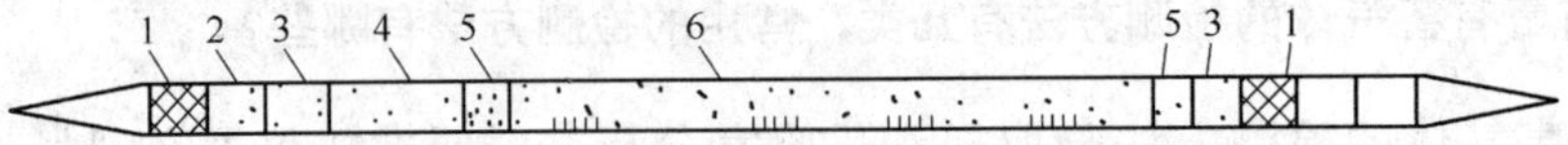

图 7-2　比长式 CO 检定管

1—堵塞物；2—活性炭；3—硅胶；4—消除剂；5—玻璃粉；6—指示剂

328. 井下作业地点空气中的有害物质最高允许浓度有哪些规定，主要防治措施有哪些？

《煤矿安全规程》、《金属非金属地下矿山安全规程》规定，井下作业地点有害物质的最高允许浓度见表 7-5。

表 7-5　井下作业地点有害物质的最高允许浓度

物质名称		最高允许体积浓度/%	最高允许质量浓度
一氧化碳（CO）		0.0024	$30mg/m^3$
氮氧化物（NO_x）		0.00025	$5mg/m^3$
二氧化硫（SO_2）		0.0005	$15mg/m^3$
硫化氢（H_2S）		0.00066	$10mg/m^3$
氨（NH_3）		0.004	$30.4m/m^3$
放射性物质	氡		$3.7kBq/m^3$
	氡子体 α 潜能		$6.4\mu J/m^3$
生产性粉尘	含游离二氧化硅 10% 以上的粉尘（石英、石英岩等）		$2mg/m^3$
	石棉粉尘及含石棉 10% 的粉尘		$2mg/m^3$
	含游离二氧化硅 10% 以下滑石粉尘		$4mg/m^3$

主要防治措施如下：

（1）污染源的控制。

1）采用水封爆破或爆破前后在工作面喷雾洒水，控制炮烟。

2）密闭废弃巷道和采空区，密闭火区，防止有毒有害气体进入工作面。

3）柴油机尾气控制有以下几种方法：

①催化氧化。主要催化剂是铂（Pt）和钯（Pd）。根据涂敷的载体不同，具体可分为全金属型催化剂，铂-氧化铝型催化剂和钯-氧化铝型催化剂。一氧化碳和碳氢化合物在催化剂作用下进一步氧化成二氧化碳和水。当催化氧化剂温度在 300℃ 以上时，可使大量二氧化硫氧化成三氧化硫。

②使用乳化柴油或进气道喷水。乳化柴油是水与柴油均匀混合形成的乳化液。进气道喷水则是在进气道内装一个空气雾化喷嘴。清洁水被雾化成直径 3μm 的水珠后与新鲜空气一起进入燃烧室。这两种方法均可使排气中的氮氧化物浓度降低 15% ~20%。

③废气再循环。将柴油机尾气的一部分输回到进气管，可有效地降低排气中的氮氧化物浓度。

④水洗箱和文氏管水洗法。对溶于水的有毒有害气体和排气中的炭粒有一定的清除作

用，但耗水量大。

⑤综合法。结合柴油机的实际情况，把有关方法组成合适的净化控制系统，全面降低柴油机排气中的各种有毒有害气体的浓度。

（2）通风排除。通风是控制矿山空气中有毒有害气体浓度的最主要、最有效的方法。保持矿山通风系统的完善是治理有毒有害气体的首要措施。

第二节　矿尘防治

329. 什么是矿尘，可分为哪几类？

矿尘是矿山生产过程中所产生的矿石与岩石的微细颗粒，也称为粉尘。悬浮于空气中的矿尘称为浮尘，已沉落的矿尘称为积尘。矿山防尘的主要对象是悬浮于空气中的矿尘。所以，一般说矿尘即指浮尘。

矿尘依据其产生的矿岩种类而定名，如硅尘、铁矿尘、铀矿尘、石棉尘、煤尘等。根据它在人的呼吸系统中沉降的位置，可分为：呼吸性粉尘、非呼吸性粉尘，前者是指能被吸入沉降于肺泡中的粉尘，后者是指能沉降于上呼吸道的粉尘。

330. 矿尘产生状况的指标有哪些？

（1）矿尘浓度，悬浮于单位体积空气中的矿尘量，mg/m^3。矿尘浓度可表明产尘与通风防尘的综合状况以及其危害程度，是普遍采用的指标，其值随通风量的大小而变化。产尘强度不受通风的影响，只是用于考查产尘条件，并作为防尘设计的依据。

（2）产尘强度，单位时间进入矿内空气中的矿尘量，mg/s。

（3）相对产尘强度，每采掘1t矿（岩）石进入矿内空气中的矿尘量，mg/t。

331. 矿尘产生的主要工序是什么，各工序矿尘与哪些因素有关？

矿山各生产工序都产生矿尘，其中凿岩、爆破和装运三个基本生产工序是主要产生工序。

各工序的矿尘浓度，除与矿岩性质、采掘工艺和设备有关外，还与通风防尘措施有密切的关系。矿山所有工序都应采取有效的防尘措施。

332. 矿尘的理化学性质有哪些？

矿尘的理化学性质有矿尘的粒径和分散度、矿尘中游离二氧化硅（SiO_2）含量、矿尘的密度、矿尘的湿润性、矿尘的电性质、矿尘的爆炸性等。

333. 矿尘的主要危害是什么？

矿尘的主要危害是对人体健康的损害，长期吸入大量微细粉尘，可能引起尘肺病。各种矿尘都可能引起尘肺病，如硅肺病、石棉肺病、铁硅肺病、煤肺病、煤硅肺病等。由于95%的矿岩中含有数量不等的二氧化硅，人们在生产中接触二氧化硅粉尘的机会很多，所以硅肺病最为普遍，而且发病率高、病情也较严重。

影响尘肺病发生和发展的主要因素是：矿尘的化学成分，粒径与分散度、浓度、接触时间等。

334. 作业场所矿尘最高允许浓度是什么？

作业场所矿尘浓度，对尘肺病的发生和发展起着决定性的作用，我国现行的《工业企业设计卫生标准》（GBZ 1—2002）规定了作业场所粉尘最高允许浓度，见表7-6。

表7-6 作业场所粉尘最高允许浓度

物质名称	最高允许浓度①/$mg \cdot m^{-3}$	物质名称	最高允许浓度①/$mg \cdot m^{-3}$
含有10%以上游离二氧化硅的粉尘②	2	铝、氧化铝、铝合金粉尘	4
石棉粉尘及含有10%以上石棉的粉尘	2	玻璃棉和矿渣棉粉尘	5
含有10%以下游离二氧化硅的滑石粉尘	4	烟草及茶叶粉尘	3
含有10%以下游离二氧化硅的水泥粉尘	6	其他粉尘③	10
含有10%以下游离二氧化硅的煤尘	10		

①作业场所总粉尘浓度；

②含有10%以上游离二氧化硅的生产性粉尘，宜不超过$1mg/m^3$；

③其他粉尘是指游离二氧化硅含量在10%以下，不含有毒有害的矿物性和动植物性粉尘。

《金属非金属矿山安全规程》（GB 16423—2006）要求，入风井巷和采掘工作面的风源含尘量不得超过$0.5mg/m^3$。

335. 我国矿井综合防尘措施有哪些？

矿井或个别尘源都不能靠单一的防尘措施达到合格的良好的劳动环境，我国《矿山安全条例》（1982年）要求：地面、井下所有产生粉尘的作业，都应当采取综合防尘措施。这是我国多年防尘工作经验总结。

综合防尘措施包括以下技术、组织与环境保健措施：

（1）通风除尘；

（2）湿式作业；

（3）密闭和抽尘、净化空气；

（4）改革生产工艺；

（5）个体防护；

（6）科学管理；

（7）经常测尘，定期体检；

（8）宣传教育。

336. 露天矿防尘措施有哪些？

露天矿防尘，除了通风以外，对尘源的局部净化是一项主要的措施，其主要防尘措施有：

（1）穿孔作业防尘。

（2）露天矿浅孔凿岩防尘。

（3）爆破防尘。

（4）铲装作业防尘。

（5）汽车路面防尘。

337. 测尘目的是什么，国家对测尘有何规定？

测尘是为了及时了解各作业场所的矿尘状况，评价作业场所粉尘污染程度和与国家卫生标准的符合程度，鉴定生产工艺及通风防尘措施的效果，以及为设计和研究改善通风防尘工作提供依据。

《金属非金属矿山安全规程》要求：

（1）定期测定各产尘点的空气含尘量。

（2）凿岩工序每月应测定两次，其他工序每月各测定一次。

（3）粉尘中游离二氧化硅的含量，每年应至少测定一次。

我国国家标准《作业场所空气中粉尘测定方法》（GB 5748—1985），对测点位置和数量、测定方法及要求等作了详细的规定。

338. 粉尘采样器的技术参数有哪些？

我国生产的部分粉尘采样器的技术参数见表7-7。

表7-7　部分国产粉尘采样器技术参数

类　别	型　号	流量 /L·min^{-1}	负压/Pa	功率/W	质量/kg	备　注
点采样器	武安-76	20～40	1372	8	3	交、直流电源
	武安-84	20～80	3921	15		交、直流电源
	鞍劳-D4	10～50	7056	90	3.5	交流电源
	FCC-4	6～40	6500		4.6	交流电源
	KBC	20～25	1568	25		直流电源、防爆
	FC-A	约40			6.5	交、直流电源
	浙沈-A	约20	6500		4.6	交流电源
个体采样器	GTFC	3.0			1.5	
	MB-Z	1.0			0.6	
	CG-2	0.3			0.52	
	GFC-1	0～2.5			2.0	

第三节　矿山辐射危害因素

339. 矿山辐射防护术语有哪些？

（1）放射性与辐射。放射性是一种不稳定的原子核自发衰变的现象，通常伴随发出能导致电离的辐射（电离辐射）。这些不稳定的原子核主要发射三种类型的辐射，即 α 辐射、β 辐射和 γ 辐射。放射性是一些物质的特性。而辐射则是在一点发射出并在另一点接收的能量。

（2）α 辐射、β 辐射和 γ 辐射。α 辐射是核跃迁时放出的氦原子核（α 粒子）组成的。β 辐射是核跃迁时由原子核里发射出来的高速运动的电子（β 粒子）组成。γ 辐射是一种电磁辐射。

（3）放射性衰变。由不稳定的原子组成的物质，它们能自发的转变成稳定的原子，这个转变过程称放射性衰变。描述放射性物质衰变规律为：

$$N = N_0 e^{-\lambda t} \tag{7-4}$$

式中，N_0 为处于初始状态的原子核数目，经过 t 时间后，原始状态的核数还剩下 N 个；λ 为衰变常数，s^{-1}。

（4）天然放射性。天然存在的核素的放射性称为天然放射性。自然界中主要存在三种天然放射系核素，即铀-镭系、钍系铀-锕系。矿山主要辐射危害物——氡（^{222}Rn,）就是铀-镭系的一个衰变产物。

（5）放射性活度。放射性活度是指放射性物质单位时间内衰变的原子数，单位为贝可（Bq）。

（6）辐射防护。辐射防护是指研究保护人类（可指全人类、其中的部分或个体成员及其后代）免受或少受辐射危害的应用学科。

（7）危害。危害是指辐射引起的所有有害影响，包括对健康的影响和其他影响。

（8）外照射。外照射是指体外辐射源对人体的照射。

（9）内照射。内照射是指进入体内的放射性核素作为辐射源对人体的照射。

（10）剂量当量。组织中某点处的剂量当量

$$H = DQN \tag{7-5}$$

式中，D 是吸收剂量（描述一切电离辐射在任何介质中沉积的能量），J/kg；Q 是品质因素；N 是其他修正因素。目前国际放射委员会（ICRP）指定 $N=1$，单位为希（Sv）。

（11）剂量当量限值。必须遵守规定的剂量当量限值。其目的在于防止非随机性效应，并将随机性效应限制在可接受的水平。为辐射防护实际工作需要，还规定剂量当量的数值，称次级限值。内照射的次级限值是年摄入量限值。

（12）有效剂量当量 H_E。当所考虑的效应是随机效应时，在全身受到非均匀照射的情况下，受到危险的各组织或器官的剂量当量与相应的权重因子乘积的总和。

$$H_E = \Sigma H_T W_T \tag{7-6}$$

式中，H_T 为受到危险的各组织或器官的剂量当量，Sv；W_T 为权重因子，由氡子体诱发的肺癌的权重因子为0.12。

340. 矿山辐射危害因素有哪些？

（1）氡和氡子体。一般说来，矿井空气中主要的辐射危害来自氡（^{222}Rn）的短寿命衰变产物（氡子体）。另外，从矿岩中发射出的氡（^{220}Rn）也是一个辐射源。氡是钍的一

个衰变产物。氡及其短寿命子体的物理性质以及它们在矿体中的行为几乎与氡及其衰变产物完全相似。除了含有高品位钍矿石的矿山，氡的相对重要性低于氡，因为氡的半衰期仅约1min，矿体中钍的比活度低于铀的比活度。

（2）γ辐射和β辐射。开采铀矿时，矿工可能遭受外照射。因为铀矿中辐射源的分布很广，同时铀衰变系的γ能量又很高，所以γ外照射可以看成基本上是全身均匀受照的结果。因为对皮肤的β剂量一般大大低于γ辐射造成的全身剂量，同时有效剂量当量限值仅是皮肤剂量当量限值的1/10，所以一般不需要考虑β辐射的皮肤剂量。

（3）铀矿尘。含有铀（^{238}U）及其衰变产物的矿尘可以从采矿作业直接产生，高速风流和机械振动也可使各种表面上的矿尘再悬浮。铀矿尘不仅能引起呼吸器官的疾病，而且还将导致内照射。

（4）放射性表面污染。铀尘、氡子体附着于人或物体表面形成放射性表面污染。污染物通过再悬浮或直接接触，进入人体形成辐射危害。

341. 氡的理化性质有哪些?

（1）辐射性质。氡是镭的衰变产物，是一种无色无臭的惰性气体。氡放出α粒子后连续经过四次衰变，达到较稳定的核素^{210}Pb，其衰变规律如图7-3所示。氡和氡子体的辐射特性见表7-8。

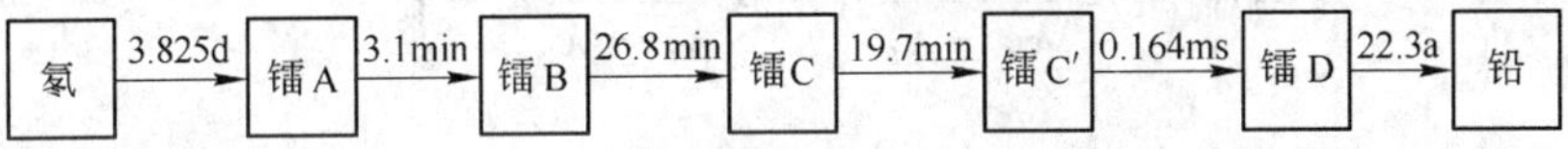

图7-3　氡衰变成镭的规律

表7-8　氡和氡子体的辐射特性

元素名称	符　号	半衰期 $T_1/2$	衰变常数 λ/s^{-1}	衰变类型	每个原子的α潜能 ε_p
氡	$^{222}_{86}Rn$	3.825d	2.10×10^{-6}	α	3.07×10^{-12}
镭A	$^{218}_{84}Po$	3.1min	3.78×10^{-3}	α	2.19×10^{-12}
镭B	$^{214}_{82}Pb$	26.8min	4.31×10^{-4}	β、γ	1.23×10^{-12}
镭C	$^{214}_{83}Bi$	19.7min	5.86×10^{-4}	β、γ	1.23×10^{-12}
镭C′	$^{214}_{84}Po$	0.164ms	4.23×10^{3}	α	1.23×10^{-12}
镭D	$^{210}_{82}Pb$	22.3a			

（2）溶解度。氡易溶于水，因此，矿井水、地下水可能含氡。此外氡还易溶于酒精、煤油、血液和脂肪。氡的溶解度系数α_0定义为：

$$\alpha_0 = c_L/c_A \tag{7-7}$$

式中　c_L——液体中的氡浓度，Bq/L；

c_A——空气中的氡浓度，Bq/L。

随温度升高，氡在水中溶解度降低，其数值变化为：当水温为0℃时，水的溶解度系数0.510；当水温为20℃时，水的溶解度系数为0.252；当水温为100℃时，水的溶解度系数0.107。

0℃时，氡在酒精中溶解度 $\alpha_0=8.28$。在二硫化碳中溶解度最高，达 $\alpha_0=233.4$。在人体血液中的溶解度（室温）$\alpha_0=0.29$。在人体脂肪中的 $\alpha_0=20.85$。

（3）吸附性。活性炭、橡胶、石蜡、赛璐珞、分子筛等均能吸附氡。吸附的氡量一般与空气中氡浓度成正比（在一定温度范围内）。活性炭吸氡的系数在 -12℃ 时为 $15050cm^3/g$，0℃时为 $6310cm^3/g$，16℃时为 $2235cm^3/g$，200℃时氡可全部解逸出。

（4）扩散。氡在空气中的扩散系数为 $0.1cm^2/s$。氡在岩石和沉积物中的扩散系数变化范围很广，从 $5\times10^{-4}\sim7\times10^{-2}cm^2/s$，其大小决定于岩石的孔隙度、透水性、湿度、结构和扩散时的温度。

（5）射气系数。单位时间内由于镭的衰变产生的可自由移动的氡量与所产生的总氡量之比称为射气系数。随岩石粒度变小，氡射气系数增大直到某定值，一般在0.1~0.3之间。射气系数测定方法主要有室内射气法和现场贴壁法。

342. 氡子体的理化性质有哪些？

（1）短寿命氡子体增长方程。

$$I_A=I_{Rn}(1-e^{-\lambda_A t}) \tag{7-8a}$$

$$I_B=I_{Rn}\left(1-\frac{\lambda_B}{\lambda_B-\lambda_A}e^{-\lambda_A t}-\frac{\lambda_A}{\lambda_A-\lambda_B}e^{-\lambda_B t}\right) \tag{7-8b}$$

$$I_C=I_{Rn}\left(1-\frac{\lambda_B}{\lambda_B-\lambda_A}\times\frac{\lambda_C}{\lambda_C-\lambda_A}e^{-\lambda_A t}-\frac{\lambda_A}{\lambda_A-\lambda_B}\times\frac{\lambda_C}{\lambda_C-\lambda_B}e^{-\lambda_B t}-\frac{\lambda_A}{\lambda_A-\lambda_C}\times\frac{\lambda_B}{\lambda_B-\lambda_C}e^{-\lambda_C t}\right) \tag{7-8c}$$

式中，I_{Rn}、I_A、I_B、I_C 分别为氡、RaA、RaB 和 RaC 的活度，Bq；λ_A、λ_B、λ_C 分别为 RaA、RaB 和 RaC 的衰变常数，s^{-1}。

（2）铀矿大气中氡子体存在形式和粒度。氡子体是呈带电固态微粒存在于大气中的，分为未结合态（离子态）氡子体和依附于气溶胶（或微尘）表面的结合态氡子体。实测表明，约87.3%的α放射性与0.1μm以下的气溶胶粒子有关，大于1μm的气溶胶粒子，其放射性只占3%。

（3）矿井空气中α潜能浓度。某原子的α潜能 ε_p，是该原子按衰变链分别衰变到 ^{210}Pb 的过程中所发射的α总能量。某放射性核素1Bq放射性的总α潜能为 $\varepsilon_p/\lambda_\tau$，衰变常数 λ_τ，用 s^{-1} 表示。短寿命氡子体的任何混合物的α潜能浓度（c_p）是单位体积空气中存在的全部子体原子的α潜能的总和，该量用SI单位表示为 J/m^3，经常用专用单位WL（working level）表示这个量，$1WL=2.08\times10^{-5}J/m^3$。1WL大致相当于空气中短寿命氡子体与放射性浓度为 $3700Bq/m^3$ 的氡处于放射性平衡时的潜能浓度。

（4）平衡当量氡浓度（EC_{Rn}）及平衡因素（F）。矿井空气中短寿命氡子体不平衡混合物 EC_{Rn} 是与其短寿命子体处于放射性平衡的氡的放射性浓度，该短寿命子体与 EC_{Rn} 所指的不平衡混合物具有相同的α潜能浓度

$$EC_{Rn} = 3700c_p \tag{7-9}$$

α 潜能的平衡因数 F 是 EC_{Rn} 与空气中氡的实际放射性浓度 c_{Rn} 的比值

$$F = EC_{Rn}/c_{Rn} \tag{7-10}$$

（5）附壁效应。氡子体极易附着于物体、人体的表面，这种现象称为附壁效应。在辐射监测和防护措施中要特别注意这种效应的影响。

343. 矿山井下氡及其子体有哪些危害?

放射性物质在衰变过程中，会产生一定量的 α 射线、β 射线、γ 射线。由于这三种射线的特性不同，对人类的损伤表现也不同。α 射线穿透能力差，但电离本领很强。当它从口腔、鼻腔进入体内照射时，称为内照射，对人体组织的危害就较大，多表现为呼吸道系统疾病。β 射线、γ 射线的穿透能力较强，它能穿透人的机体，在体外就能对人体进行照射，这种照射称为外照射。外照射所引起的损伤多表现为神经系统和血液系统的疾病。当 γ 射线的剂量很高时，还会造成死亡，但一般含铀金属矿山，含铀品位低于 0.1% 以下，γ 射线剂量不会对人体产生明显的危害。因此，对含铀矿山来说，外照射不是主要危害，主要放射性危害是内照射。

井下天然放射性元素对人体的危害，主要是氡及其子体衰变时所产生的 α 射线。这些含氡空气进入肺部，大部分子体沉积在呼吸道上，此时镭 A、镭 C 释放的 α 放射线，成为肺组织受到辐射剂量的直接来源，而镭 B、镭 C 的 β 射线、γ 射线所造成的辐射剂量是微不足道的。

氡子体对肺部组织的危害，是由于沉积在支气管上的氡子体在很短的时间内把它的 α 粒子全部潜在的能量释放出来，其射程正好可以轰击到支气管上皮基底细胞核上，这正是含铀矿山工人患肺癌的原因之一。氡和氡子体对人体的危害程度不同，根据统计氡子体对人体所辐射的剂量，比氡对人体所辐射的剂量大 19.8 倍。因此，氡子体的危害是主要的。但氡是氡子体的母体，而没有氡就没有氡子体，从某种意义上讲，防氡更有意义。

344. 矿井空气中的氡主要来源渠道是什么?

（1）由矿岩壁析出的氡，这是氡的主要来源。氡从矿岩中析出主要有以下两种动力：

1）在矿体裂隙中的含氡空气，由于裂隙空间与井下的空气存在压差。当裂隙内部压力大于井下空间压力时，空气缓慢从中流出，虽然流速很低（数厘米/昼夜），但由于裸露面积大，裂隙多，其析出量是很大的。当井下空间大气压力大于裂隙中大气压力时，析出量显然降低。

2）在矿岩壁的内部氡浓度分布有一个梯度，造成了氡的扩散，并使氡由矿体表面析出，而逸入井下空气，这是造成井下氡析出的主要动力。

（2）爆下矿石析出的氡。爆破后，爆下矿石与空气接触面积加大，此时矿石内的氡大量向空间析出。一般情况下，析出氡数量不大，但使用留矿法时，采场内析出量主要是来源于爆下矿石。

（3）地下水析出的氡。由于氡裂隙中氡浓度较高，大量的氡溶解于地下水中。当地下水进入矿井后，空气中氡的分压较低，促使氡从水中析出。

（4）地面空气中的氡随入风风流进入井下。这决定于所处地区的自然本底，一般说来，它在数量上是极微小的，可忽略不计。

（5）在一些老矿山，由于开采面积较大，崩落区多，采空区中积累的氡有时也会成为氡的主要来源。

345. 影响矿井中氡析出的因素有哪些？

（1）矿岩的含铀、含镭品位。矿岩的含铀、含镭品位的高低，是决定氡析出的主要因素，对于一种矿岩来说，氡析出率与含镭品位成正比。

（2）岩石裂隙及孔隙度的影响。氡在岩石中传播，实际上是在岩石的孔隙中进行的，孔隙度和裂隙越大，氡的析出率也越大。

（3）矿壁表面附有的水膜对氡气析出的影响。水的扩散系数很小，所以在矿壁覆有水膜时，氡气的析出率会显著降低。

（4）通风方式对氡析出的影响。机械通风有压差的存在，势必引起岩石裂隙内空气的流动，井下空气压力相对于当地大气压力是负压状态时，氡析出率比呈正压状态时大。

（5）大气压力的变化对氡气析出的影响。当地表气压降低时，将加速氡气从岩石内部通过裂缝和孔隙向矿井空气析出，根据观察，由于气压改变，空气中含氡量几乎与空气压力成比例。

346. 如何计算矿井中氡的析出量？

（1）析出到矿井空气中的氡量。析出到矿井空气中的氡量 E_1(kBq/s）与矿岩裸露面积和氡析出率成正比。

$$E_1 = \delta S \tag{7-11}$$

式中，δ 为氡的析出率，kBq/(s · m^2)；S 为矿岩裸露面积，m^2。

（2）爆下矿石析出的氡量。爆下矿石析出的氡量 E_2(kBq/s）决定于爆下矿石的数量、品位、块度、密度等。

$$E_2 = 0.00264 Pu\eta \tag{7-12}$$

式中，P 为爆下矿石量，t；u 为矿石中含铀品位，%；η 为射气系数，%。

（3）矿井地下水析出的氡量 E_3(kBq/s)

$$E_3 = 0.278 B(c_1 - c_2) \tag{7-13}$$

式中，B 为地下水的涌水量，m^3/h；c_1 为涌水中氡浓度，kBq/L；c_2 为排水中氡浓度，kBq/L。

347. 矿山辐射防护剂量限值是如何规定的？

在地下矿山，矿工们受到气载氡及其短寿命子体以及铀矿尘的照射，在铀矿山还受到γ辐射和β辐射的外照射。一般说来，氡子体是矿山的主要辐射危害因素。在某些矿山，一些矿工患肺癌的原因与他们受到高浓度的氡及氡子体的照射有关。早在16世纪就已记录到的矿工肺癌，后来证实其病因多半就是吸入了氡及氡子体。

我国《放射卫生防护基本标准》（GB 4792—1984）的规定如下：

（1）放射性工作人员有效剂量当量限值（H_L）为 $50mS_V/a$。

（2）对空气中短寿命氡子体任何混合物 α 潜能的年摄入量限值（ALI_P）为 0.02J。假定平均呼吸率 $1.2m^3/h$，每年工作 2000h，由此得出的导出空气浓度（DAC_p）为 $8.3\mu J/m^3$。如用平衡当量氡浓度（EC_{Rn}）表示为 $1500Bq/m^3$。

（3）对接受内外混合照射的工作人员，混合照射限值按式（7-14）计算：

$$H_E/H_L + I_{Rn}/ALI_P \leqslant 1 \tag{7-14}$$

式中　H_E——外照射的年有效剂量当量，mSv/a；

H_L——年有效剂量当量限值，mSv/a；

I_{Rn}——氡子体的年摄入量，J/a；

ALI_P——氡子体年摄入量限值，J/a。

（4）仅暴露于氡本身而不伴有氡子体混合物，或吸入氡子体量极微，可以忽略不计的情况下（例如使用高效滤材作的口罩），上述年摄入量限值和导出空气浓度可增大 100 倍。

348. 矿山辐射监测方法有哪些?

（1）氡的测量。

1）电离电流法。用电离室取样，3h 后测电离电流引起的静电计的石英丝偏转格数。

$$c_{Rn} = K_e(N - N_0)/V \tag{7-15}$$

式中，c_{Rn} 为氡浓度，Bq/L；K_e 为仪器刻度系数，Bq/L ×（格 /min）；N、N_0 分别为待测氡与本底引起的读数，格/min；V 为电离室体积，L。

静电计的刻度系数用 $10^{-9} \sim 10^{-8}$g 液体镭标准源标定。

2）闪烁法。利用 α 粒子撞击 ZnS(Ag) 涂层产生光子，再给光电倍增管放大并转换成电信号进行测量。闪烁法可实现快速就地读数。闪烁法快速测氡要事先将氡子体滤掉，测量 1 ~5min 计数，取样一般为 1min。

$$c_{Rn} = K_i(n - n_0) \tag{7-16}$$

式中，K_i 为仪器的刻度系数，Bq/L ×（计数 /min）；n 为取样后测得的计数率，计数/min；n_0 为闪烁室的本底计数率，计数/min。

3）气球法。将过滤掉氡子体的矿井空气，按固定流量（如 30L/min）向气球（容积约 20 ~25L）充气，充气时间固定（约 50s），等待 3min，再以固定流量（如 40L/min）放气，此时球内新产生的氡子体的气载部分被收集在取样头的滤膜上。将取样后的滤膜同取样头一起放在测量仪上，在 t =4 ~7min 时间内测量 α 计数。

$$c_{Rn} = K_b n_{(4,7)} \tag{7-17}$$

式中　K_b——仪器刻度系数，Bq/L × 计数；

$n_{(4,7)}$——4 ~7min 时间的 α 净计数。

仪器的刻度系数采用间接刻度。要注意，当相对湿度小于 95% 时，刻度系数将随相对湿度的变化而变化。所以，应对不同的相对湿度范围分别标定刻度系数。

（2）氡子体测量。

1）测量 α 潜能的库斯涅茨法。用微孔滤膜以选定的流量（2 ~10L/min）取样 5min，等待 40 ~ 90min 后，测量滤膜的 α 计数 1 ~ 4min，记下取样到测量时间中点之间的时间间隔 T，以及测量时间间隔 t。

氡子体潜能浓度 c_p(J/m³) 按式（7-18）计算：

$$c_p = K_k n \quad (7\text{-}18)$$

式中，n 为 t 时间内测得的 α 计数；K_k 为库斯涅茨法的刻度系数，J/m³ × 计数

$$K_k = 4.16 \times 10^{-6} / (\eta\beta\varepsilon VtF)$$

式中，η 为仪器对样品所放出的口粒子的探测效率,%；β 为滤膜对 α 粒子的自吸收因子,%；ε 为滤膜的过滤效率,%；V 为取样流量，L/min；t 为测量的时间间隔，min；F 为与 T 有关的一个因子，当 $40 \leqslant T \leqslant 70$ 时，$F = 230 - 2T$；当 $70 \leqslant T \leqslant 90$ 时，$F = 195 - 1.5T$。

上述参数的确定，参考有关辐射监测手册。

2）测量 α 潜能的马尔柯夫法。用 1 号合成纤维滤膜以选定的流量（如 20L/min）取样 5min，在取样后 7 ~ 10min 测定滤膜的计数率，氡子体 α 潜能浓度 c_p，按式（7-19）计算：

$$c_p = K_m n_{(7,10)} \quad (7\text{-}19)$$

式中，K_m 为马尔柯夫法的刻度系数，J/m³ × 计数；$n_{(7,10)}$ 为取样 5min 后，7 ~ 10min 时间内的 α 净计数。

马尔柯夫法的刻度系数按库斯涅茨法的刻度系数对比确定。

（3）其他辐射的测量方法。

1）γ 辐射可采用矿用 γ 辐射仪 FJ-317C 测量。

2）铀矿中的长寿命 α 气溶胶测量，可用滤膜取样，直接在低本底装置上计数。

3）放射性表面污染可用表面污染监测仪 FJ-355B、FJ-355C、FJ-355D 直接测量，也可用擦拭法间接测量。

349. 铀矿用氡及其子体测量仪有哪些？

我国铀矿用氡及其子体测量仪见表 7-9。

表 7-9 我国铀矿用氡及其子体测量仪

仪器用途	型　号	主要技术指标
射气仪	FD-105K	测量范围 0.37 ~ 3700Bq/L，格值可分 7 ~ 60 格/V
环境氡气仪	FT-626	灵敏度 7.4Bq/L，本底 25 计数/h
快速测氡仪	KF-602BM	灵敏度 0.37Bq/L，本底 0.5 计数/min
快速氡子体测量仪	KF-602CM	灵敏度 0.1WL，带 CXY-2 泵，流速 1L/min
气球法测氡样仪	SY-70	配 FJ-13，灵敏度 0.05WI，$Q = 0 \sim 80$L/min，可调
α 计数仪	FJ-13	配 SY-70 成一套测氡、氡子测仪器
取样泵	DK-60	取样能力：0 ~ 100L/min，可调，配 FJ-13 用
充电仪	ZC-1	配 DK-60 泵用
自动充电仪	ZKA-5/15	输入电压 180 ~ 240V，输出电压 0 ~ 15V，输出电流 0 ~ 5A

350. 国际放射防护委员会建议的剂量限制体系是基于哪些原则？

（1）若引进的某种实践不能带来扣除代价的净利益，就不应当采取这种实践。

（2）在考虑到经济和社会因素之后，一切照射应当保持在可以合理做到的尽可能低的水平。

（3）个人所受的剂量当量不得超过国际放射防护委员会对相应的情况所建议的限值。

这三条原则就是要保证把一切照射都保持在可以合理做到的最低水平，而且最终要以剂量当量限值作为标准。

351. 矿山采取辐射防护措施应遵守什么？

（1）辐射防护的最优化，保持照射量可合理做到的尽可能的低。

（2）对所有工作人员必须满足我国国家标准《放射卫生防护基本标准》（GB 4792—1984）的要求。

352. 特殊防氡除氡方法是什么？

（1）压力阻止氡气析出。利用矿井空气压力把氡阻止在裂隙中，加压结束后，由于氡在裂隙中迁移速度小，氡析出量相应降低。实践证明：压力为 +1.33kPa 时，风量不变，氡析出量可降低 5 倍，氡子体潜能降低约 10 倍。

（2）抽排采空区的氡。利用专门风机或全矿负压，经巷道或钻孔将采空区的氡直接排出地表有良好防氡作用。经验证明：可以使进风污染降低。我国还应用该原理在留矿法采场中，用下行通风和矿堆内氡抽排的办法将采场氡浓度由 33Bq/L 降到 3.7Bq/L。

（3）防氡密闭及覆盖层。防氡密闭分临时及永久密闭。永久密闭用砖、混凝土砖构筑，水泥浆抹面，然后喷涂防氡覆盖层。覆盖层一般由气密性好，无毒无臭，不易燃，耐腐蚀和老化，可喷涂，价廉的物质制备。如氯乙烯偏氯乙烯乳剂的防氡效果为 63.9% ~ 89%，氢化环氧物的防氡效果可达 80% ~94%。

（4）喷淋脱氡。在水量不大，含氡很高或者要利用井下氡水时，可用喷淋脱氡的方法使氡从水中排出。一般做法是把 0.2MPa 的压气通入喷淋器，产生大量气泡而达到此目的。可排出 56% 以上的水中氡。

353. 氡子体清除方法有哪些？

（1）织物过滤器。织物过滤器粉尘负荷小，易黏结，阻力大，只宜用在粉尘浓度低、干燥、风量小的地方。近年来，铀矿试验过的几种纤维过滤器效果见表 7-10。

表 7-10　矿用氡子体过滤器性能

国　家	设备主要特征	效率/%
前苏联	ϕ0.5×2 圆筒，装一层滤布、一层麻布，装填 10cm 乙二醇和对苯二甲酸聚合纤维，密度 25 ~ 30kg/m^3	90 ~ 95
美　国	涤纶丝袋式除尘器，加 0.63cm 厚亚微米玻璃纤维	>75
美　国	特制的纤维和特制的纸滤器，能力 84.9 ~ 141.5m^3/min	≈95
中　国	纤维过滤器（云锡公司井下实验）	>85

（2）静电除尘器。除尘器主要工作原理是在除尘时，把附着在尘粒上的氡子体也清除掉。

第四节　矿井空气调节

354. 影响矿井气象条件的主要因素是什么？

（1）地面大气的气象条件。地面大气的气象条件，尤其是气温变化具有地区性、季节性和昼夜性的特征。

（2）矿井热源。矿井热源可分为两类：一类热源的散热量与其周围气温的差值有关，称为相对热源，如高温岩层和热水散热；另一类热源的散热量不受气温影响，称绝对热源，如机电设备、化学反应和空气压缩等热源。

355. 矿井降温方法分为哪几类？

矿井降温方法主要分为两类（表7-11）：一类为普通降温，以控制热源散热，加强通风为主要手段；另一类为人工制冷降温，以压缩制冷为主要手段。为提高降温效果，矿山应当采用综合降温措施。

表7-11　矿井降温方法

矿井降温方法			图　例	特点及适用条件
普通降温	通风降温		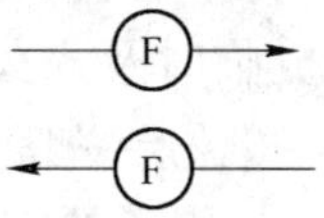	通过增加风量，提高风速等措施，实现矿井降温。该法是矿井降温的主要手段，适用于大部分矿井
	天然冷水降温	直通式	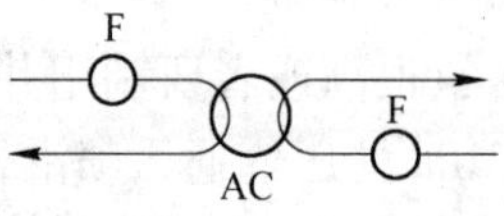	将矿井或地面冷水直接送至采掘工作面，通过空气冷却器进行降温。受地面气象条件、隔热技术及水压限制，该法适用于开采深度不大的矿井
		循环式	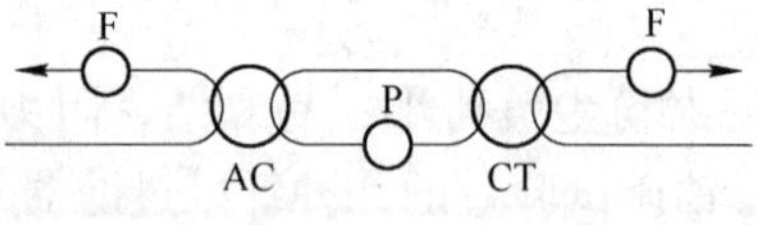	矿井地面气温低、循环水冷却效果较好，可用该法。受地面气象条件、隔热技术及水压限制，该法适用于开采深度不大的矿井
人工制冷降温	压缩式制冷降温	直通式	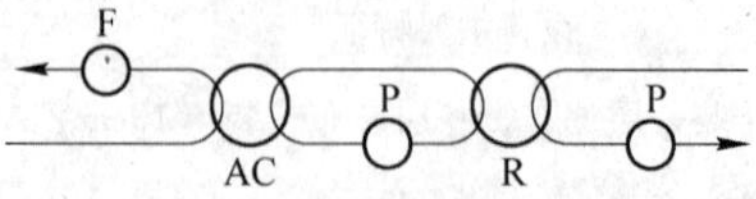	矿井或地面有水质良好、温度较低的丰富水源作为制冷机的冷却水。适用于开采深度不大的矿井
		循环式	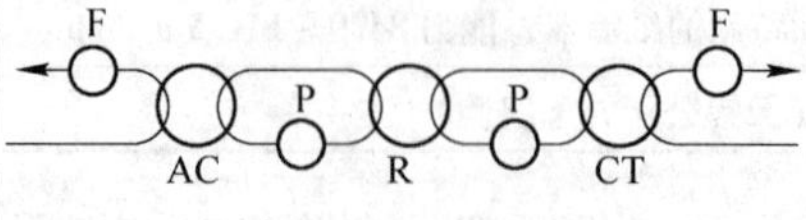	当矿井或地面水源条件不好，矿井过深无法利用地面水源时，采用该法。适用于任何类型的矿井，是压缩制冷的主要类型

注：F—扇风机；AC—空气冷却器；P—水泵；CT—水冷却装置；R—压缩式制冷机。

356. 矿井空气的各种状态下的热工过程如何表示？

矿井空气的各种状态下的热工过程见图 7-4 及表 7-12。

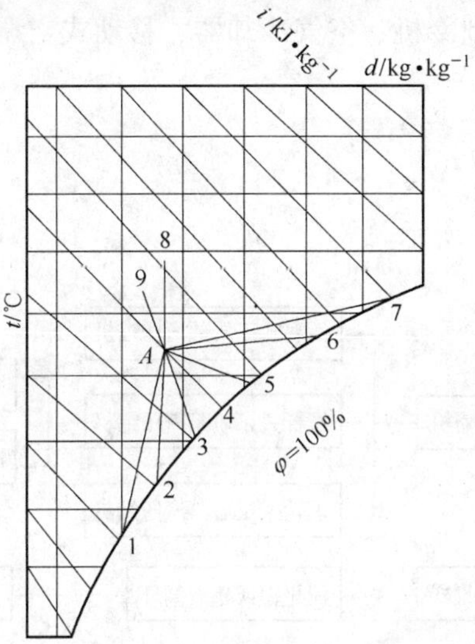

图 7-4　矿井空气各种状态下的热工过程

A-1、A-2、…、A-9—过程线；t—空气温度,℃；d—空气焓湿度，kg/kg；φ—空气相对湿度,%；i—空气的比焓，kJ/kg

表 7-12　矿井空气的各种状态下的热工过程

过程线	热工过程	处 理 方 法	适用条件及特点
A-1	减焓减温降温	用温度低于 t_1 的水通过空气冷却器（喷淋式、表面式）冷却空气 用蒸发温度低于 t_1 的工质通过直接蒸发式空气冷却器冷却空气	效果最佳的矿井降温过程。实现本过程需要较为严格的制冷和隔热技术条件
A-2	减焓等湿降温	通过空气冷却器的水或通过直接蒸发式空气冷却器的温度稍低于 t_1 的工质	适用矿井降温，效果较佳
A-3	减焓加湿降温	温度稍低于 t_w，高于 t_1 的水喷淋	适用矿井降温，效果较佳
A-4	等焓加湿降温	用矿井水喷淋	不适当的矿井降温过程，湿岩壁表面水分蒸发现象
A-5	增焓加湿降温	用温度低于矿井空气温度，大于 t_1 的水喷淋	不适当的矿井降温过程，应避免
A-6	增焓加湿等温	用温度等于矿井空气温度的水喷淋	不适当的矿井降温过程，应避免
A-7	增焓加湿升温	喷淋水的水温高于矿井气温	类似井巷中的热水对矿井空气加热加湿作用
A-8	增焓等湿升温	各种加热器对矿井空气的加热	矿井机电设备热管道散热，以及井筒暖气保温
A-9	增焓降湿升温	用机械式固体吸湿剂降温	矿井综合降温措施中的压缩空气脱水

注：t_1—空气露点温度；t_w—空气湿球温度。

357. 矿井普通降温方法有哪些？

矿井普通降温方法有：矿井通风降温、天然冷水降温、冰块降温、热源散热控制、机电设备散热控制、提高采掘强度等。

358. 矿井人工降温方法有哪些?

矿井人工降温方法有：制冷机、空气冷却器、移动式空调、矿井空气冷却系统、矿井隔热技术。

359. 矿井制冷机分为哪几类?

矿井制冷机分类如图 7-5 所示。

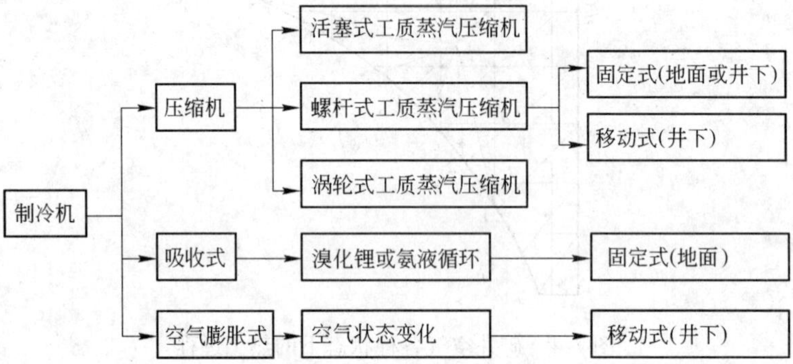

图 7-5 矿井制冷机分类

压缩制冷机通常由气体压缩机、冷凝器、蒸发器、动力机械、安全装置、管道系统组成。其制冷工质广泛使用氨和氟利昂。矿井制冷机若设于井下应采用氟利昂，不能用有毒、有刺激味和易爆的氨。冷媒是制冷系统用来传递冷效应的中间媒介，常用水或盐水。

360. 矿用空气冷却器分为哪几类?

空气冷却器是一种热交换器。它将制冷机产生的冷量传给空气，并将空气的热量带给制冷机的换热装置。矿用空气冷却器分类如图 7-6 所示。表面式空气冷却器如图 7-7 所示，

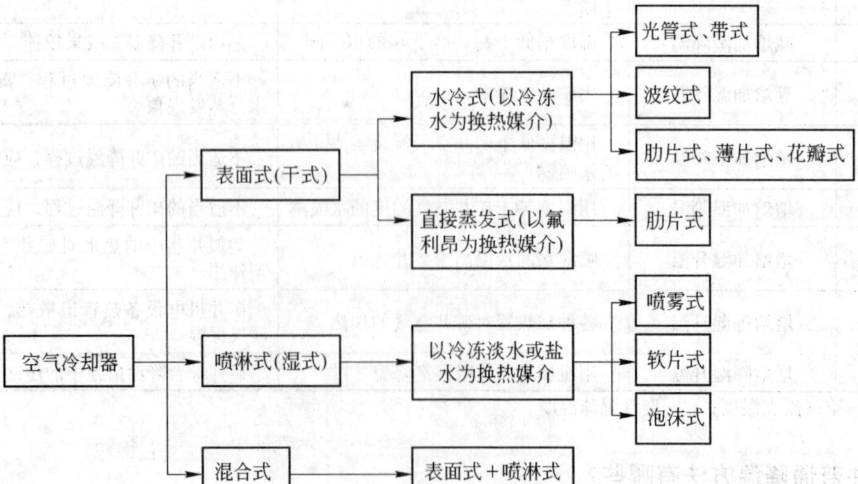

图 7-6 矿用空气冷却器分类

矿用喷淋式空气冷却器如图 7-8 所示。

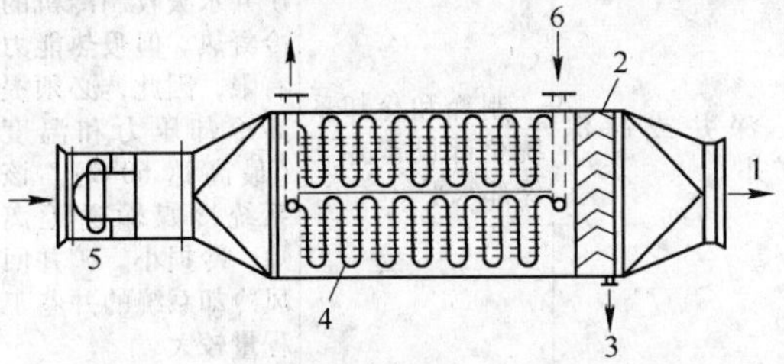

图 7-7　表面式空气冷却器
1—空气；2—挡水板；3—冷凝水；
4—肋片式换热器；5—风机；6—冷水

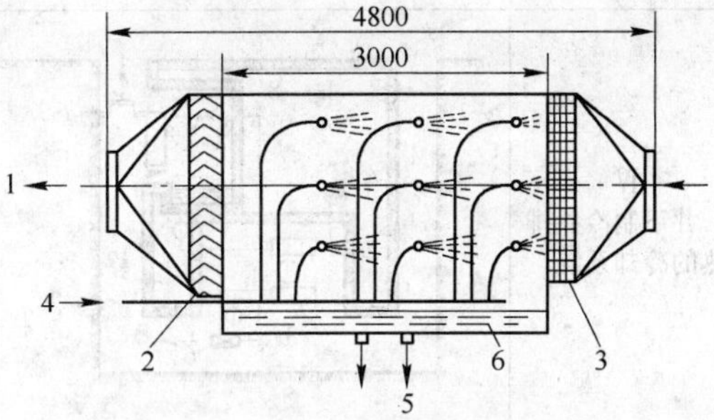

图 7-8　矿用喷淋式空气冷却器
1—空气；2—挡水板；3—过滤器；
4—冷水；5—出水口；6—水池

361. 矿井空气冷却系统有哪几类，其技术特点及适用条件是什么?

按照矿井空气冷却系统中的制冷机位置、冷凝热的排放和空气冷却地点的不同，矿井空气冷却系统分类见表 7-13。

表 7-13　矿井空气冷却系统分类

类　型	原　理　图	适用条件	系统布置	技术特点
Ⅰ 地面集中制冷井冷却矿井总进风流的冷却系统	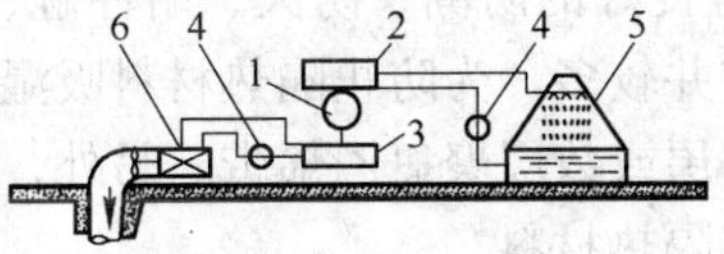	矿井开采深度与通风距离不大，通风量较大	制冷设备全部布置于地面，通过大型空气冷却器大幅度降低进风流温度	可采用大型，经济的氨压缩制冷机，也可以按矿山热源及二次能源情况采用吸收式制冷机。该系统安装、管理、维修方便，但冷损量大，可达36%以上。矿井进风降温幅度过大，不利于矿工健康
Ⅱ 地面集中制冷，井下分散冷却的冷却系统	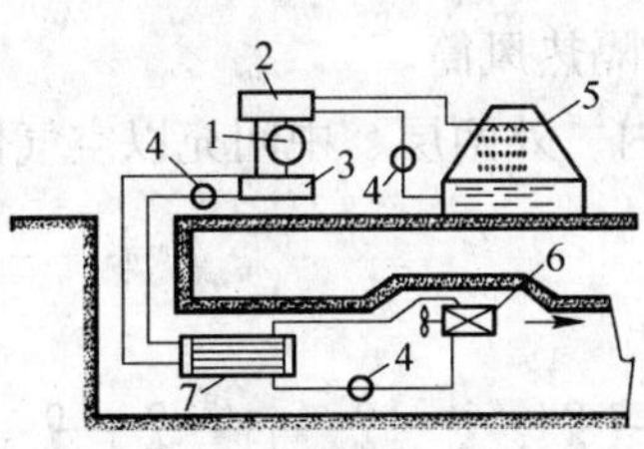	适用于一般矿井，但开采深度不能过大	制冷设备全部置于地面，冷媒通过管道输送到井下深部水平接近高温工作面的空气冷却器	冷媒（冷水）输送管道长，高差大，因此，对其耐压、消能降压和隔热技术有特殊要求
Ⅲ 井下制冷，地面排热的冷却系统	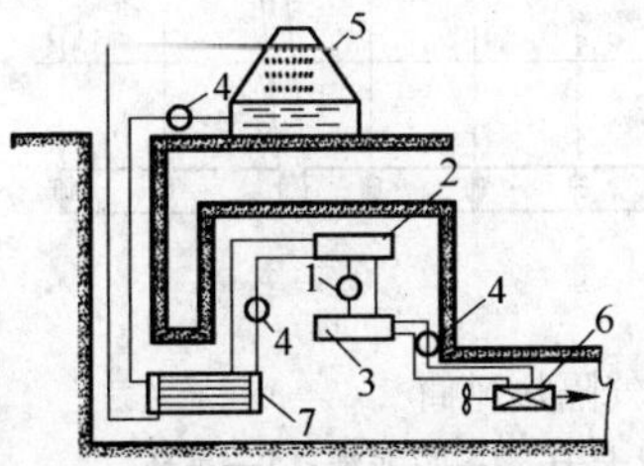	矿山地面气温低，散热条件好。适用于一般矿井，但开采深度不能过大	制冷机和空气冷却器均设于井下深部水平。排除制冷机冷凝热的水冷却系统设于地面，冷凝热排入地面大气	冷却水循环管理存在问题，与方案Ⅱ冷媒输送管道一样

续表 7-13

类　型	原　理　图	适用条件	系统布置	技术特点
Ⅳ 井下制冷并排热的冷却系统	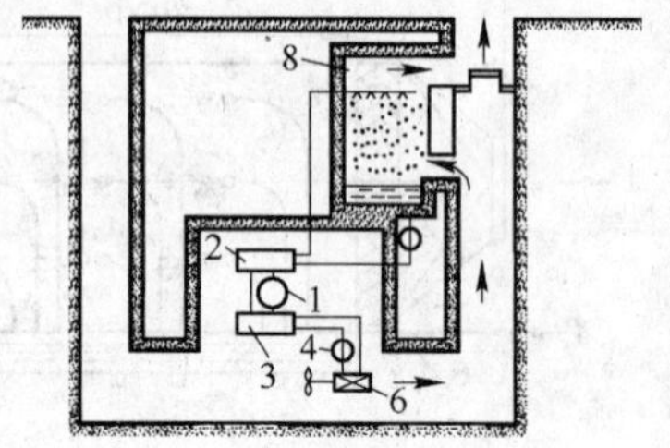	深井或超深矿井	制冷和冷却系统全部设于井下深部水平	利用矿井回风流或矿井水吸收制冷机的冷凝热。但吸热能力有限，因此，必须提高冷却压力和温度（最高达 60℃）。该系统冷媒输送距离短，冷损小。矿井回风冷却系统的井巷工程量较大
Ⅴ 联合制冷的冷却系统	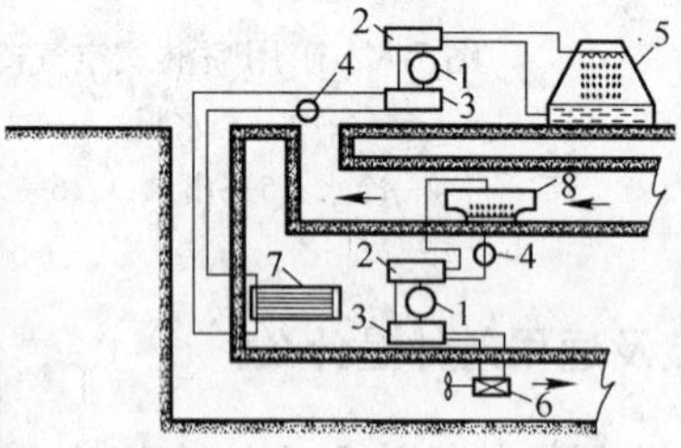	深井或超深矿井	地面及井下设有两级制冷机，冷凝热由设于地面一级制冷系统的水冷却装置向地面大气排放	地面制冷机选型同方案Ⅰ，井下二级制冷机可代替高压消能装置。该系统较复杂，管理及维修技术条件要求较严格

注：1—压缩机；2—冷凝器；3—蒸发器；4—泵；5—地面冷却塔；6—空气冷却器；7—中间换热器；8—井下回风流冷却系统。

362. 矿井隔热方式有哪几种？

（1）管道隔热。高温矿井输送热介质（压气、热水）和冷介质（制冷工质、冷媒）的管道均需进行隔热处理。矿井隔热材料应有良好的防潮、防火、耐冲砸、无毒等性能。目前，国内采用聚苯乙烯泡沫管包扎管道的矿井较多。为防止隔热材料吸湿、降低隔热作用，通常在聚苯乙烯隔热材料之外，再缠包一层或数层聚氯乙烯带。另外，还有用工程塑料管道代替钢管道，或采用双层钢管中间填塞隔热材料。

（2）风筒隔热。为减少输送冷风的风筒冷损，通常采取以下措施：

1）硬质风筒（铁皮风筒），风筒外包扎聚苯乙烯管壳或喷涂聚氯酯。

2）软质风筒（胶带风筒），采用多层柔性隔热风筒。

图 7-9 所示为双层空气隔热风筒。风筒分内、外两层、中间充以空气作为隔热层。

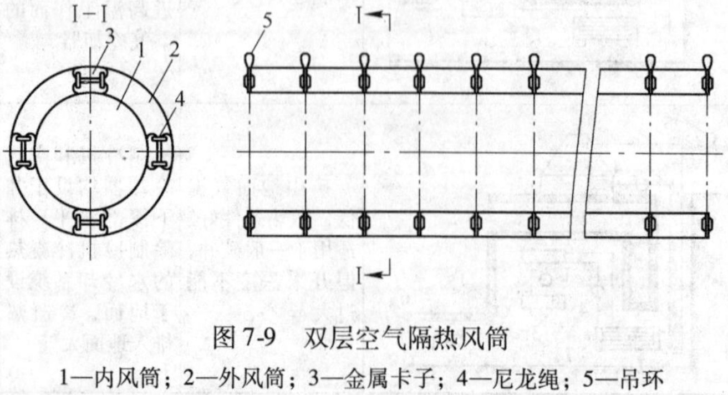

图 7-9　双层空气隔热风筒

1—内风筒；2—外风筒；3—金属卡子；4—尼龙绳；5—吊环

363. 为什么对矿井空气进行预热，哪些条件下应考虑对矿井空气预热？

若冬季地面气温较低，进风井巷壁面潮湿或有淋水时，会产生结冰现象，影响提升和运输的安全，危害工人健康，甚至造成严重后果。因此，必须对进入矿井的冷空气进行预热处理，使进风井的气温不低于2℃，达到安全规程的要求。

在下列情况下，应考虑冷空气的预热：

（1）对于按采暖通风的要求计算的室外温度t_{uk}而言，若竖井进风$t_{uk} \leqslant -6$℃；若斜井进风$t_{uk} \leqslant -8$℃；若平硐进风$t_{uk} \leqslant -10$℃；

（2）当井壁淋水较大，根据当地或类似矿山生产实践，若气温低于0℃时结冰严重危及安全。

t_{uk}按式（7-20）计算

$$t_{uk} = 0.3t_p + 0.7t_d \tag{7-20}$$

式中　t_p——历年统计（大于10年）的1月平均气温，℃；

t_d——历年统计（大于10年）的1月最低日平均气温，℃。

364. 矿井空气预热的方式有哪些？

（1）锅炉蒸汽预热。锅炉蒸汽通过加热器（热交换器），使部分进入矿井的空气温度大幅度提高，然后与冷空气混合，混合空气的温度应不低于2℃。送入进风竖井的热空气为60～80℃，送入斜井、平硐的热空气为50～70℃，送往井口房的热空气为30～50℃（无风机时20～30℃）。

（2）地温预热。利用井巷或采空区对矿井的进风流进行预热称为地温预热。位置较深的预热井巷是利用地热预热空气，浅部井巷则是利用夏季通风井巷岩壁吸收的大气热量来预热空气。后者是一种间接利用太阳能的方式。利用地温预热空气适用于具有一定开采深度，或者具有相当数量的废弃井巷和采空区的生产矿山。桓仁铅矿地温预热通风系统如图7-10所示，石嘴子铜矿地温预热通风系统如图7-11所示。

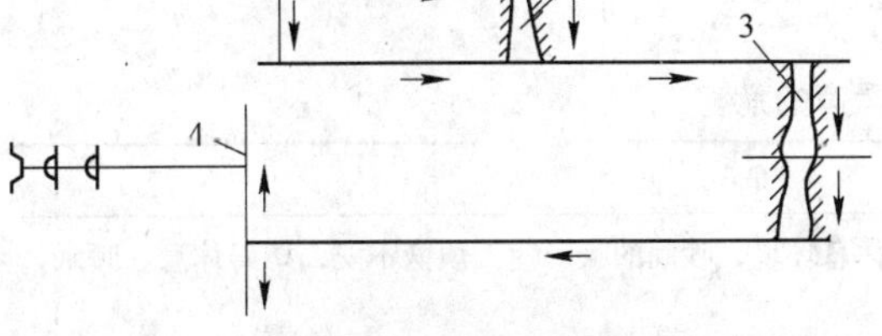

图7-10　桓仁铅矿地温预热通风系统（间接利用太阳能）

1～3—采空区；4—提升井

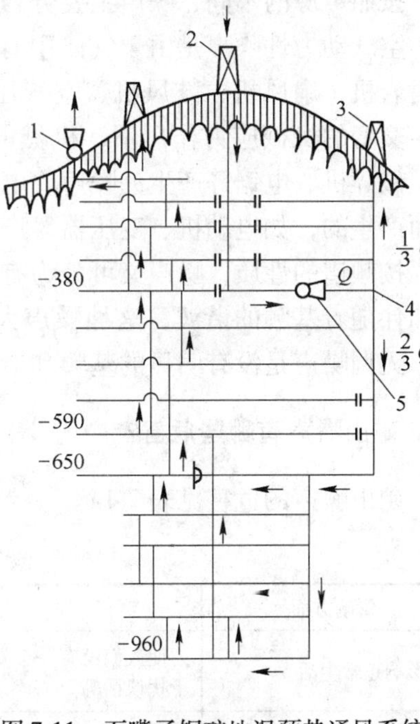

图7-11　石嘴子铜矿地温预热通风系统（利用地热能）

1—主扇；2，3—提升井；4—分风板；5—辅扇

365. 选择地温预热井巷应注意哪些问题？

（1）预热井巷不得含有放射性或其他有害气体、粉尘。

（2）尽可能保持预热井巷岩壁干燥，减少由于水分的蒸发而消耗的岩石的热量。

（3）尽量提高地温。以利用地热为主的预热井巷要距地面深一些，岩壁的导热系数要大一些；以利用太阳能为主的浅部井巷，为了充分利用大气热量，夏季要大量通风，春、秋季封闭，冬季启封使用。

（4）控制预热井巷风速。为了增加岩壁与空气之间的换热效果，同时也避免高速气流吹扬岩壁上的粉尘，要尽量采用并联风路的预热井巷（并联分支井巷风量一般低于 $20m^3/s$，从而降低预热空气的风速）。

（5）压入式通风的矿井可以不设预热风机，但是主扇风机的风量要增加 10% ~20%，其风压要考虑克服预热井巷的通风阻力。

第五节　矿山噪声和振动防治

366. 什么是噪声，可分为哪些类别？

噪声是声音的一种，具有声波的一切特性。从物理学观点来看，噪声是指声强和频率的变化都无规律的杂乱无章的声音；而从心理学观点来讲，凡是人们不需要的声音都属于噪声。

按照声源的不同，噪声主要分为空气动力性噪声、机械性噪声、电磁性噪声、脉冲噪声。空气动力性噪声是由于气体中有了涡流或发生了压力突变引起气体的扰动而产生的，如凿岩机、扇风机、鼓风机、空气压缩机等产生的噪声。机械性噪声是由于在撞击、摩擦、交变的机械应力作用下，机械的金属板、轴承、齿轮等发生振动而产生的，如球磨机、破碎机、电锯等产生的噪声。电磁性噪声是由于磁场脉动、磁场伸缩引起电气部件振动而产生的，如电动机、变压器等产生的噪声。矿山爆破过程产生脉冲噪声。

按频谱的性质，噪声又可分为有调噪声和无调噪声。有调噪声就是含有非常明显的基频和伴随着基频的谐波，这种噪声大部分是由旋转机械（如扇风机，空气压缩机）产生的。无调噪声是没有明显的基频和谐波的噪声，如脉冲爆破声。

367. 矿山噪声有哪些危害？

矿山噪声的危害见表 7-14。

表 7-14　矿山噪声的危害

影响方面	危　害
影响正常生活	使人们没有一个安静的工作和休息环境，吵闹的噪声使人烦恼不安，妨碍休息、睡眠，干扰谈话等
对矿工听觉的损伤	矿工长期在强噪声（90dB(A)以上）下工作，将导致暂时性听阈偏移，久而久之会转变成永久性听阈偏移，500Hz、1000Hz、2000Hz 听阈平均偏移 25dB(A)称为噪声性耳聋

续表 7-14

影响方面	危 害
引起矿工多种疾病	噪声作用于矿工的中枢神经系统，使矿工的基本生理过程失调，引起神经衰弱症； 噪声作用于心血管系统，可引起血管痉挛或血管紧张度降低、血压改变、心律不齐等； 使人们的消化机能衰退，胃功能紊乱，消化不良，食欲不振，体质减弱
影响矿山安全生产和降低矿山劳动生产率	矿工在嘈杂环境里工作，心情烦躁，容易疲乏，反应迟钝，注意力不集中，影响工作进度和质量，引起工伤事故； 由于噪声的掩蔽效应，使矿工听不到事故的前兆和各种警戒信号，容易发生工伤事故

368. 常用的噪声的评价方法有哪些？

噪声对人的干扰不仅与噪声的强度、频谱和持续时间等客观因素有关，而且与人们的心理状态和身体状况等主观因素有关。常用的评价方法主要有 A 计权声级、等效连续 A 声级两种。

（1）A 计权声级。目前对于保护听力和健康以及环境噪声的评价，世界公认用 A 声级作为噪声的评价指标。这是因为 A 声级是按照人对频率的响度感觉而计权的声级；它对人耳敏感的频域加以强调，不敏感的频域加以衰减，因而能较好地反映人们对噪声的主观感觉。A 声级可以用声级计直接测量，还可以和其他评价方法进行换算。

（2）等效连续 A 声级。当评价噪声对人体的影响时，不但要考虑该噪声的大小，而且要考虑作用的时间。等效连续 A 声级的定义就是：在声场中一定位置上，用某一段时间内能量平均的方法，将间歇接触的几个不同的 A 声级噪声，以一个 A 声级表示该段时间内的噪声大小。这个声级即为等效连续 A 声级，单位仍为 dB(A)。

等效连续 A 声级可用式（7-21）表示：

$$L_{eq} = 10\lg[(1/T)\int_0^T 10^{0.1L_A} \cdot dt] \quad (7\text{-}21)$$

式中 L_{eq}——各段时间间隔的时间量总和，即 $T = T_1 + T_2 + T_3 + \cdots + T_n$，min；

L_A——某段时间间隔内的 A 声级，dB(A)。

用声级计作为测量仪器时，计权网络“A”置慢挡，测点位置可选在操作人员耳边附近，测量 A 声级及其相应的持续时间。

测量数据按声级从小到大分成数段排列，每段相差 5dB（A），以其算术中心声级表示。然后各段声级的总接触时间可按表 7-15 统计。

表 7-15 各段 A 声级的接触时间

n 段	1	2	3	4	5	6	7	8
中心声级 L_A/dB(A)	80	85	90	95	100	105	110	115
暴露时间 T_n/min	T_1	T_2	T_3	T_4	T_5	T_6	T_7	T_8

以每天工作 8h 为基准，低于 80dB(A)的不予考虑，则每天的等效连续 A 声级可按式（7-22）近似计算：

$$L_{eq} = 80 + 10\lg[(\Sigma 10^{(n-1)/2} \cdot T_n)/480] \quad (7\text{-}22)$$

式中 L_{eq}——等效连续 A 声级，dB(A)；

T_n——第 n 段中心声级（L_A）在一个工作日内所累积的接触时间，min。

369. 噪声允许标准是如何规定的？

1979 年，我国卫生部和国家劳动总局颁发了《工业企业噪声卫生标准》试用草案。该标准适用于工业生产车间或作业场所工作人员的听力保护，见表 7-16。

表 7-16 我国工业企业噪声允许标准

噪声级/dB(A)		工作时间/h
现有企业	新建、扩建、改建企业	
90	85	8
93	88	4
96	91	2
99	94	1
不得超过 115dB(A)		

为了保证人们正常生活和工作环境的安静，我国还规定了《城市区域环境噪声标准》（GB 3096—1993）见表 7-17。

表 7-17 我国城市区域环境噪声标准 （kdB(A)）

类 别	昼 间	夜 间	类 别	昼 间	夜 间
0	50	40	3	65	55
1	55	45	4	70	55
2	60	50			

表 7-17 中各类标准的适用区域如下：

（1）0 类标准适用于疗养区、高级别墅区、高级宾馆区等特别需要安静的区域，位于城郊和乡村的这一类区域分别按严于 0 类标准 5dB(A)执行。

（2）1 类标准适用于以居住、文教机关为主的区域，乡村居住环境可参照执行该类标准。

（3）2 类标准适用于居住、商业、工业混杂区。

（4）3 类标准适用于工业区。

（5）4 类标准适用于城市中的道路交通干线道路两侧区域，穿越城区的内河航道两侧区域。穿越城区的铁路主、次干线两侧区域的背景噪声（指不通过列车时的噪声水平）限值也执行该类标准。

370. 常用噪声测量仪器有哪些，其测量方法是什么？

常用的测定仪器有声级计、频谱分析仪和优质磁带记录仪等。

（1）声级计是矿山噪声现场测定的一种基本测试仪器，它不仅可以单独用于声级测量，还可以和相应的仪器配套，进行频谱分析、振动测量等，如国产 ND_2 型精密声级计。

声级计是由传声器、放大器、计权网络和指示表头等部分组成。其工作原理是：声压信号通过传声器转换成电压信号，经过放大器放大，再通过计权网络，则可在表头上显示出分贝值。

声级计常用的频率计权网络有三种，称 A、B、C 声级。噪声测量时，如不用频率分析仪，只需读出声级计的 A、B、C 三挡读数，就可粗略地估算出该噪声的频率特性。从图 7-12 中可以看出，当 A、B、C 三挡读数相等时，该噪声属于高频声；若 $L_C = L_B > L_A$ 时，该噪声属于中频声；若 $L_C > L_B > L_A$ 时，该噪声属于低频声。声级计表头读数为有效值，分快、慢两挡。快挡适用于测量随时间起伏小的噪声；当噪声起伏较大时，则由慢挡读数，读出的噪声值为一段时间内的平均值。

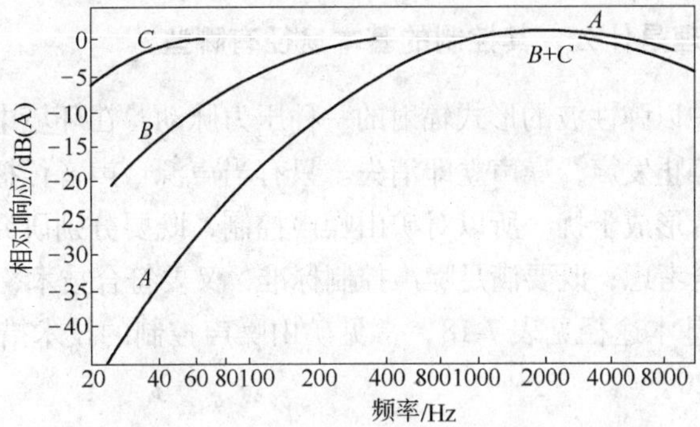

图 7-12　计权网络曲线

（2）频谱分析仪由放大器和滤波器组成，是分析噪声频谱的仪器。若噪声通过一组倍频程带通滤波器，则得到倍频程噪声频谱；若通过一组 1/3 倍频程带通滤波器，则得 1/3 倍频程噪声频谱。

（3）优质磁带记录仪。优质磁带记录仪使用专用磁带记录噪声等信号，可在各频带内作电平测量、分析、储存等多用途的高性能磁带记录仪。磁带记录仪由磁头、磁带和传动机构组成。磁头又由带有气隙的环形软磁铁心和绕于其上的线圈组成。磁带表面涂有一层均匀的磁粉。当磁带记录信号时，传动机构使磁带按一定的线速度在记录磁头上平移。当记录磁头线圈中有电流通过时，铁心中产生与电流成比例的磁通，而在铁心空隙端通过的磁带上的磁粉被磁化。磁带离开磁头后，磁带上即留有与信号成比例的剩余磁化强度，从而使记录的信号能长久保存在磁带上。重放时，磁带上的磁信号通过重放磁头还原成电信号，可配上笔式记录仪或光线示波器绘制曲线，也可配上数据处理装置进行分析、处理。多磁道的磁头或装有多个磁头的多通道磁带记录仪，可同时对多个变量进行记录，最多可有上百个信号通道。

现场噪声测定方法如下：

（1）测量前，应检查声级计的电池电压是否满足要求，并用活塞发声器对声级计进行校正。

（2）测量时要避免风、雨、雪对噪声测量的干扰。若风力在三级以上时，要在传声器上加防风罩；若风力在五级以上应停止测量。

（3）进行测量时应将传声器尽量接近机械的辐射面，这可使噪声源的直达声源足够大，避免其他噪声源的干扰。手持仪器测量时应尽可能使仪器离开身体。传声器应距离地面1.2～1.5m，距房屋或墙壁2～3m，以避免反射声波的影响。

（4）在测量时，若本底噪声小于被测噪声10dB(A)以上时，则本底噪声影响可以忽略不计；若其差值小于3dB(A)时，则所测噪声值没有意义；若其差值在3～10dB(A)之间，可根据下列数值进行校正。

所测出的声源噪声级与本底噪声级的差值/dB(A)	3	4.5	6～9
修正值/dB(A)	−3	−2	−1

（5）应作出完整的噪声测定记录。

371. 矿山噪声控制原理是什么，其控制的基本途径有哪些？

噪声是声源向空中以弹性波的形式辐射的一种压力脉动，在环境中不积累，对人的干扰是局部性的。当声源停止发声，噪声立即消失。只有当声源、声音传播途径、接受者三个因素同时存在，才对听者形成干扰。所以对矿山噪声控制，既要分别研究这三个部分，又要把三者视为一个系统综合考虑；既要满足噪声控制标准，又要符合技术、经济的合理性。

矿山噪声控制的基本途径见表7-18，常见矿山噪声控制的技术措施见表7-19，常见防噪用具的效果见表7-20。

表7-18 矿山噪声控制的基本途径

途 径	主要措施
降低噪声源噪声	改进采、选生产工艺和选用低噪声设备，如以焊代铆，以液压代替冲压、气动等； 提高矿山机械加工及装配精度，以减少机械振动和摩擦产生的噪声； 对高压、高速气流要降低压差和流速或改变气流喷嘴形状
在传播途径上控制	总体设计上合理布局，在矿区总平面设计时，应将主要噪声源车间或装置远离要求安静的车间、试验室和办公室等，或将高噪声设备尽量集中以便于控制； 利用屏障阻止噪声传播，如利用天然地形山冈、土坡、树林、草丛或不怕吵闹的高大建筑物或构筑物（如仓库、贮罐等）； 利用声源的指向性特点来控制噪声，如将主扇排风井、空气压缩机等的排出口朝向旷野或天空，以减少对环境影响
对接受者的防护	对矿工进行个人防护，如佩戴耳塞、耳罩、头盔等防噪声用品； 采取工人轮换作业，缩短矿工进入高噪声环境的工作时间

表7-19 常见矿山噪声控制的技术措施

技术措施	适用范围
消声器	降低风机等进气口、排气口的空气动力性噪声
隔声间（罩）	隔绝各种声源噪声
吸声处理	吸收室（罩）内的混响声
隔 振	阻止固体声传递，减少二次辐射
阻尼减振	减少板壳振动辐射噪声

表 7-20 常见防噪用具的效果

种 类	说 明	重量/g	衰减值/dB(A)
棉 花	塞在耳内	1~5	5~10
棉花涂蜡	塞在耳内	1~5	10~20
伞形耳塞	塑料或人造橡胶	1~5	15~30
柱形耳塞	乙烯套充蜡	3~5	20~30
耳 罩	罩壳内衬海绵	250~300	20~40
防声头盔	头盔内加耳塞	1500	30~50

372. 矿山噪声控制原则是什么？

（1）在降低存在的几个噪声源时，首先要降低最响的噪声源，这是获得显著效果的唯一途径。

（2）在最响噪声源已被降到比剩余噪声源低 5dB(A)后，再进一步降低该噪声源对总噪声的降低不会产生明显的效果。

（3）如果噪声是由许多相同响度的噪声源组成，要使总噪声降低，只有对其中全部噪声源进行降噪处理。

（4）尽管降低 3dB(A)噪声级是很有限的，但是在感觉响度上则有明显的差别。因为噪声降低 3dB(A)相当于声功率减少 50%。

373. 矿山噪声控制程序有哪些？

矿山噪声控制程序如图 7-13 所示。

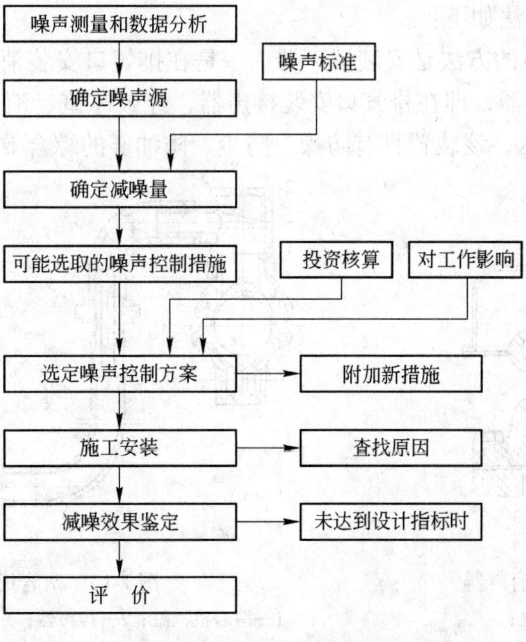

图 7-13 矿山噪声控制程序

374. 矿山机械设备噪声分布及特点是什么？

矿山噪声的特点是声源多、连续噪声多、声级高、衰减慢。

由于井下工作面狭窄、反射面大，直达声在巷道表面多次反射形成混响场，使相同设备在井下开动比地面开动声级高达5～6dB(A)。各种矿山机械设备的声级都在95～110dB(A)之间，有的超过115dB(A)。噪声频谱特性呈高、中频。各种矿山机械设备噪声级都超过国家颁发的《工业企业噪声卫生标准》规定。表7-21为部分矿山机械设备噪声频谱。

表7-21 部分矿山机械设备噪声频谱

设备名称	声级 dB(A) 倍频程声压级 dB										
	A	C	31.5	63	125	250	500	1000	2000	4000	8000
N85 标准曲线			102.6	95.5	91	87.6	85	82.8	81	79.5	
YSP45 凿岩机	113	115	87	98	111	113	106	1.06	105	104	102
C_3-3 电铲	85	95	98	92	93	90	80	81	77	75	68
36×40 球磨机	104	108	86	92	103	104	103	99	95	84	72
JBT_{52}-2 扇风机	105	107	81	87	88	107	102	102	99	93	86
k-60/7 空气压缩机	87	94	87	85	89	89	83	80	78	76	67
200×65×4 离心式清水泵	94	96	77	74	89	89	90	92	88	83	72
BBC-12F 采矿钻车	116	120	95	104	115	114	106	108	110	108	107

375. 气动凿岩机噪声源有哪些，其控制方法是什么？

气动凿岩机噪声级为110～120dB(A)，是目前井下最严重噪声源。气动凿岩机噪声源有：废气排出的空气动力性噪声；活塞对钎杆的冲击噪声；凿岩机外壳和零件振动的机械噪声；钎头对被凿岩石振动的反射噪声。

控制排气噪声的方法如下：

(1) 降低排气噪声的方法是安装消声器。一是在排气口安装消声器，如图7-14所示；二是在凿岩机外安消声器，即在排气口安装接声器，经破冰室、消声弯头、排气管、进入消声器，如图7-15所示，该装置具有防噪、防尘、防油雾的综合效果。

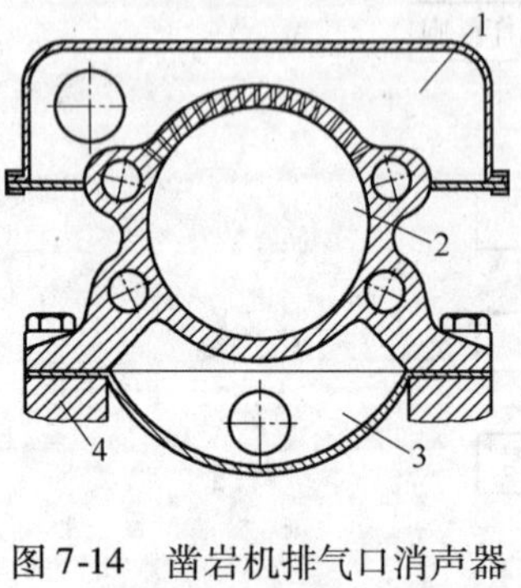

图7-14 凿岩机排气口消声器
1—上扩张室；2—汽缸；
3—下扩张室；4—导轨

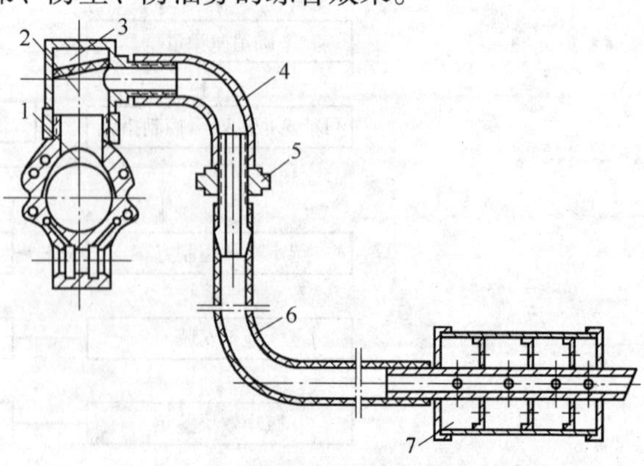

图7-15 凿岩机外消声器
1—凿岩机汽缸；2—接声器；3—破冰室；4—消声弯头；
5—接管锁套；6—排气管；7—消声器

（2）降低钎杆冲击噪声的方法是采用钎杆减振套。由吸收性黏合材料（泡沫氯丁橡胶）制作不同长度的锁套，使用时套装于钎杆的外围。以达到减少钎杆振动与衰减撞击噪声的目的，如图 7-16 所示。

（3）采用超高分子聚乙烯制成的包封套或用吸收噪声的合金制作凿岩机外壳，消除机壳辐射的机械噪声。

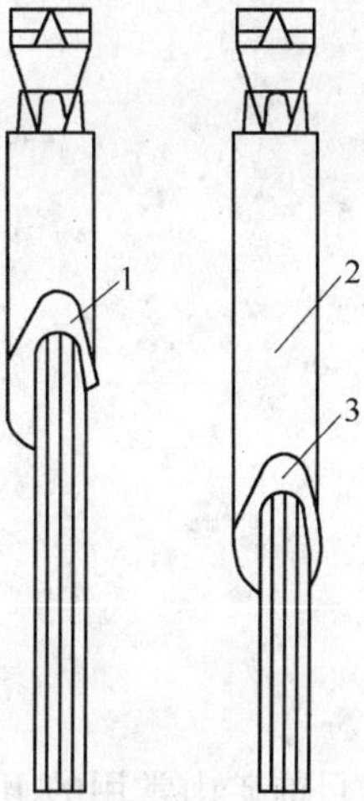

图 7-16　钎杆减振装置
1—吸声材料；2—钢套；
3—阻尼材料

376. 如何控制采矿钻车的噪声？

随着高强度回采和快速掘进出现了多机采矿钻车，国外都装备有隔声操作间。

我国梅山铁矿和武汉冶金环保研究院合作在 CTC141 型采矿钻车上安装隔声操作间。经测定：该装置司机操作室外噪声为 119～120dB(A)；室内为 89dB(A)，噪声、粉尘、油雾均达到国家卫生允许标准。其构造特点如下：

（1）该装置选用双层 0.5mm 钢板内镶嵌 50mm 厚聚醚乙烯泡沫塑料做外壳，操作室安装的钻车双梁尾部，用螺栓连接。

（2）室底层装四只弹簧起减振作用。

（3）室顶两侧架设探照灯，室前方有双层不同厚度的有机玻璃板，可观察到钻车的作业环境。

（4）玻璃窗顶部有两个喷嘴向玻璃喷出液体清洁剂，一个动臂型刮水器用来使玻璃保持清洁，以防止泥水沾污玻璃而影响视线；操作间安装滤气装置，能过滤粉尘、油雾，清除不良气味。

377. 扇风机噪声的产生及其特性是什么，其控制方法是什么？

扇风机噪声主要有：进气口和排气口辐射的空气动力性噪声，机壳、管壁、电动机轴承等辐射的机械噪声、基础振动辐射的固体声。在这三部分噪声中，以空气动力性噪声最强，据实测扇风机的空气动力性噪声比风机其他部位高出 10～20dB(A)。

主扇噪声控制方法如下：

（1）机体隔声。采用隔声间把机体辐射的噪声和周围环境隔开，隔声间采用一砖半墙、顶盖用 1.5mm 钢板、实际隔声量为 27dB(A)，若在室内敷设吸声层，可提高隔声间实际隔声量。

（2）电机房隔声。其噪声源为电机噪声和机体传来的固体声，噪声级达到 90dB(A)，对周围环境影响不大，但影响工人休息。可在电机房内开辟装有双层观察玻璃窗的隔声间，使室内噪声降低到 67dB(A)。

（3）排风口消声装置。采用矿渣膨胀珍珠岩吸声砖或水泥蛭石混合料吸声砖，是主扇排风口消声装置中较理想材料。具有耐燃、耐潮，抗腐蚀、无二次污染物和较好的吸声性能。图 7-17 为赤马山矿东、西风井主扇排风口消声装置。消声器长 5～6m，片间距 0.25～0.36m，通道风速 5.65～12.65m/s，阻塞比 0.3～0.4，吸声砖墙厚度 190mm。东风井噪声由 113dB(A)降 80dB(A)，西风井由 103.5dB(A)下降至 78dB(A)，阻力损失约 20～50Pa。

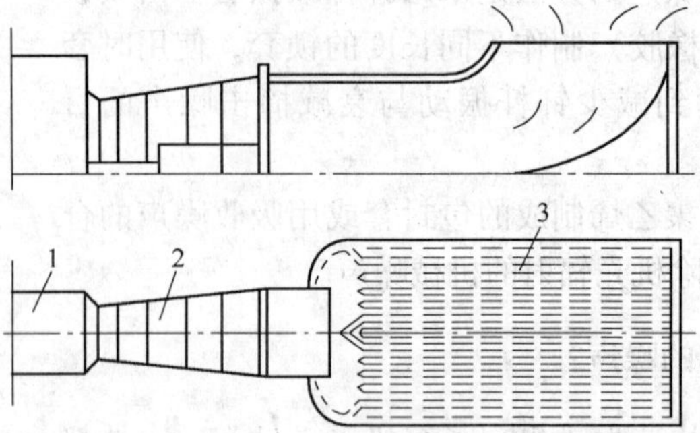

图 7-17　赤马山矿东、西风井主扇排风口消声结构

1—扇风机机房；2—扇风机机壳；3—吸声砖

目前矿山常用的 JBT52-2 型和 JF52-2 型局扇，功率为 11kW。该局扇可采用双层微穿孔板消声器，如图 7-18 所示。这种由板厚为 1mm、孔径为 1mm、穿孔率为 0.5% ~5% 的金属微穿孔板和空腔组成的阻抗复合吸声结构。可使 11kW 局扇噪声降低到 90dB(A)以下。

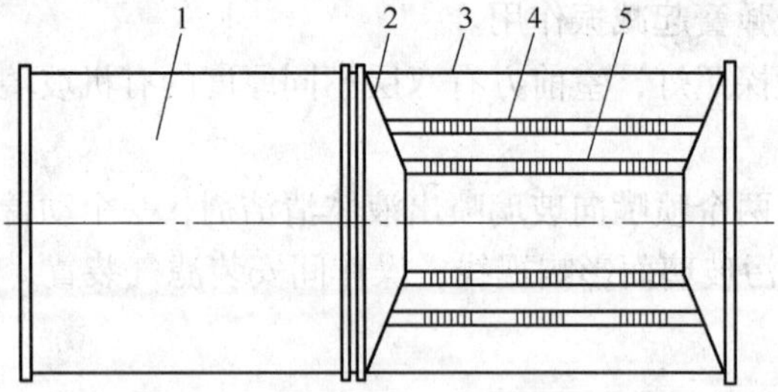

图 7-18　双层微穿孔板局扇消声器

1—局扇；2—支撑圈；3—消声器；4—孔板外层；5—孔板内层

378. 空气压缩机噪声的产生及其特性是什么，其控制方法是什么？

空气压缩机噪声包括由进、出气口辐射的空气动力性噪声，机械部件产生的机械噪声和驱动机（电动机或柴油机）噪声。该噪声频谱是倍频程声压级由低频到高频逐渐降低。呈现为低频强、频带宽、总声级高的特性。

空气压缩机噪声控制方法如下：

（1）在进气口、排气口安装消声器。图 7-19 所示为用于 4L-20/8 型空气压缩机进气口消声器，其消声值为 15dB(A)。

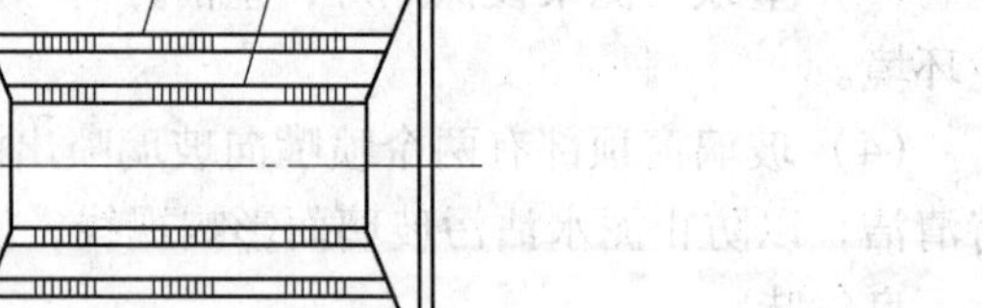

图 7-19　4L-20/8 型空气压缩机进气口消声器

（2）压气放空时噪声大，需在放空排气管末端装设多孔板吸声消声器，排气口要求高出屋面或在地沟敷设。

（3）在机器机座与基础连接部分加弹

簧减振器或橡皮减振器。

（4）机组加装隔声罩，选用2.5mm厚钢板、内壁涂刷5～7mm的沥青作为阻尼料。隔声罩上留有一扇足够大的门，并镶上双层观察玻璃窗，在隔声罩的适当位置上安装消声器，如图7-20所示。

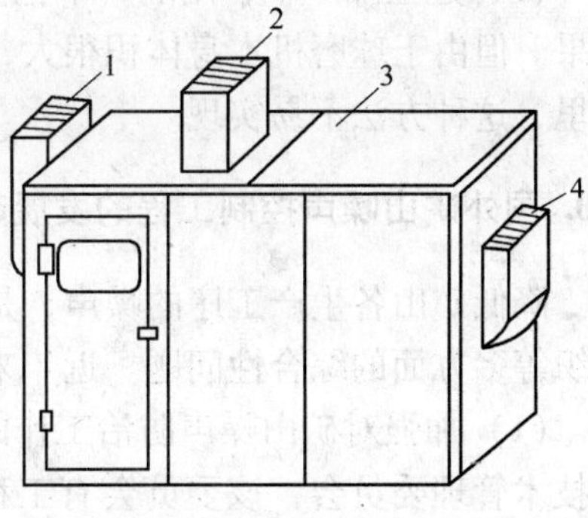

图7-20　空气压缩机隔声罩
1—进气消声器；2—排气消声器；3—隔声罩；4—电机进气消声器

（5）空气压缩机站噪声综合治理。

1）建造隔声间，作为值班人员工作场所。在隔声间内安装各机组的开停机按钮和控制仪表，可使室内噪声降低到60～65dB(A)。

2）在空气压缩机站内顶棚或墙壁悬吊吸声体，图7-21所示为某矿空气压缩机站噪声控制平面图及剖面图，每台空气压缩机都单独设置在有密闭门窗结构的机房内，保证单机检修方便。机房内建造通长的隔声控制间，每台空气压缩机房的墙上安有双层观察窗，操作工人可对各机组运行情况进行监视。

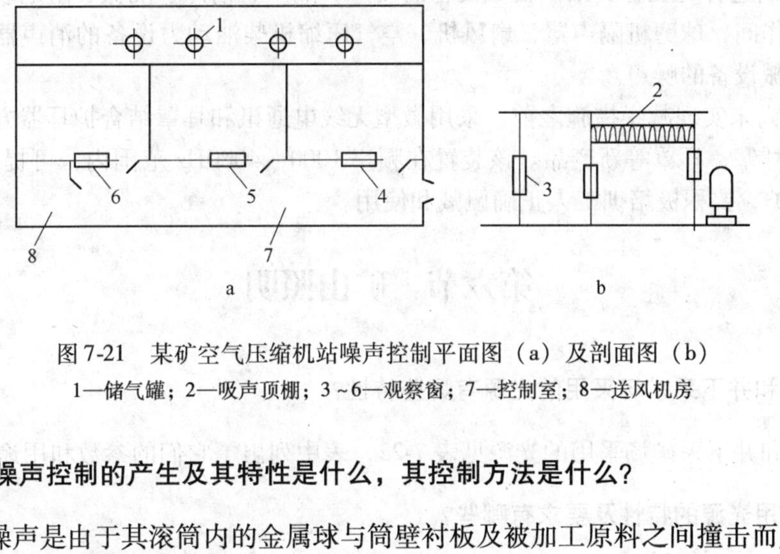

图7-21　某矿空气压缩机站噪声控制平面图（a）及剖面图（b）
1—储气罐；2—吸声顶棚；3～6—观察窗；7—控制室；8—送风机房

379. 球磨机噪声控制的产生及其特性是什么，其控制方法是什么？

球磨机噪声是由于其滚筒内的金属球与筒壁衬板及被加工原料之间撞击而产生的机械噪声。当装有钢球的球磨机转动时，钢球沿旋转方向沿筒壁上升到一定高度，由于重力作用使钢球下落，撞击到原料和衬板上，并使筒壁发生振动，产生强烈的撞击声，沿着衬板、筒壁向外辐射，即成为球磨机的主要噪声源。

球磨机噪声控制方法如下：

（1）采用特制的橡胶衬板代替锰钢衬板，可使噪声降低15～20dB(A)，频谱特性由高频变为中频、低频。

（2）安装阻尼、隔声套筒，在球磨机外壳上没有螺栓的情况下，可以在筒体外壳上紧紧地裹贴一层橡胶，再外加一层玻璃棉或工业毛毡，最外面再包上金属壳套，并用卡箍紧紧地把它们压在筒体上，可使噪声降低10～15dB(A)，但它的缺点是增加了球磨机运转中的负荷，并给机体散热带来困难。

（3）建立隔声罩，用隔声罩把整个球磨机封闭起来，可以取得20～30dB(A)的降噪效果。但由于球磨机本身体积很大，所以它的隔声罩体积更大，在设备布局比较紧凑的厂房里，这种方法不易实现。

380. 国外矿山噪声控制工程的发展趋势是怎样的?

降低矿山各生产工序的噪声，是一个涉及采矿机械设备结构和材料、生产管理、劳动组织等多方面的综合性问题。近年来，各国在矿山噪声控制工程取得如下进展：

（1）加强对矿山噪声防治工作的管理。国外防治噪声经验是：在各矿务局成立噪声防治技术管理委员会，该委员会有工程、科研、医疗、安全、培训和采矿等部门代表参加，统一协调各单位防治噪声的研究、测定、试验、管理等工作，这是全面防治矿井噪声危害的重要组织措施。

（2）研制低噪声采矿机械设备和实现远距离操作。如美国矿业局已研制一种低噪声气动凿岩机。该机采用独立马达带动钎钢旋转；无阀空气膨胀循环，活塞本身起阀门作用，取消凿岩机阀门的机械噪声源；增加钎尾长度，限制转钎套和钎尾间隙，使用无肩环的钎杆等降低钎杆弯曲波所产生的噪声，这是从声源上解决气动凿岩机噪声的根本性措施。

（3）研制适合现在各类采矿机械设备的吸声、隔声、消声、隔振、阻尼装置，如采矿钻车隔声操作间，球磨机隔声罩，扇风机、空气压缩机柴油动力设备的消声器等，进一步降低采矿机械设备的噪声。

（4）在尚未实现减噪措施之前，采用微型无线电通讯和耳罩结合护耳器方案。积极推广护耳器、耳塞、耳罩等新产品。该装置在频率1000～4000Hz范围内，可提供28～40dB(A)听力保护，要积极培训工人正确佩戴和使用。

第六节　矿山照明

381. 露天矿和井下采矿场采用的光源有哪些特性?

露天矿和井下采矿场采用的光源见表7-22，表中列出了它们的参数和用途。

382. 矿山常用光源的特性及要求有哪些?

（1）白炽灯。白炽灯应按额定电压使用，电压剧烈波动将影响它的寿命和发光效率。普通白炽灯在额定电压下工作的寿命约1000h。电压高出额定值5%时，其寿命约减少一半，低于额定值5%时，其寿命虽可增至2500h，但照度明显降低。因此，要求电源电压的偏移不大于±2.5%。

（2）荧光灯。荧光灯的光色有多种，矿山使用的为日光色，其使用要求如下：

1）荧光灯应在额定电压下使用。电压低于额定值1%时，光通量减少2%；低于10%时，荧光灯启动较困难。超过额定电压使用时，将降低使用寿命。故要求电压偏移值不大于±5%。

2）由于光输出的周期性而出现频闪效应，现代荧光灯及镇流器虽已能使频闪效应降至最低限度，当由三相电源供电时，应将荧光灯均匀配置接于三相，这样可以减少甚至避免出现频闪效应。

表 7-22 照明光源的比较

灯的品种	型号	功率 /W	光效 /cm·W^{-1}	平均寿命 /h	一般显色指数 R_e	启动稳定时间 /s	再启动时间 /min	功率因数 $\cos\varphi$	允许电压偏移 /%	频闪效应	耐震性能	参考价格 /元	主要用途
常用白炽灯	PZ110—□ PZ220—□	15 ~ 1000	6.5 ~ 19	1000	90 ~ 95	瞬时	瞬时	1	±2.5	不明显	较差	0.33 ~ 0.75	由于安装使用简单，所占面积小，能瞬时启动，便于光控，可作地面和井下的一般照明和局部照明，并为事故照明的最好光源、比别种电光源的光效低，寿命短为其主要缺点，但可与荧光灯或汞灯配合使用互相取长补短，得到良好的照明效果
卤钨灯	LZG220—□	500 ~ 2000	19.5 ~ 21	1000 ~ 1500	95 ~ 99	瞬时	瞬时	1	±2.5	不明显	差	9.7 ~ 20	光效较常用白炽灯高，但由于其温度高达 500 ~ 700℃，灯具背面温度也达 250℃以上，故限于地面大面积且无振动的建筑物或构筑物中使用
荧光灯	日光色 YZ□RR	8 ~ 125	25 ~ 55	1500 ~ 5000	70 ~ 80	1 ~ 3	瞬时	0.33 ~ 0.7	±5	明显	较好	0.97 ~ 39.3	光效高、寿命长，为地面及井下最经济的光源。缺点为：受环境温度、湿度影响大；需装镇流器；功率因数低
荧光高压汞灯	外镇流式 GGY□ 自镇流式 GYZ□	50 ~ 1000	30 ~ 50	3500 ~ 6000	30 ~ 40	240 ~ 320	5 ~ 10	0.44 ~ 0.67	±5	明显	好	11.20 ~ 58.0	外镇流式可安装在高度 5m 以上的厂房、广场和道路等处。在厂房内易与白炽灯混合使用。自镇流式有外镇流式的优点，再启动时间较短，可用于室内照明。在防爆条件允许时，也可用于井下巷道、车场照明。显色性差、启动慢是其缺点
金属卤化物灯	日光色镝灯 DDG—□	250 ~ 3500	60 ~ 80	300 ~ 1500	65 ~ 85	120	15	0.4 ~ 0.61	±5	明显	好	50.0 ~ 180.0	适用于地面广场、煤场、道路、露天矿和中央机厂高大厂房之处。光效高，光色较好。但需用镇流器及触发器。启动触发电压高是其缺点
高压钠灯	NG□	100 ~ 400	90 ~ 100	3000 ~ 5000	30	240 ~ 320	10 ~ 20	0.44	±5	明显	较好	40.0 ~ 64.40	适用于照度要求高，对光色要求小的场所，如煤场、露天场地、铸工车间等处，特别适用于道路照明。安装高度需 6m 以上，光色为单色光是其缺点
管型氙灯	SZ□	3000 ~ 20000	24 ~ 37	1000	90 ~ 94	1 ~ 2	瞬时	0.4 ~ 0.9	±5	明显	好	149.0 ~ 1210.0	需庞大笨重的附属装置，成本高，温度高，因此限制了它的用途，但在需要高亮度的场所，例如在装车点及高 20m 左右的厂房使用，有良好的照明效果，且光色最接近日光，是其优点

注：1. 本表技术指标系根据《电机工程手册》第 39 篇电气照明，《工厂常用电气设备手册》1986 年版和 1978 年版综合编写。

2. 型号中□为功率（W），如 PZ220-100，即 100 瓦白炽灯。

3）荧光灯工作最适宜的环境温度为18～25℃。环境温度过高或过低都会造成启动困难和光效下降。当环境的相对湿度为75%～80%时，启动困难。

（3）荧光高压汞灯。高压汞灯又称高压水银灯，它的外壳内壁涂以荧光质就是荧光高压汞灯。其显色性不好，故常与白炽灯配用加以改善。光色也有多种，适用于矿山用的为日光色。其使用要求如下：

1）电源电压如突然降低超过5%时，灯泡可能自动熄灭，而且启动时间长，突然停电后需9～18min才能启动完毕，所以不能用于要求迅速点燃的场所。要求电源电压波动范围不大于±5%。

2）该类型的灯不宜水平安装，否则光通量减少7%，而且容易自行熄灭。

3）外壳破碎后，虽仍能点亮，但有大量紫外线辐射，易灼伤眼睛和皮肤。破碎灯管要及时妥善处理，防止汞害。

383. 露天采矿场夜间应该照明的地点有哪些？

（1）凿岩机、移动式（或固定式）空气压缩机和水泵工作的地点。

（2）运输机道、斜坡卷扬机道、调车站、会让站、人行梯和人行道。

（3）汽车运输的装卸车处、人工装卸车地点和排土场卸车线。

（4）电铲和钻机工作地点的照明，一般利用设备自带的灯具。

384. 露天采矿场的最低照度参考值是多少？

露天采矿场的最低照度参考值见表7-23。

表7-23 露天采矿最低照度参考值

照明地点	照度/lx	规定照明的平面
人工作业和装车点、汽车装卸车处	1	地表水平面或垂直面
电铲工作地点	3	作业地点以及卸矿高度上水平面
电铲工作地点	10	垂直面
人工挑选地点的带式输送机	10	输送机水平面
采矿场和排土场轨道	0.2	地表水平面
露天钻机穿孔	10	在整个钻机高度范围内的垂直平面
露天钻机穿孔	3	地表水平面
手工凿岩	3	钎子垂直面和地表水平面
梯子上下阶段道路	3	梯子垂直面、人行道地表水平面
主要人行道和行车道	0.5	地表水平面
次要人行道和行车道	0.2	地表水平面
斜坡卷扬道	20	地表水平面
空压机和其他移动机械	10	地表水平面
调车场、会让站	0.5	地表水平面

385. 露天采矿场照明电压、电源及线路有什么要求？

（1）露天采矿场照明电压。露天采矿场照明电压一般采用220V，行灯电压不应大于36V。

（2）照明电源。露天采矿场采用中性点不接地的低压配电系统时，220V 照明电源经 380V/220V 照明变压器供电；采用中性点接地的低压配电系统时，照明电源可直接从低压网络引入。

（3）露天采矿场照明线路。照明线路应分区敷设，以便根据需要分区控制照明电源。固定式架空照明线路一般采用铝绞线，移动式架空照明线路采用绝缘导线，移动式非架空照明线路采用橡套电缆。

386. 露天采矿场照明灯具应如何选择？

露天采矿场一般采用路灯、投光灯和手携式作业灯。路灯可采用高压汞灯路灯或白炽灯路灯。采用投光灯有一定的优越性，可以减少线路投资和使用上的花费（如移动线路及灯具等）。人行道、斜坡卷扬机道、排土场作业点及运输机道一般采用路灯；采矿工作面、人工作业和装车处、凿岩处和高车场及会让站，一般采用投光灯。露天采矿场常用灯具见表 7-24。

表 7-24 露天采矿场常用灯具

名 称	型 号	型 式	电压/V	功率/W	光 源	备 注
投光灯	TG1-A	防水式	110/220	300	白炽灯	无 网
投光灯	TG1-B	防水式	110/220	300	白炽灯	有 网
投光灯	TG2-A	防水式	110/220	500	白炽灯	无 网
投光灯	TG2-B	防水式	110/220	500	白炽灯	有 网
投光灯	TG-14	防潮式	110/220	1000	集光灯	
投光灯	TG-7	防水式	220	400	高压汞灯	
投光灯	TG-15		220	1000	球形聚光泡	
投光灯	TG-20		220	150	DK-178	有效射程 50m
投光灯	TG-21		127	100	DG-178	有效射程 60m
投光灯	TG-22		220	150	DK-178	有效射程 50m
马路弯灯	JTY16-1		220	100～150	白炽灯	
马路弯灯	JTY16-2		220	200	白炽灯	
长臂马路弯灯	JTY17-1		220	200～300	白炽灯	
长臂马路弯灯	JTY17-2		220	200～300	白炽灯	
高压汞灯路灯	JTY26		220	400	高压汞灯	
高压汞灯路灯	TTY29		220	250	高压汞灯	敞开型

注：本表以上海地区产品为例进行介绍。

387. 井下电气照明的地点有哪些规定？

（1）井下在以下地点应设固定式照明：

1）井底车场及其附近、采区车场、井口和天井。

2）使用机车的巷道、运输机巷道、作人行道的斜井、升降人员的绞车道、升降物料和人行交替使用的绞车道，以及巷道交叉处。

3）机电硐室、调度室、机车库、火药库、保健站、候车室和信号站等。

4）风门、安全出口。

5）溜井口等危险地点。

（2）对采用矿灯照明的矿井、安全出口、不兼人行道的带式输送机巷道、非主要巷道交叉处和风门可不设照明。

（3）无爆炸危险地下的采掘工作面，应采用移动式电气照明。

388. 井下电气照度如何设计和布置？

当为白炽灯时，单位面积安装功率可按表7-25所列的数值范围设计。

表7-25 照明安装功率

照明地点名称	安装功率/$W \cdot m^{-2}$
采区车场、机电硐室、调度室、炸药发放硐室、机车库、信号站	6~8
带式输送机斜井及巷道	2
电机车运输巷道、轨道运输巷道、无轨运输巷道、行人斜井	1.5（单轨）、1（双轨）
井底车场巷道	3（单轨）、2（双轨）
保健站	20~25

在实际使用中，通常是按距离布置灯具，见表7-26。

表7-26 按距离配用灯具

照明地点名称	照明类别	灯间距离/m	灯泡功率/W
机电硐室	固定式	2~3	白炽灯60~100、荧光灯20~40
井底车场装卸处、人员上下处；溜井口和风门两侧	固定式	3~6	
井底车场、运输巷道、采区调车场、电耙道	固定式	10~15	
电机车及其他运输机巷道、人行道安全出口、斜井专用人行道	固定式	15~25	
采掘工作面	移动式	3~5	

389. 井下照明电压、电源与线路有什么要求？

（1）照明电压。

1）无爆炸危险的地下采掘工作面应采用36V，其他地方可采用220V或127V。当采用220V时，天井以及天井至回采工作面之间应采用36V。

2）有爆炸危险的矿井一般采用127V。

3）行灯电压不应大于36V。

（2）照明电源。因为井下采用中性点不接地的低压配电系统，所以无论采用哪种照明电压，照明电源都需经照明变压器供电。为了保证照明不受其他电力负荷的影响，其他电源宜从电力变压器总馈出开关之前引出。

（3）照明线路。井下照明网路一般采用变压器-干线式三相电源供电，三相并行敷设，在三相内要求灯具均匀分配，并保证各相负荷矩基本相等。

1）照明干线和支线可选用VLV-1000、VV-1000型聚氯乙烯电力电缆或BLV、BV型塑料绝缘导线。采用后者接线较方便，干线或支线的截面不宜大于$10mm^2$。

2）移动式照明线路可采用聚氯乙烯绝缘聚氯乙烯护套电线或U-1000型矿用橡套

电缆。

3）有机械损伤可能的地方，在竖井或倾角45°及以上的井巷，应采用钢丝铠装电缆；在水平巷道或倾角在45°以下的井巷，应采用钢带铠装电缆。由于井下潮湿，钢带或钢丝露在外面时易锈蚀，所以推荐采用护套内钢带或护套内钢丝铠装的聚氯乙烯绝缘电力电缆、交联聚乙烯绝缘电力电缆。

390. 井下照明灯具应如何选择？

井下无爆炸危险时可选用一般型或普通型灯具，也可以采用防雨悬吊式灯座。在通风良好的运输巷道中可以采用简易控照荧光灯。在有爆炸危险的井下，在有沼气喷出的巷道区域、采区通风道、总回风道、主要回风巷道、工作面和工作面进风、回风道等均需采用矿用防爆型灯具。在高沼气矿井的井底车场、主要通风道应采用矿用安全型灯具。在低沼气矿井井底车场、主要进风道可选择矿用一般型灯具。井下常用灯具见表7-27。巷道中的灯具一般安装在人行道一侧。主要运输巷道灯具悬挂高度应在2m以上。灯具的金属外壳及布线金属支架应接地。

表7-27　井下常用灯具

型号	名称	电压/V	功率/W	结构	使用场所	光源	备注
KAB60-1	矿用安全灯	127	60	灯体钢板，透明玻璃罩E27螺口防爆灯座	油气矿井、主要进风道、车场	白炽灯	
KBB-60	矿用防爆白炽灯	127	60	铝合金壳体，防爆玻璃罩和自动断电连锁装置的灯座组成隔爆结构	有瓦斯或煤尘爆炸危险的矿井、巷道和机械硐室	白炽灯	
KBY-15（20）	矿用防爆荧光灯	127	15～20	铝合金壳体，防爆透明玻璃保护管，有保护网和自动切断电源装置	有瓦斯或煤尘爆炸危险的矿井、井下主变电所、水泵房、主要巷道，必须空气流通条件的场所	荧光灯	
KBY-62	矿用自移支架灯	127	2×6	铝合金壳体、盖板和钢化玻璃组成隔爆外壳，设有连锁式开关限制的只有电源断路时电缆才能拔脱的装置	有瓦斯或煤尘爆炸的矿井中，供综合机械化采煤工作面照明	荧光灯	
B3C-60	手提防爆灯	36	40～60	铝合金灯体，防爆透明玻璃罩，可手提和悬挂，防护罩可平稳支撑灯具工作	有爆炸危险场所检查照明或移动式照明	白炽灯	
B3C-11-4	防爆行灯		40～60	灯壳由铝合金材料制成，并设散热片，在保护罩与手柄末端设有挂钩，放置悬挂都很方便	有爆炸危险场所检查照明或移动式照明	白炽灯	
KBT-125	矿用防爆安全灯	127	125	铝合金灯体和防爆透明玻璃罩板组成防爆外壳，有自动切断电源连锁装置，专门设计的曲面反射器。可悬挂并可作水平回转，俯仰照明。KBTD-125型防爆镇流器	含煤尘、瓦斯矿井，具有震动和水流冲击的矿场作投光照明	高压汞灯	

续表 7-27

型号	名称	电压/V	功率/W	结构	使用场所	光源	备注
YJK-1/40-2	简易控照荧光灯	110/220	40	灯具用钢板加工制成，结构坚固，造型简单，安装轻便灯具	无爆炸危险矿井井下通风良好的运输巷道	荧光灯	北京产品
YG2-1	简易控照荧光灯	110/220	40	灯具用钢板加工制成，结构坚固，造型简单，安装轻便	无爆炸危险矿井井下通风良好的运输巷道	荧光灯	上海产品

391. 照明线路电压损失有哪些要求？

（1）井底车场、硐室及地面生产系统工作照明要求较高的地点，允许电压损失，对白炽灯为其额定电压的2.5%，对放电灯（如荧光灯、高压汞灯）为其额定电压的5%。

（2）井下一般巷道、工作面和一般照明允许的电压损失为其额定电压的5%。

（3）当地面照明不能满足上述要求时，允许电压损失可增至其额定电压的10%，但应按相应电压水平（光源光通量降低）进行照度验算。

（4）事故照明、道路照明和警卫照明的允许电压损失为其额定电压的10%。

（5）电压为12～36V的照明允许电压损失为其额定电压的10%。

（6）灯泡所承受的最高电压不得超过其额定电压的5%。

392. 炸药库照明有哪些要求？

目前我国矿山使用的炸药主要是矿山自制的铵油炸药（包括铵松蜡、铵沥蜡炸药、多孔粒状铵油炸药）、浆状炸药、乳化炸药和水胶炸药。因此地面总炸药库除有各种炸药库和爆破器材库外，尚有一些炸药加工间。因此应该设置加工间照明、库房照明、加工区道路照明与库房道路照明、警卫照明、事故照明。在有爆炸危险的主要加工间，宜设事故照明，事故照明的照度应不低于3lx。

炸药加工间及炸药库的供电，一般采用电压为380V/220V的中性点接地系统，动力和照明可由同一台变压器供电。

393. 炸药库照明灯具和电器应怎样选择？

炸药库照明灯具和电器应根据危险场所的类别进行选择。

（1）各生产车间（建筑物）危险场所和防雷类别见表7-28。

表7-28 各生产车间（建筑物）危险场所和防雷类别

生产分类	生产车间（建筑物）名称	危险场所类别	防雷类别
粉状硝铵炸药	梯恩梯粉碎、炸药轮碾机混药、球磨机混药、机械混药、气流混药，炸药筛药、凉药、装药、包装	Ⅱ	一
	运送炸药的敞开式或半敞开式廊道，硝酸铵粉碎	Ⅲ	二
	运送炸药的封闭式廊道	Ⅱ	一

续表 7-28

生产分类	生产车间（建筑物）名称	危险场所类别	防雷类别
铵油炸药（包括铵松蜡、铵沥蜡炸药、多孔粒状铵油炸药）	炸药轮碾机混药、炸药筛选、凉药、装药、包装	Ⅱ	一
	硝酸铵粉碎、干燥	Ⅲ	二
水胶炸药	硝酸铵制造、浓缩，炸药混药，装药，凉药，包装	Ⅱ	一
	硝酸铵、硝酸钠及各种粉体原料的粉碎、筛选	Ⅲ	二
浆状炸药（包括不含梯恩梯、黑索今和含梯恩梯或黑索今状炸药）	溶药、混药、凉药、包装、梯恩梯粉碎	Ⅱ	一
	硝酸铵粉碎	Ⅲ	二
乳化炸药（包括不含单质和含单质炸药的乳化炸药）	乳化、凉药、掺和、装药、包装	Ⅱ	一
	硝酸铵、硝酸钠粉碎	Ⅲ	二
铵梯黑炸药	铵梯二成分轮碾机混合、铵梯黑三成分混药、筛分、凉药、装药、包装	Ⅱ	一
黑梯药柱	熔药、装药、凉药	Ⅱ	一
导火索	黑火药制造的三成分混合、干燥、凉药、筛选、包装、导火索制造的黑火药粉准备	Ⅰ	一
	制索	Ⅱ	一
	黑火药制造的硫炭二成分混合、硝酸钾的干燥、粉碎、导火索盘索、烘干、包装、普检，称量试验	Ⅲ	二
导爆索	黑索今的筛选、混合、干燥，制索	Ⅱ	一
	盘索、包装	Ⅲ	二
雷　管	二硝基重氮制造、真空干燥	Ⅱ	一
	二硝基氮酚烘房干燥、筛选	Ⅰ	一
	黑索今造粒、干燥、筛选、包装，雷管装药、压药、装配检验、包装，延期制造的混合、造粒、干燥、筛选、装药，火药头制造	Ⅱ	一
非电导爆系统	奥克托今的粉碎、干燥/筛选、混合，导爆管系统装配、包装	Ⅱ	一
	导爆管制造	Ⅲ	二
试验站	雷管，非电导爆系统试验站，导火索试验间，炸药试验场准备间	Ⅲ	二
仓　库	黑火药、起爆药、延期药，各种炸药仓库	Ⅰ	一
	雷管、导爆索、导火索，非电导爆系统仓库	Ⅱ	一
	硝酸铵、硝酸钾、硝酸钠、氯化钾仓库	Ⅲ	二

注：表中防雷类别摘自《民用爆破器材工厂设计安全规范》GB 50089—1998，供防雷设计参考。

（2）各类危险场所灯具及电器按表 7-29 选择。警卫照明可采用沿围墙或铁丝网分布的向外照的马路弯灯，沿围墙或铁丝网各方向向外照的路灯。

表 7-29　各类危险场所灯具及电器选择表

种　类	危险场所类别		
	Ⅰ类	Ⅱ类	Ⅲ类
室内电气照明	壁龛灯、室外透光照明用投光灯； 壁龛灯线路应接建筑物外墙穿钢管敷设；生产黑色火药的工作间不允许安装壁龛灯	防爆型	防水、防尘型
门灯、安装在室外墙上的开关	防水、防尘型； 生产黑色火药工作间的门应用增安型	防水、防尘型	
接线盒	防爆型	防爆型	

注：壁龛灯是安装在墙洞内的灯，安装在室内一侧的玻璃应满足如下要求：表面温度不得超过表 7-30 中的数值；室内一侧应密封，以防止危险物质进入壁龛内。壁龛室外侧应设散热孔或百叶窗，同时要防止雨水侵入。玻璃机械强度应符合国家有关防爆电气设备规范的要求。

394. 防爆电气设备外壳允许的表面温度有何安全规定?

防爆电气设备外壳允许的表面温度见表 7-30。

表 7-30　防爆电气设备外壳允许表面温度　（℃）

场所内火药、炸药种类	有过负荷可能的设备	无过负荷可能的设备
梯恩梯、黑火药、粉状铵梯炸药、奥克托今、铵油炸药、水胶炸药、浆状炸药、乳化炸药	140	160
黑索今、二硝基重氮酚、毫秒延期药	100	110

395. 炸药库照明线路如何选择与敷设?

（1）照明线路的选择。

1）各类危险场所内的电气线路，应采用绝缘导线穿钢管或采用电缆。导线或电缆的绝缘强度不应低于 500V。

2）Ⅰ类及Ⅱ类危险场所的线路应采用铜芯导线或电缆。导线最小允许截面：铜芯为 $1.5mm^2$，铝芯为 $2.5mm^2$（铝芯仅适用于危险工作间的外墙敷设）；导线及电缆长期允许载流量不应小于熔断器熔体的 1.25 倍。

3）Ⅰ类危险场所的电缆应采用铠装电缆；Ⅱ类和Ⅲ类危险场所的电缆应采用难燃护套电缆；当采用移动电缆时（限Ⅱ类和Ⅲ类场所），其机械强度不应低于中型橡套电缆（例如 YZ、YZW 型），Ⅲ类危险场所可采用铝芯导线或电缆。

（2）照明线路的敷设。

1）Ⅰ类危险场所不应敷设照明线路。Ⅱ类危险场所穿线钢管应采用完好的水煤气钢管，壁厚不应小于 2.5mm。在有腐蚀性的各类危险场所内穿线钢管不宜埋地敷设，穿线钢管应保证对该场所密封。防爆接线盒应采用导线穿钢管引入的接线盒。

2）电缆应尽量明设，照明线路的分支点应设在接线盒内。

第七节 矿工防护与保健

396. 矿工劳保用品应符合哪些条件?

矿工个体防护是指在劳动生产中直接对人体采取的预防性技术措施，即工作服和各种护具等劳保用品。矿工劳保用品既要有防护功能，又需有适应人体生理卫生要求的适用性。因此，矿工劳保用品要符合下列条件：

（1）穿戴方便，穿后无束缚感，不妨碍作业。

（2）具有充分保护身体的性能，且同作业相协调。

（3）须选用优质的原料制作，不得含有可能损伤机体的因素，特别不能有损害皮肤的因素。

（4）结构设计和组装要求牢固、合理，符合人类工效学和卫生学的要求。

（5）外观与色彩尽量符合工程美学的要求，易于为使用者接受。

397. 呼吸器官护具分为哪些类别?

呼吸器官护具（简称呼吸具）在劳保用品中占有重要地位。呼吸具可分为净气式、通风式、自给式呼吸具三类，每一类又有若干品种，见表7-31。

表7-31 呼吸器官护具的分类

类别		品种	适用条件
净气式呼吸面具	防尘面具	简易型防尘口罩	粉尘浓度低，或作业时间短的作业
		复式防尘口罩	粉尘浓度较高或湿式作业，冬季要用有排水装置的品种
	防毒面具	防毒口罩	仅能净化指定的毒气，有效时间短，使用时应明确毒气的种类
净气式呼吸护具	防毒面具	防毒面具	主要用于剧毒毒气。平时应训练，明确使用方法
	防一氧化碳自救器		矿工自救时用，过期产品应检验后再用
通风式呼吸护具	软管呼吸器	自吸呼吸器	从它处吸入清洁空气，管路的长度不得超过20m，管内径要求在9~26mm
		通风式呼吸器（电动、手动）	与作业环境尘、毒气相隔绝，可用于尘毒浓度较高场所
		自携式电动送风呼吸器	可防尘、防毒，但作业环境氧含量应大于18%
	压气呼吸器	恒星式 可调式 复合式	要求供气源符合卫生标准，压气中如含润滑油分解物与水分等需经净化后，方能使用

续表 7-31

类别		品种	适用条件
自吸式呼吸护具	空气呼吸器	肺力阀式 恒量式	和外部空气隔绝，尘、毒皆可预防； 用法简单，稍加训练即可掌握； 使用时间短，仅能用 10 ~ 30min
	氧化呼吸器	开放式 循环式	和外部空气隔绝，尘、毒皆可预防； 用法复杂，要进行专门训练方能掌握； 可使用 1 ~ 4h
	生气式呼吸器		和外部空气隔绝，尘、毒皆可预防； 用法复杂，要进行专门训练方能掌握； 可使用 1h

398. 常见防尘口罩的技术性能有哪些？

常见防尘口罩的技术性能见表 7-32。

表 7-32 防尘口罩技术性能

名称	类型	过滤材料	阻尘率/%	阻力/Pa		质量/g	结构空间/cm^3	妨碍下方视野/(°)
				吸气	呼气			
八层纱布口罩①	简易型	棉纱布	77.9	14.7	14.7	18		
泡沫塑料口罩①	简易型	泡沫塑料	60 ~ 80	12.9	15.8	20		
劳研 55 型	简易型	羊毛毡	92.2	16.4	16.4	29	204	9
包钢 1 型	简易型	过氯乙烯超细纤维	99.0	23.2	23.2	35	135	5
武安 3 型	简易型	氯纶绒布	96.0	11.6	11.6	24	195	4
湘劳 1 型	简易型	尼龙针织布	96.0	15.4	15.4	24	163	5
武安 6 型	简易型	丙纶粘尼龙布	98.4	18.7	17.7	42	140	8
武安 301 型	复式	超细纤维桑皮棉纸	99.0	33.8	22.2	102	135	7
武安 302 型	复式	超细纤维桑皮棉纸	99.1	43.5	15.4	127	125	4
武安 4 型	复式	超细纤维桑皮棉纸	98.3	22.2	16.4	112	100	6
305 型	复式	超细纤维桑皮棉纸	98.8	25.1	16.4	110	150	7
上海 803 型	复式	超细纤维桑皮棉纸	97.4	48.3	37.7	102	150	8
上海 804 型	复式	超细纤维桑皮棉纸	95.4	31.8	51.2	130	150	6

①不符合 GB 2626—81 要求。

399. 护耳器防护机理是什么，其隔声性能有哪些？

耳塞、耳罩、防噪声帽等均为工业防噪声用的护耳器。其防护机理是用惰性材料衰减噪声能量来保护听觉器官。护耳器应不妨碍人们的语言联系，佩戴舒适，没有毒性。国内常见耳塞的隔声性能见表 7-33。

表 7-33　各种耳塞的隔声性能

种　类	型号或生产研制单位	隔声值/dB(A)							
		125Hz	250Hz	500Hz	1kHz	2kHz	4kHz	6kHz	8kHz
圆锥形塑料	二翼片中空型	17.1	14.6	13.3	15.0	24.2	25.1	24.1	26.5
蘑菇形橡胶	耳研 5 型	15.5	13.6	13.5	13.3	22.1	19.2	20.0	23.7
	65 型	12.5	11.0	11.0	14.4	17.7	19.5	17.4	19.6
伞形塑料	上海劳保	11.4	10.2	11.9	16.2	23.2	21.2	22.2	20.7
	北京 82 中	16.2	14.8	13.8	16.9	25.5	23.9	24.6	22.2
提篮形塑料	锦铁型	15.8	14.8	13.7	15.5	19.5	21.4	19.0	25.4
圆柱形泡沫塑料	天津合成	17.4	16.8	17.2	20.1	29.6	32.9	22.2	36.4
	北京 82 中	17.0	18.3	19.1	21.8	30.1	34.3	36.2	36.2
	第二军医大学	15.8	16.7	17.5	19.3	28.1	31.6	32.0	32.0
硅橡胶成型	不用耳塞夹		21.3	24.5	28.1	31.1	38.4	40.2	48.2
	用耳塞夹		37.1	35.9	29.4	31.8	40.3	46.5	49.3
棉花型	天然棉	2.0	3.0	4.0	8.0	12.0	12.0		9.0
	蜡浸棉	6.0	10.0	12.0	16.0	27.0	32.0		26.0
	防声玻璃棉	7.0	11.0	13.0	17.0	29.0	35.0		31.0

资料来源：硅橡胶成型耳塞系第二军医大学用暂时性听或偏移法测试，其余为 1981 年 2～3 月北京市劳动卫生研究所、乐器研究所等单位测试小组用真耳法实测。

耳塞的防音效果取决于选择吸音的材质及孔隙度，以及耳塞的设计。对耳塞的质量要求有：佩用方便，不易破损，软硬适度，有弹性，佩用时不得损伤和刺激皮肤，并容易洗涤和消毒。耳塞对高频部分屏蔽效果较明显，便于语言的交流。对低频噪声的防护，可选用耳罩或两者同时并用。目前正在发展能基本上将声音屏蔽掉的耳罩，另配用话筒来接受语言的交流。但这种耳罩对意外声音失去听觉，发生事故不易察觉。

400. 矿用安全护具有哪些种类？

（1）矿工帽。矿工帽是安全帽中的一个品种。在国内，矿工较习惯使用层压胶布矿工帽。早在 20 世纪 30 年代就广泛使用柳条编织帽。新中国成立后又使用藤、竹条编帽。近年来各种塑料制的安全帽也在矿山广泛使用。

安全帽的防护性能，是由于它采用了有一定强度材料来制作帽体、帽衬，并设计成有缓冲性质的结构。帽体的表面形成球形滑动面，帽衬由弹性材料制成的衬条，有利于分散吸收冲击的能量，减轻由于重力打击造成的伤害。

在井下作业的职工，或在空中有运输设备、可能坠落物体的现场、施工工地等处的工作人员，都需戴符合国家标准的安全帽。并根据现场实际需要，选用能耐高、低温、阻燃、电绝缘等性能的品种。柳、藤、竹编安全帽有轻便、透气好的优点，但须选用符合国家标准的产品。

（2）工作服和防护服装。工作服比一般服装有更高的要求，它不能成为诱发意外事故与灾害的因素，要能保护机体不受外界危害物的侵害，并有利于体温的调节，保持衣内有较好小气候，便于工作与劳动。

防护服装是一种扩大了的工作服，是从头到脚都要进行保护的全身性衣服。它主要用于矿山作业条件较恶劣的处所。按其结构样式，可分成两大类，即送风式防护服和紧身式防护服。

送风式防护服是一种全身密封的服装，它基本和外部环境相隔绝。为保证人体呼吸功能，将净化过的压缩空气，或由电动送风机输送的清洁空气，通过软管经由帽内顶部沿颜面向下送风，风流从腋下开口处或袖、裤角口等缝隙处向外排放。为使有毒物质不致由缝隙处渗入防护服内，除加强密封外，还要在服装的适当部位装设排气阀，以便排气。在高温矿井作业时，可穿用送冷风的防护服。这种防护服内有夹层，冷风由夹层排气孔排出，以保持人体的热交换。

紧身式防护服有上下连体的服装，也有连接帽子的上衣和背带裤，一般都是三紧形式即紧袖口、裤脚和领口，以防有害物质侵害人体。与送风式防护服相比，紧身式防护服的密封性能差。但轻便、利于作业。高温用防护服除有隔热层外，还可送进冷却的空气。在有强辐射热处作业，要采用镀铝膜层面的工作服。明火作业的服装要用阻燃布制作。为了能保持人体的热平衡，除送冷风外还可在服装内穿特制的背心。背心内装有制冷剂，或用涡流管将冷风通过背心向体内扩散。这些方法都可在高温矿井中使用。但涡流管因连接压气管，行动不便，且噪声大，制冷效率很低。

(3) 防护手套。手套的主要用途为预防机械性外伤和防止脏污。矿用防护手套列于表7-34中。

表7-34 矿用防护手套

名 称	形 状	原 材 料
普通手套	五、三、两指形	棉纱、帆布、合成纤维（尼龙、维尼龙等制品）、牛革、猪革
焊工手套	五、三、两指形	牛革、猪革、帆布
卫生防护手套	五指形	天然或合成橡胶、合成树脂
绝缘手套	五指形	天然或合成橡胶、合成树脂
减振手套		泡沫乳胶、塑料

矿工经常使用的是普通手套，但凿岩时应戴减振手套以预防振动病。如何选用手套应根据作业情况而定。普通手套为棉针织品或棉布制品，它有触觉感、伸屈性、把握性、吸汗性能好等优点，但耐磨性能较差，易于破损。国外用合成纤维制作的手套，有较好的耐磨性，但吸汗性差，把握性不好。如能在棉纱手套掌面涂塑、橡胶，或用涤盖棉纺织品制作手套，则既能保持棉纱手套的优点，又加强了耐磨性能。接触笨重、锐利工件或热部件的手套，应选用质地较厚的皮革，或多层帆布，合成革（但它不能用于炽热件）等制成。

减振手套的样式与上述手套基本相同，其不同点是在手掌面、手指处加垫泡沫塑料、乳胶，或空气夹层等减振材料来达到减振目的。

(4) 防护鞋。矿用鞋习惯上使用长筒胶鞋，它有防水性，电绝缘性能（380V以下），易于清洗去污，但透气性差。矿山最好穿用防穿刺鞋底的胶鞋和皮鞋。

开采缓倾斜薄矿层，有时要用肘关节或膝关节支撑身体姿态进行工作。这时要使用护膝、护肘以保证矿工健康。这类护膝、护肘的结构形状，和球类比赛时穿用形状相同。矿工所穿用的护膝、护肘，由于穿用时间长，要有一定的厚度和弹性，多选用静电荷较强的合成纤维和泡沫塑料，以预防风湿性疾病。

401. 矿工卫生保健的任务是什么?

（1）对工作人员实行健康监护，控制或减少职业病的发生。

（2）对已发生职业病的患者应做好各项善后处置工作。开展就业前与就业后定期健康检查，及时发现就业禁忌症，建立健康档案。

（3）从卫生学角度对矿山卫生与保健设施的设计布局与管理实行监督。

（4）加强对矿工进行安全生产、个人卫生、防护护具的正确使用与普及工业外伤及意外事故的自救与互救等知识的宣传与教育。

402. 矿工体检的目的是什么，可分为哪几类?

矿工体检是对矿山工作人员进行健康监护的重要手段之一。通过体检能了解矿山作业人员的健康水平，及时发现职业病与矿山常见病、多发病的发病状况，并能反映矿山的劳动条件、污染治理以及防护、卫生保健设施的概貌。

矿工体检包括：就业前体检、就业后定期体检、离职退休前体检、特殊作业脱离后体检等。

403. 矿工体检项目与要求有哪些?

根据不同体检目的，分别提出各项体检项目与要求。

（1）就业前体检是对准备调入接触某些有害物质的矿山工作人员（含新入矿将从事接触有害因素者）进行体检，其项目与要求是针对今后接触有害物质对人体影响情况或妨害从事某作业的体质而制定。经检查，凡发现有活动性肺部或肺部以外器官结核，心血管系统严重疾病（高血压病与各种心脏病），严重影响肺功能的肺脏和胸膜疾病（肺气肿、胸膜肥厚粘连），肝、肾、血液、神经、内分泌等系统疾病，严重的上呼吸道鼻腔、眼部、皮肤等病变均分别属于接触粉尘、毒物、放射性物质、高温等作业的就业禁忌症。若已从事矿山接触尘毒等有害因素的作业人员中，在定期体检时发现有上述禁忌的作业人员，同样应调离原岗位。

（2）就业后定期体检是对接触尘毒等有害因素的矿山工作人员进行一定周期的职业性危害的体检。其项目与要求是按照各有害因素对人体产生不同职业影响而分别制定的，一般包括以下内容：

1）查询本人职业史（接触有害物的种类、时间、方式、强度等），伴有自觉症状，如硅尘作业者气短、胸闷、咳嗽等；相应劳动环境情况，如查阅粉尘或放射性物质作业现场历年粉尘或射线监测资料，以估算个人累积接触剂量水平以及劳动防护等情况。

2）除常规体检外，接尘作业人员重点放在胸部照X线片，测肺功能；接触某些毒物如汞、锰作业人员，重点应作全面神经系统检查；放射性物质作业需检查血液、肝、肾、神经、眼部等；若矿尘中含氡及其子体时，作业人员除按接尘检查要求外，常加作痰检，必要时作支气管镜检查等，以及早发现职业性肺癌；矿山气动工具操作者易受噪声、振动危害，常加作听力、肢端毛细血管与骨骼照片等检查；磷矿作业者加照下颌骨X线片，观察下颌骨与牙齿受损情况。

3）根据有害物质吸收后在体内代谢过程不同的特点，分别测定不同生物样品（血、尿、头发、指甲等）中某种毒物的含量，此含量能反映该毒物的实际接触水平，作为接触或诊断的参考指标。

就业后的定期检查，能及时发现职业性危害的影响程度，按国家标准检查出各种矿山职业病患者，并按职业病管理作出相应的对策。

（3）调离矿山作业后体检是对原从事有害因素的工作人员在脱离接触后若干年内继续接受医学监护。某些粉尘毒物所致危害，如硅肺、铍肺、职业性肿瘤等可对人体产生晚发的"远期效应"，即发病的潜伏期较长，故即使已脱离原作业岗位，也需进行随访、跟踪的体检，其检查项目与要求同上述（2）项内容。放射性物质工作人员在离职前与脱离接触后也需作有关健康监护。从事一般有害作业的职工在退休前，或工伤事故、长期病休后复职，也有必要作相应的体检。

（4）矿山常见病与多发病的发生，与不良劳动环境、恶劣气象条件及劳动生产中的长时间强迫体位使个别身体器官系统保持紧张状态等因素有关，但也应强调长期微量生产性有害因素的作用。它虽不致引起职业病，但能降低人体对非生产性因素的抵抗力。其表现是某些常见疾病——职业性多发病的发病率升高。不良气象条件下易患感冒、胃肠炎、皮肤病、风湿性关节炎，劳动生产活动中长期不良姿势可引起肌体肌肉疲劳、痉挛、坐骨神经痛、腰背痛、下肢静脉曲张、脊柱弯曲、滑囊炎等。

在矿山日常医疗中应注意常见病与多发病的发病情况，分析发病原因，提出合理的防治意见，如注意矿工个人卫生，提倡劳动中正确姿势，增加工间休息，要发挥卫生保健设施（营养餐、浴室、太阳灯照射等）的作用，普遍提高矿山工作人员的健康素质、减少矿山常见病与多发病的发病率。

404. 矿工体检的周期有哪些规定和要求？

矿工体检周期是指矿工就业后定期体检的时间间隔。周期的长短按职业危害因素对健康的作用快慢和后果的严重程度以及接触该因素的情况而定。其要求如下：

（1）硅尘作业者如现场粉尘浓度高，游离二氧化硅含量大，硅肺发展较快则应6~12个月检查一次，而观察对象应半年检查一次；粉尘浓度高，游离二氧化硅含量低，硅肺发病慢而轻者每12~24个月检查一次；当粉尘浓度已降至卫生标准以下者，可每24~36个月检查一次；观察对象每12个月检查一次。凡硅肺合并结核者应三个月检查一次。已患有硅肺、石棉肺、其他尘肺者，每年均应复查一次。上述各检查均须照X线胸片。

（2）接触金属或其他有毒物质者，每年至少检查一次。遇有特殊意外，如生产现场有严重的设备事故，则体检间隔周期不受此限。

（3）从事放射工作人员的定期体检，在甲种工作条件下工作的人员每一年体检一次，其他放射工作人员每2~3年体检一次。放射工作场所的分级参考《放射卫生防护基本标准》（GB 4792—1984）。

（4）某些毒物所造成的职业危害的进展及演变较快，如对血液、内脏组织的急性损害；有些较缓慢，如对骨骼系统损害，其定期体检或复查间隔时间可根据现场劳动条件、作业人员健康状况等缩短为六个月或延长到三年以上。

405. 职业病诊断管理有哪些规定和要求?

（1）病诊断权。限于矿山所在地的省、地、市级职业病防治机构中的由上级卫生行政部门批准的“职业病诊断小组”负责此项工作。各工业部门下属各矿山企业中设置的劳动保护研究所或职业病防治机构，有条件成立的职业病诊断小组经当地省、地、市级卫生行政部门批准后，可授予对本部门职业病的诊断权限。在一个或几个工业部门对某种职业危害进行大面积普查时，可设置经卫生部同意的临时普查诊断小组，授予一次性诊断权，进行诊断工作。

（2）患有职业病的矿山工作人员收到职业病诊断书后，按注明的有效期进行复查，否则超过有效期诊断书即作废。对诊断持异议时，可提出正当理由向上一级诊断机构要求复诊。

（3）凡生前诊断不明，但又怀疑为职业病死亡或疑诊有职业病而死于其他原因者，可征得家属同意后作尸解病理诊断，其诊断后的有效期从尸解确诊之日算起。

（4）矿山作业者在接受职业性健康检查时，所占用的生产、工作时间按正常出勤处理；如需住院进一步检查者，不论其最后是否诊断为职业病，此期间可享受职业病待遇。

406. 职业病患者的管理有哪些规定和要求?

（1）矿山职工经诊断患有某种职业病后，一方面由所在单位行政、工会和劳动鉴定委员会（小组）按其诊断病情与劳动力丧失程度，根据国家有关规定，予以享受工伤保险待遇或职业病待遇；另一方面由矿山有关部门按职业病的报告制度，逐级上报。

（2）确诊职业病后，所在单位应按诊断机构意见安排其医治或疗养，但首先应调离或暂时调离原工作岗位，以接受医学处理。如患早期硅肺者，在有条件的矿山医疗机构将患者集中进行短期治疗（3～6个月）；有的在疗养期间可安排适当营养与文娱活动；有较多的矿山可使大多数硅肺患者每1～2年轮流得到一次疗养机会。不少矿山对重新走上新工作岗位的患有职业病的职工举办各种业余或半脱产疗养所、营养食堂等，充分发挥矿山卫生保健设施的作用。

（3）矿山职业病患者除建立健康档案，接受医学跟踪、随访外，当变动工作单位时，其全部健康档案，包括职业病诊断证明、处理情况等应移交新单位。调出、调入单位都应将情况报告各所在地的劳动卫生职防机构备案，其职业病待遇应由原单位负责或两个单位协商处理，商定后才可办理调动手续。

407. 职业病患者的劳动能力鉴定有哪些要求?

矿山劳动鉴定委员会（小组）是由矿山卫生、劳动人事部门及工会组成的鉴定机构，负责对矿山职业病患者进行劳动能力鉴定和工作安置。

（1）对硅肺患者，除调离原硅尘岗位外，还应按其病情分期、临床表现、肺气肿的程度及肺功能改变等情况的综合分析，作为劳动能力鉴定的依据。

（2）劳动能力被鉴定属正常范围或只有轻度减退者，一般仍能胜任轻体力劳动调离硅尘作业后，可安排适当工作，并应缩短工时或在医学监护下作康复活动；劳动能力丧失者或硅肺合并活动型肺结核者均不作任何工作安排，并受医学监护或积极抗结核治疗。对其他职业中毒等也根据职防机构意见，做出具体安置工作。

（3）当患职业病职工在医治或疗养后被确认为不宜继续从事原有害作业或工作时，应在两个月内将其调离，另外安排工作；对因工作需要暂不能调离原岗位者，调离期限最长不得超过半年。

（4）职业病患者因病情变化，经复查后劳动能力安排上如有变更，亦应通过矿山劳动鉴定委员会。

408. 矿山卫生与保健设施有哪些？

（1）矿工保健餐。矿工担负着繁重体力劳动，营养素的需要量大，尤其是蛋白质，在重体力劳动时分解增加，因此，合理补充蛋白质、糖、维生素等对增强矿工体质是很重要的。应根据具体条件在保证正常膳食平衡的基础上，选择营养食品给矿工供应保健餐，并注意改进烹调方法以增加食欲。一般保健餐供应方式，采用增加中餐的营养量或在工间另增加一餐，这样既可增进矿工体质又可提高工作效率。

（2）矿山井下餐室。井下集中作业的地方，应设有井下餐室，便于矿工进食中餐和保健餐。井下餐室建造应符合卫生要求，餐室内设有洗涤间，在就餐前工人可进行洗刷，洗脸毛巾不可公用，以防皮肤病和沙眼病的传播。井下餐室有的食品是地面餐厅做好后送下来的，途中应注意保温、防污染。餐室环境布置应优美，使矿工在进餐时增进食欲。

（3）矿工饮水。每一矿井应有特设的饮水站。站上设有贮水壶及向水壶装水的设备。也可在矿井中适当的地点设容量够大的保温水桶以贮开水。应保持水桶清洁卫生。水质应符合卫生标准。饮用水与工业用水应分开使用，防止污染。

（4）工间休息室。矿工在井下劳动一段时间后应安排工间休息。休息室应设在空气新鲜处，室内清洁卫生，光线明亮。如果工作地方离地面较近，应在井口设休息室或搭凉棚，让矿工在工间休息好，调节精神，减少疲劳。

（5）井下厕所。在矿井中应设足量的厕所。这些厕所应建设在照明及通风都良好的地方。外装自动关闭的厕所门，内设便桶，便桶最好是特制小车的形式，以便天天推出去消除及消毒。当工作面向前移时，矿井管理部门应随着将厕所前移。要耐心说服矿工，大小便必须上厕所，不可在井下随地便溺，以免污染环境，传播疾病。露天开采矿山，也应在适当地点建设厕所，保持工作场所清洁卫生。

（6）浴室。在井口应设有更衣室、浴室、洗衣房。工人上班时，把家常衣服换下放在个人专用的有门衣柜中，换上工作服。下班时脱下脏的工作服交洗衣房清洗，烘干以备下次再用。工人经过浴室洗涤后，对放射性矿山，还应经过射线的安全检查，确认符合卫生要求后，再到光疗室接受太阳灯照射。

（7）太阳灯（紫外线）。矿工长期从事井下作业，接受阳光照射时间短，加上井下潮湿，容易引起皮肤病、风湿性关节炎以及微量元素代谢失调等疾病。进行紫外线照射能杀灭细菌，促进钙磷等微量元素代谢和维生素 D 的合成，对增进机体抵抗力是有益的。照射时应宣传教育，加强管理，严格按照太阳灯的性能和操作规程办事，调整合适剂量。照射时要正确使用防护眼镜等个人保护用品，防止紫外线损伤皮肤和眼睛。

（8）疗养院。对矿工进行定期疗养，许多单位已经给予安排并形成制度，但疗养时间长短不一。根据工作情况可采用集中疗养，配有专业医务人员指导。对于职业病患者，在疗养期间应给予诊治。国家对疗养职工给予较高的伙食补贴。定期疗养对矿工体质增强有很好的作用。

（9）女工保健。女工保健是整个劳动保护工作的重要组成部分，是针对女性生理机能的特点进行特殊保护。其目的，一是保护女职工在生产中的安全与健康；二是因为女性有繁衍后代的职能，对女职工实行保健，也是为了保护下一代的健康。女工保健的内容：

1）研究职业因素对女性生理机能的影响。

2）安排女职工从事适应女性生理机能，避免职业性危害的工作。

3）对女性生理机能变化过程中各个时期的保健，其中有经期保健、孕期保健、产后保健、哺乳期保健、更年期保健。应对以上各期采取不同的卫生保健措施，保护女职工身体健康。

（10）矿山安全卫生教育。在新工人进矿时，要作为一项重要内容对新工人进行矿山安全卫生教育。管理部门还要不定期地举办有针对性的安全卫生讲座、展览，以及黑板报、墙报、宣传画等，广泛进行多种形式宣传，使工人明白生产必须安全，卫生搞好了，健康才有保障。坚持定期进行生产安全知识考核。

第八章　矿山事故应急与救援

第一节　重大灾害抢险救灾预案

409. 什么是应急预案，其作用有哪些？

应急预案就是针对各种可能发生的事故所需的应急行动而制定的指导性文件。针对具体的设备、设施、场所和环境，根据事故可能发生的形式、发展过程、危害范围和破坏区域等，为降低事故造成的人身、财产与环境损失，就事故发生后的应急救援机构和人员，应急救援的设备、设施、条件和环境，行动的步骤和纲领，控制事故发展的方法和程序等，预先做出的科学而有效的计划和安排。

有效的应急预案对于如何在事故现场组织开展应急救援工作具有重要的指导作用：

（1）可以指导应急人员的日常培训和演习，保证各种应急资源处于良好的备战状态。

（2）可以指导应急行动按计划有序进行，防止因行动组织不力或现场救援工作的混乱而延误事故应急，从而降低人员伤亡和财产损失。

（3）可以保证实现应急救援行动的快速、有序与高效性。

410. 应急预案可分为哪几类，其应具备哪些基本要求？

根据针对的危害物质可分为综合预案和单独预案，根据预案责任主体的性质不同可以分为企业预案和政府预案，根据事故影响范围不同可以分为现场预案和场外预案。

制订应急预案的目的就是为了在发生事故时，能快速有效地实现救灾，以尽快控制事态的发展。因此，应急预案应具备以下基本要求：

（1）科学性。应急救援工作是一项科学性很强的工作，因此，在制订应急预案时必须在充分调查的基础上，经过科学的分析和论证，使之具有严密性、统一性、完整性。

（2）实用性。应急救援预案必须和企业现场及周围环境等客观条件相符合，以提高灾变时救援的适应性。

（3）权威性。救援工作是一项紧急状态下的应急工作，救援预案应有明确的管理体系、救援行动的组织权限及各级救援组织的职责与任务等一系列的行政管理规定，保证救援指挥工作的统一性。应急救援预案应经过上级部门批准后才能实施。

411. 事故应急救援的基本任务是什么，有哪些特点？

应急救援基本任务主要有：

（1）立即组织营救受害人员，组织撤离或者采取其他措施保护危害区域内的其他人员。

（2）迅速控制事态，防止事故影响范围继续扩大，并测定事故的危害区域、危害性质及危害程度。

（3）消除危害后果（采取封闭、隔离、洗消等措施，防止对人体和环境的继续危害），作好现场恢复。

（4）查清事故原因。

重大事故往往具有发生突然、扩散迅速、危害范围广等特点，因而决定了应急救援行动必须做到迅速、准确和有效。

（1）迅速。建立快速应急响应机制，迅速准确地传递事故信息，迅速地召集所需的应急力量和设备、物质等资源，迅速建立统一指挥与协调系统，开展救援活动。

（2）准确。有相应的应急决策机制，能基于事故的规模、性质、特点、现场环境等信息，正确预测其发展趋势，准确地对应急救援行动和战术进行决策。

（3）有效。应急救援行动的有效性很大程度上取决于应急准备的充分性，包括应急队伍的建设与训练，应急设备和物质的配备与维护，预案落实情况，以及有效的外部增援机制等。

412. 应急救援管理包括哪几个阶段？

应急管理是一个动态的过程，包括预防、准备、响应和恢复4个阶段：

（1）预防。通过安全管理和安全技术等手段，尽可能防止事故的发生。在假定事故必然发生的前提下，通过预先采取的预防措施，降低或减缓事故的影响或后果严重程度。

（2）准备。针对可能发生的事故，为迅速有效地开展应急行动而预先所做的各种准备，包括应急机构的设立和责任的落实、预案的编制、应急队伍的建设、应急设备（设施）和物质的准备和维护、预案的演练、与外部应急力量的衔接等，目标是保护重大事故应急救援所需的应急能力。

（3）响应。事故发生后立即采取救援行动，包括事故的报警与通报、人员的紧急疏散、急救与医疗、消防和工程抢险措施、信息收集与应急决策和外部救援等，目标是尽可能地抢救受害人员、保护可能受威胁的人群，并尽可能地控制并消除事故。

（4）恢复。事故发生后立即进行恢复工作，使事故影响区域恢复到相对安全的基本状态，然后逐渐恢复到正常状态。立即进行的恢复工作包括事故损失评估、原因调查、清理废墟等。短期恢复中应注意避免出现新的紧急情况，长期恢复包括厂区重建和受影响区域的重新规划和发展。

413. 事故应急救援体系的组织结构是什么，支持保障系统有哪些？

一个完整的应急体系应由组织体制、运作机制、法制基础和应急保障系统四部分组成。

组织体制包括管理机构、功能部门、应急指挥、救援队伍四部分。管理机构是指维持应急日常管理的负责部门。功能部门包括与应急活动有关的各类组织机构，如消防、医疗等。应急指挥包括应急预案启动后，负责应急救援活动场外与场内指挥系统。救援队伍则由专业和志愿人员组成。

应急保障系统包括四部分，即信息与通讯系统、物质与装备保障系统、人力资源保障系统、应急财务保障。

414. 应急救援的原则有哪些？

（1）应急救援必须坚持“以人为本”和“安全优先”的原则。在实施救援的过程中，要牢牢把握“及时进行救援处理”和“减轻事故所造成的损失”两个事故损失控制的关键点，把遇险人员、受威胁人员和应急救援人员的安全放在首位。不准放弃一丝解救遇险人员脱离险情的希望，不准有新的人员伤亡，更不准以活人来换死人。

（2）在对灾区人员实施救援时，应坚持先活人后死者的原则。

（3）要坚持防止事故扩大优先的原则。

（4）坚持保护环境，有利于灾后重建和尽快恢复生产的原则。

415. 事故应急救援预案的作用、层次及文件体系是什么？

（1）作用。

1）明确应急救援的范围和体系，使应急准备和应急管理有据可依、有章可循。

2）有利于做出及时的应急响应，降低事故后果。

3）成为各类突发重大事故的应急基础。通过编制基本应急预案，可保证应急预案足够的灵活性，对那些事先无法预料到的突发事件或事故，也可以起到基本的应急指导作用；针对特定危害编制专项应急预案，有针对性制定应急措施，进行专项应急准备和演习。

4）当发生超过应急能力的重大事故时，便于向上级应急部门请求增援。

5）有利于提高全社会的风险防范意识。

（2）层次。

1）综合预案。城市的整体预案，从总体上阐述城市的应急方针、政策，应急组织结构及相应的职责，应急行动的总体思路等。可以作为城市应急救援工作的基础和“底线”，即使对那些没有预料的紧急情况也能起到基本的应急指导作用。

2）专项预案。针对某种具体的、特定类型的紧急情况，如危险物质泄漏、火灾、某一自然灾害等的应急而制定，在综合预案的基础上充分考虑了某特定危险的特点，对应急的形势、组织机构、应急活动等进行更具体的阐述，具有较强的针对性。

3）现场预案。在专项预案的基础上根据具体情况需要而编制（如防洪专项预案下的某洪区的防洪预案），针对某一具体现场的特殊危险及周边环境情况，对应急救援中的各个方面做出具体、周密而细致的安排，具有更强的针对性和对现场具体救援活动的指导性。现场预案的另一特殊形式为单项预案。单项预案主要是针对临时活动中可能出现的紧急情况，预先对相关应急机构的职责、任务和预防性措施做出的安排。

（3）文件体系。应急救援要形成完整的文件体系，以充分发挥其作用，成为应急行动的有效工具。一个完整的应急预案的文件体系包括总预案、程序、说明书、记录四级文件。这个文件体系由记录到预案，环环相扣，层层深入，不仅可以明确而有效地指导灾害的救援，而且还有利于根据四类预案等级进行归类管理，以便今后的查阅与调用。

1）总预案。总预案属于一级文件，包含了对紧急情况的管理政策、预案的目标、应急的组织和责任等内容。

2）程序。程序属于二级文件，说明某个行动的目的和范围。程序的内容要十分具体，在什么时间、什么地点、什么情况下由谁去做什么工作都应明确的规定，为应急行动提供指南。在内容要求详尽的同时，又要求语言的通俗易懂和程序、格式的简洁明了，以确保应急人员应急行动的正确性，不产生任何误会。格式既可以用文字表述，也可以用图表描绘，也可以用文字与图表相结合的形式表达，但无论选用哪种形式，必须根据自身的实际情况。不同类型的应急预案要求的程序文件是不同的，其内容取决于灾害的类型及其灾变现场的环境。一个完整应急预案的程序文件应包括以下六个方面：

①预案概况：对紧急情况应急管理提供简述及做出必要的说明。

②预防程序：对潜在的事故进行分析并说明所采取的预防和控制事故的措施。

③准备程序：说明应急行动前所需采取的准备工作。

④基本应急程序：给出任何事故都可适用的应急行动程序。

⑤专项应急程序：针对具体事故危险性的应急程序。

⑥恢复程序：说明事故现场应急行动结束后所需采取的清除和恢复行动。

3）说明书。说明书属于三级文件，主要是对某个特定群体或某个行动细节的说明，以确保特定应急人员或某些特定细节行动时的正确性，如应急队员职责说明书、应急检测设备说明书等。

4）记录。记录主要是指对应急行动的记录，属于四级文件。包括在应急行动期间所做的通讯记录、每一步应急行动的记录等。

416. 应急预案的编制方法是什么？

（1）组建编制队伍，组长最好由单位高层领导担任。

（2）危险与应急能力分析。

1）法律法规分析。分析国家、省和地方关于安全生产、职业卫生、环境保护、消防、交通、地震等方面的法律法规和应急管理规定。调研现有预案内容，分析预案与法规之间有无矛盾，保障预案与法规之间的一致。

2）风险分析。分析各类紧急情况的可能性和对单位的潜在影响，通常应考虑下列因素：历史情况；地理因素：单位所处地理位置，邻近什么危险区域；技术问题：如果某工艺或系统出现故障会产生什么样的后果；人的因素：员工操作错误及其原因；物理因素：设施建设的物理条件，如易燃品的贮存，设备的布置，照明、紧急通道与出口等；管制因素：对哪些紧急情况或危害有管制措施，如出入禁区、电力故障、通讯电缆中断、主要天然气管道断裂、建筑物倒塌、化学品泄漏等。

3）应急能力分析。分析各类应急资源是否充分，外部资源能否在需要时及时到位等，如果答案是否定的，则应提出整改方案。例如编制额外的应急程序、互助协议，采购额外的设备等。

（3）预案编制。

（4）预案的评审与发布。在第二次审校时，开展桌面演习，找出并修订预案中不清楚或重复的内容。经会议讨论后，向最高领导和高层管理人员汇报，经批准后发布预案。核心人员家中应有应急预案备份。

（5）预案的实施。预案实施不仅指在紧急情况时的执行，还包括在脆弱性分析时提出的建议的落实。

417. 策划应急救援预案时应考虑的因素及编制过程是什么？

策划应急救援预案时应考虑的因素有：

（1）重大危险普查的结果及所处地区的地质、气象、水文等不利的自然条件及其影响。

（2）本地区以及国家和上级机构已制定的应急预案的情况和以往灾难事故的发生情况。

（3）功能区布置及相互影响情况，周边重大危险可能带来的影响。

（4）国家及地方相关法律法规的要求。

应急预案的完整编制过程应包括下面5个过程：

（1）成立由各有关部门组成的预案编制小组，指定负责人。

（2）危险分析和应急能力评估。辨识可能发生的重大事故风险，并进行影响范围和后果分析（即危险识别、脆弱性分析和风险分析）；分析应急资源需求，评估现有的应急能力。

（3）编制应急预案。基于危险分析和应急能力评估的结果，确定最佳的应急策略。

（4）应急预案的评审与发布。预案编制后应组织开展预案的评审工作，包括内部评审和外部评审，以确保应急预案的科学性、合理性以及与实际情况的符合性。预案经评审完善后，由主要负责人签署发布，并按规定报送上级有关部门备案。

（5）应急预案的实施。预案经批准发布后，应组织落实预案中的各项工作，如开展应急预案宣传、教育和培训，落实应急资源并定期检查，组织开展应急演习和训练，建立电子化的应急预案，对应急预案实施动态管理与更新，并不断完善。

418. 事故应急救援预案编制要求有哪些？

根据应急救援的目的及重大灾害的特点，应急救援预案在编制的时候应符合以下要求：

（1）方针与原则。反映应急救援工作的优先方向、政策、范围和总体目标（如保护人员安全优先，防止和控制事故蔓延优先，保护环境优先），体现预防为主、常备不懈、统一指挥、高效协调及持续改进的思想。

（2）应急策划。

1）危险分析。目的是为应急准备、应急响应和减灾措施提供决策和指导依据，包括危险识别、脆弱性分析和风险分析。危险分析的结果应能提供：地理、人文（包括人口分布）、地质、气象等信息，城市功能布局（包括重要保护目标）及交通情况，重大危险源分布情况及主要危险物质种类、数量及理化、消防等特性，可能发生的重大事故种类及对周边的后果分析，特定的时段（例如人群高峰时间、度假季节、大型活动），可能影响应急救援的不利因素。

2）资源分析。针对危险分析所确定的主要危险，列出可用的应急力量和资源，包括：城市的各类应急力量的组成及分布情况，各种重要应急设备、物资的准备情况，上级救援机构或相邻城市可用的应急资源。

通过分析已有能力的不足，为应急资源的规划与配备、与相邻地区签订互助协议和预案编制提供指导。

3）法律法规要求。列出国家、省、地方涉及应急各部门职责要求，以及应急预案、应急准备和应急救援有关的法律法规文件，作为预案编制和应急救援的依据和授权。

(3) 应急准备。

1）机构与职责。建立完善的应急机构组织体系，包括城市应急管理的领导机构、应急响应中心以及各有关机构部门等。对应急救援中承担任务的所有应急组织明确相应的职责、负责人、候补人及联络方式。

2）应急资源。根据潜在事故的性质和后果分析，合理组建专业和社会救援力量；配备应急救援中所需的消防手段、各种救援设备、监测仪器、堵漏和清消材料、交通工具、个体防护设备、医疗设备和药品、生活保障物资等，并定期检查、维护与更新，保证始终处于完好状态。

3）教育、训练与演练。对公众的日常教育做出规定，尤其是位于重大危险源周边的人群，使其了解潜在危险的性质和健康危害，掌握必要的自救知识，了解预先指定的主要及备用疏散路线和集合地点，了解各种警报的含义和应急救援工作的有关要求。应急训练的基本内容包括基础培训与训练、专业训练、战术训练及其他训练等。预案演练包括桌面演习和实战模拟演习。

4）互助协议。与邻近的城市或地区建立正式的互助协议，并做好相应的安排，以便在应急救援中及时得到外部救援力量和资源的援助。此外，也应与社会专业技术服务机构、物资供应企业等签署相应的互助协议。

(4) 应急响应。

1）接警与通知。迅速、准确地向报警人员询问事故现场的重要信息，接警后按预先确定的通报程序规定，迅速向有关应急机构、政府及上级部门发出事故通知。

2）指挥与控制。建立分级响应、统一指挥、协调和决策的程序，迅速有效地进行应急响应决策，建立现场工作区域，确定重点保护区域和应急行动的优先原则，指挥和协调现场各救援队伍开展救援行动，合理高效地调配和使用应急资源。

3）警报和紧急公告。明确在发生重大事故时，如何向受影响的公众发出警报，包括什么时候、谁有权决定启动警报系统、各种警报信号的不同含义、警报系统的协调使用、可使用的警报装置的类型和位置以及警报装置覆盖的地理区域。决定实施疏散时，应通过紧急公告确保公众了解疏散的有关信息，如疏散时间、路线、随身携带物、交通工具及目的地等。

4）通讯。说明主要通讯系统的来源、使用、维护以及应急组织通讯需要的详细情况等，并充分考虑紧急状态的通讯能力和保障，建立备用的通讯系统，以便在现场指挥部、应急中心、各应急救援组织、新闻媒体、医院、上级政府和外部救援机构等之间建立畅通的应急通讯网络。

5）事态监测与评估。建立对事故现场及场外进行监测和评估的程序，包括由谁来负责监测与评估活动、监测仪器设备及监测方法、实验室化验及检验支持、监测点的设置及现场工作及报告程序等。可能的监测活动包括：事故影响边界、气象条件，对食物、饮用水、卫生以及水体、土壤、农作物等的污染，可能的二次反应有害物、爆炸危险性和受损建筑垮塌危险性以及污染物质滞留区等。

6）警戒与治安。在事故现场周围建立警戒区域，实施交通管制，防止与救援无关人员进入事故现场，保障救援队伍、物资运输和人群疏散等的交通畅通，并避免发生不必要的伤亡。警戒与治安还应该协助发出警报、现场紧急疏散、人员清点、传达紧急信息、执行指挥机构的通告、协助事故调查等。对危险物质事故，必须列出警戒人员有关个体防护的准备。

7）人群疏散与安置。对疏散的紧急情况和决策、预防性疏散准备、疏散区域、疏散距离、疏散路线、疏散运输工具、安全庇护场所、回迁等做出细致的规定和准备，为此应考虑疏散人群的数量、所需要的时间和可利用的时间、风向等条件变化以及老弱病残等特殊人群的疏散等问题。对已实施临时疏散的人群，要做好临时生活安置，保障必要的水、电、卫生等基本条件。

8）医疗与卫生。针对城市可能发生的重大事故，明确为现场急救、伤员运送、治疗及健康监测等所做的准备和安排，包括：可用的急救资源列表，医院、职业中毒治疗医院及烧伤等专科医院的列表，抢救药品、医疗器械、消毒、解毒药品等的城市内、外来源和供给。医疗人员必须了解城市内主要危险对人群造成伤害的类型，并经过相应的培训，掌握对危险化学品受伤害人员进行正确消毒和治疗的方法。

9）公共关系。明确信息发布的审核和批准程序，保证发布信息的统一性；指定新闻发言人，适时举行新闻发表会，准确发布事故信息，澄清事故传言；为公众咨询、接待、安抚受害人员家属做出安排。

10）应急人员安全。对应急人员自身的安全问题进行周密的考虑，包括安全预防措施、个体防护等级、现场安全监测等，明确应急人员的进出现场和紧急撤离的条件和程序，保证应急人员的安全。

11）消防和抢险。对消防和抢险工作的组织，消防抢险所需的设施，器材和物资，人员的培训，行动方案以及现场指挥等做好周密的安排和准备。

12）泄漏物控制。明确对泄漏的危险物质和溶解了有毒蒸气的灭火用水的收容装备（泵、容器、吸附材料等）、洗消设备（包括喷雾洒水车辆）及洗消物资，并建立洗消物资供应企业名录，保障对泄漏物的及时围堵、收容、清消和妥善处置。

（5）现场恢复（短期恢复）。宣布应急结束的程序；撤点、撤离和交接程序；恢复正常状态的程序；现场清理和受影响区域的连续检测；事故调查与后果评价等。目的是控制此时仍存在的潜在危险，将现场恢复到一个基本稳定的状态，为长期恢复提供指导和建议。

（6）预案管理与评审改进。对预案的制订、修改、更新、批准和发布做出管理规定，并保证定期或在应急演习、应急救援后对应急预案进行评审，针对实际情况的变化以及预案中所暴露出的缺陷，不断地更新、完善和改进应急预案文件体系。

第二节　矿山救护

419. 矿山救护队的任务是什么，其日常工作有哪些？

矿山救护队的任务是：

（1）矿山发生事故时，抢救遇难人员。

（2）处理矿山各种灾变事故，恢复矿井通风，为恢复灾变地区的生产创造必要的条件。

（3）参与扑灭井下火灾和威胁井下安全的地面火灾的工作，阻止火灾向井下蔓延。

矿山救护队的日常工作主要有：

（1）经常深入所服务的矿井熟悉情况，其中包括：采掘工作面，各种机电硐室，炸药库及消防仓库的位置，工作人员的分布，通风、排水、提升、运输、输配电、消防、注浆等系统，防尘、防水、防火及安全监测等设施，井下火区、积水旧巷及其他各种事故隐患，安全生产的动态以及矿井安全出口的位置，自救器的类型、数量与存放方式等各方面的情况。

（2）协助矿山有关部门，探查旧采区，恢复旧井巷，启封火区、恢复通风、矿井反风试验和其他需要佩戴呼吸器进行的安全技术工作。

（3）参与制订、审查“矿井灾害的预防与处理计划”，并检查它的落实和执行情况，协助有关部门，消除事故隐患。

（4）协助矿山对井下工作人员进行使用和管理自救器的训练。

（5）向矿长、总工程师和有关工作人员，提供处理矿山灾变时所用仪器、设备的类型、性能和使用方法等方面的情况。

420. 矿山组建救护组织机构有哪些要求？

矿山应根据其规模、位置、职工人数及危害因素的大小等情况，建立适当规模的救护队或从事救护工作的机构，也可与邻近矿山合作共建或由上级部门组建地区性矿山救护队。其要求如下：

（1）每个矿山，不论有无专职的救护队，都应组建不脱产的辅助救护队。辅助救护队由矿山的采掘、通风和机电等方面的工人和工程技术人员组成。他们需接受矿山救护方面的技术训练，在井下发生事故时，辅助专职救护队或必要时独立从事矿山救护工作。

（2）矿山救护队应是一个完备的单位，应拥有处理所属矿区内各种事故所需的技术装备和能力。

（3）矿山救护队至少由3个小分队组成。

（4）矿山救护小分队是在处理矿山事故中能独立完成个别任务的基层组织。每个小分队由3~5人组成。

421. 矿山救护队的工作要求有哪些？

（1）救护队应经常处于战备状态。以小分队为单位，分别担任值班队、待机队和休息队。轮流值班，每班服务时间为8h。

（2）值班队时刻处于临战状态，应保证在接到救灾信号后40~60s内集合完毕，上车出发后，待机队和休息队分别转为值班队和待机队。

（3）救护队到达事故矿井后，由队长向救灾指挥员报到，了解事故地点、规模、遇难人员所在位置等情况。对于有无线通讯的救护队，在乘车前往事故矿井的途中，就应尽量了解上述情况。与此同时，救护队员应佩戴好呼吸器，携带好装备和工具，列队听候命令，准备奔赴事故现场。

（4）如果事故情况不明，救护队员的首要任务是侦察灾区。查清受难人员所在地点，将其引送到新鲜风流巷道或地表；确定事故的地点、情况、范围和考虑处理事故的措施；选定井下救护基地和安全岗哨的地点。为确保侦察工作的安全，救护队员一律不得单独行动。

422. 什么是自救、互救，如何确保自救和互救的效果？

实践证明，矿工如能在事故初期及时采取措施，正确开展自救、互救，可以减小事故危害程度，减少人员伤亡。所谓“自救”，就是矿井发生意外灾变事故时，在灾区或受灾变影响区域的每个工作人员避灾和保护自己而采取的措施及方法。而“互救”则是在有效地自救前提下为了妥善地救护他人而采取的措施及方法。

为了确保自救和互救的有效，最大限度地减小损失，每个入井人员都必须熟知以下内容：

（1）熟悉所在矿井的灾害预防和处理计划。

（2）熟悉矿井的避灾路线和安全出口。

（3）掌握避灾方法，会使用自救器。

（4）掌握抢救伤员的基本方法及现场急救的操作技术。

423. 发生事故时现场人员的行动原则有哪些？

（1）及时报告灾情。发生灾变事故后，事故地点附近的人员应尽量了解或判断事故性质、地点和灾害程度，并迅速地利用最近处的电话或其他方式向矿调度室汇报，并迅速向事故可能波及的区域发出警报，使其他工作人员尽快知道灾情。在汇报灾情时，要将看到的异常现象（火烟、飞尘等）、听到的异常声响、感觉到的异常冲击如实汇报，不能凭主观想象判定事故性质，以免给领导造成错觉，影响救灾。

（2）积极抢救。灾害事故发生后，处于灾区内以及受威胁区域的人员，应沉着冷静。根据灾情和现场条件，在保证自身安全的前提下，采取积极有效的方法和措施，及时投入现场抢救，将事故消灭在初起阶段或控制在最小范围，最大限度地减少事故造成的损失。在抢救时，必须保持统一的指挥和严密的组织，严禁冒险蛮干、各行其是、单独行动；要采取防止灾区条件恶化和保障救灾人员安全的措施，特别要提高警惕，避免中毒、窒息、爆炸、触电、顶帮二次垮落等再生事故的发生。

（3）安全撤离。当受灾现场不具备事故抢救的条件，或可能危及人员的安全时，应由在场负责人或有经验的老工人带领，根据矿井灾害预防和处理计划中规定的撤退路线和当时当地的实际情况，尽量选择安全条件最好、距离最短的路线，迅速撤离危险区域。在撤退时，要服从领导，听从指挥，根据灾情使用防护用品和器具；遇有溜井、积水区、垮落区等危险地段，应探明情况，谨慎通过。灾区人员撤出路线选择的正确与否决定了自救的成败。

424. 矿山事故发生时，矿工应如何妥善避灾？

矿山事故发生后，如无法撤退（通路被冒顶阻塞、在自救器有效工作时间内不能到达安全地点等）时，应迅速进入预先筑好的或就近地点快速建筑的临时避难硐室，妥善避灾，等待矿山救护队的援救，切忌盲动。

根据现场勘察和被救人员介绍：

（1）凡避难位置较高的均死亡，位置较低的绝大部分人保存了生命。

（2）俯卧在底板上并用湿毛巾堵住嘴的人保住了生命。与此相反，特别是迎着烟雾方向的人均死亡。

（3）事故发生后，恐慌乱跑、大哭大叫的人大部分死亡。事故现场实例表明：遇险人员在采取合适的自救措施后，是能够坚持较长时间而遇救的。

2009 年 10 月 17 日凌晨 1 时许，神木县永兴办事处高庄煤矿发生冒顶事故，当时井下当班人员共 27 人，其中 24 人安全升井，3 人被困井下。被困的 3 名矿工分别是：带班班长王实斌（又名王世武），52 岁，河北泊头人；防爆车司机史兴荣，36 岁，陕西西乡人；防爆装载机司机张美俊，39 岁，内蒙古人。据获救矿工史兴荣事后回忆："当时只听见轰的一声，身后一股很强的冲击波冲了过来，一下子巷道内全是烟尘，让我喘不过气来。"幸亏他和两个工友当时都在巷道的最尽头，才得以保命，等待救援。"完了，冒顶了！"他和两名工友意识到问题很严重。等到冒顶稍稍平缓后，他们就在巷道中四处寻找出路，但是都被封死了。被困的 3 名矿工在具有丰富的井下经验王世武班长的带领下，借着矿灯的亮光，他们很快找到一处比较安全的通风口，并在井下装载机的水箱里找到了干净的水。幸亏下井时，王世武还带了两个苹果。被困矿工最饿的时候把苹果分着吃了，渴了就喝水箱里的水，仅靠着两个苹果和水他们坚持了 6 天。10 月 22 日，第 9 号钻孔刚好钻到距离他们不远的位置，听到动静后，他们感觉有救了，于是摸索着向钻孔处走。

2006 年 8 月 21 日 13 时许，湖南石门县蒙泉镇"天德"石膏矿井下被困 42 小时之久的 3 名遇险矿工田启操、王泽蛟、蔡双林从邻近的"花薮"石膏矿 2 号井自救生还。至此，在井下作业的 28 名矿工，有 19 人生还，8 人不幸遇难，另有 1 人下落不明。据在井下工作 14 年的生还矿工田启操介绍，当自己发现石膏矿发生垮塌事故后，立即带领王泽蛟、蔡双林躲进运送石膏矿的平行道里。垮塌停止后，他们 3 人沿着井下铺设的电线，向垮塌的相反方向摸索前进。凭着在石膏矿多年工作的经验和对井下巷道的熟悉，他们顺着相通的矿道终于来到了相对安全的"花薮"石膏矿 2 号井，并成功爬出洞口。

例如，2007 年 8 月 18 日晚 10 时许，北京房山区史家营乡金鸡台村一非法采煤点发生塌冒事故，来自内蒙古赤峰的孟宪臣、孟宪有兄弟被困井下。而在此前，20 日下午，在数十小时的救援后，现场指挥部听取专业分析意见，认为被困人员已不具备生存条件，继续救援有极大危险，决定停止救援。当所有地面人员已放弃希望时，孟氏兄弟并没有放弃，他们喝小便解渴，坚持挖掘，最终创造生命奇迹。伴随着一声"九死一生"的长叹，24 日上午 10 时左右，孟宪臣和孟宪有两人从塌方位置上方挖开一个口子自行爬出房山区史家营乡金鸡台村一非法采煤点，在被困 130 小时后重见天日。医生称两人身上并没有外伤，没有生命危险。他们能够逃生，主要因为没被塌方砸中，井下有一定的空间，有较为足够的空气。

425. 矿工自救教育的要求是什么？

（1）熟悉各种事故征兆的识别方法。

（2）判断事故的地点及性质。

（3）学会自救和急救他人的方法。

（4）熟悉井下巷道和安全出口。

（5）掌握与工作地点距离最近的电话位置和与地面调度联系的方法。

（6）学会自救器的使用方法。

（7）一旦无法撤离灾区，熟知实行就地避难待救的措施。

426. 避难硐室分为几种，各有何特点？

避难硐室是供矿工在遇到事故无法撤退而躲避待救的设施，分为永久避难硐室和临时避难硐室两种。

永久避难硐室事先设在井底车场附近或采区工作地点安全出口的路线上。对其要求是：设有与矿调度室直通电话，构筑坚固，净高不低于2m，严密不透气或采用正压排风，并备有供避难者呼吸的供气设备（充满氧气的氧气瓶或压气管和减压装置）、高离式自救器、药品和饮用水等。一般设在采区安全出口路线上的避难硐室，距人员集中工作地点应不超过500m，其大小应能容纳采区全体人员。

临时避难硐室是利用独头巷道、硐室或两道风门之间的巷道，由避灾人员临时修建的；所以，应在这些地点事先准备好所需的木板、木桩、黏土、沙子或砖等材料，还应装有带阀门的压气管。避灾时，若无构筑材料，避灾人员就用衣服和身边现有的材料临时构筑避难硐室，以减少有害气体的侵入。

427. 矿山建立避难硐室的条件是什么，避难时注意事项有哪些？

矿山在下列情况下，应建立临时避难硐室，等待救护：

（1）当撤退路线无法通过时。

（2）在自救器有效时间内不能到达安全地点时。

（3）缺乏自救器而受灾地点有毒有害气体的浓度又较高时。

在避难硐室内避难时应注意以下事项：

（1）进入避难硐室前，应在硐室外留有衣物、矿灯等明显标志，以便救护队发现。

（2）待救时应保持安静，不急躁，尽量俯卧于巷道底部，以保持精力、减少氧气消耗，并避免吸入更多的有毒气体。

（3）硐室内只留一盏矿灯照明，其余矿灯全部关闭，以备再次撤退时使用。

（4）间断敲打铁器或岩石等发出呼救信号。

（5）全体避灾人员要团结互助、坚定信心。

（6）被水堵在上山时，不要向下跑出探望。水被排走露出棚顶时，也不要急于出来，以防SO_2、H_2S等气体中毒。

（7）看到救护人员后，不要过分激动，以防血管破裂。

428. 自救器的供给、检查和存放有哪些要求？

（1）根据矿山具体情况供给矿工不同类型的自救器。过滤式自救器只适用于空气中氧含量不低于18%，一氧化碳含量不超过2%的情况。对于不符合上述条件的地点和有发生自燃火灾、瓦斯突出危险的矿井，应供给隔绝式自救器。

（2）每隔半月至一个月要对自救器的气密性进行一次检查，禁止使用漏气的自救器。

（3）存放自救器的方式有三种：

1）发给个人随身携带，这种方式的需求量较大，但使用方便、及时。

2）集中存放在工作面附近的铅封箱内，并定期检查。

3）混合供给，对流动人员单独发放，当同一工作地点或附近地段轮流作业人员较多时采取集中存放的方式。

429. 矿山呼吸器有哪些种类，其性能特点是什么？

矿山呼吸器主要有 AHG 系列和 AHK-40 型。

AHG 系列呼吸器是供救护队员在窒息性或有毒性气体中工作时呼吸用的器械，其主要性能见表 8-1。

表 8-1　AHG 系列呼吸器主要性能

型　号	AHG-4	AHG-3	AHG-2
氧气瓶容积/L	2.0	1.4	1.0
氧气贮藏量/L	400	280	200
定量供氧量/$L \cdot min^{-1}$	1.1 ~ 1.3	1.3 ~ 1.5	1.1 ~ 1.3
自动排气压力/Pa	196 ~ 294	196 ± 98	196 ~ 294
自动补给压力/Pa	147 ~ 245	196 ± 98	147 ~ 245
自动补给流量/$L \cdot min^{-1}$	>60	>60	>60
手动补给流量/$L \cdot min^{-1}$	>90	>90	>90
有效使用时间/h	4	3	2
重量（不包括吸收剂及氧气）/kg	<10	<10	<7
外形尺寸/mm × mm × mm	415 × 385 × 195	<390 × 330 × 130	<345 × 345 × 190
氧气瓶压力/kPa	19613	19613	19613

AHK-40 型呼吸器是供矿工在有毒气体及窒息环境中工作时呼吸用的器械，其主要性能见表 8-2。

表 8-2　AHK-40 型呼吸器主要性能

性能指标		参　数
使用时间/min	重体力劳动	24（按耗氧量为 48L/min 计算）
	中体力劳动	40（按耗氧量为 20L/min 计算）
	静　坐	90（按耗氧量为 12L/min 计算）
空气瓶	数　量	2
	压力/kPa	19613
	容积/L	3
	重量/kg	4.5
空气贮藏量/L		1200
吸气压力/Pa		98 ~ 392
自动肺流量/$L \cdot min^{-1}$		>280
膛室压力/kPa		392 ~ 539
安全阀开启压力/kPa		784.5
报警压力/kPa		5884.2

430. 矿山自救器的作用是什么？

自救器是一种轻便、体积小、便于携带，戴用迅速、作用时间短的个人呼吸保护装备。当井下发生火灾、爆炸、煤和瓦斯突出等事故时，供人员佩戴和使用，可有效防止中毒或窒息。

从国内外事故教训来看，不少遇难者当时如果佩戴自救器是完全可以避免死亡的。据有关资料介绍，美国在火灾和瓦斯事故死亡的人数中，大约有20%死于无自救器。而我国事故中死于无自救器的人数达到80%以上。

2006年，内蒙古自治区赤峰市喀喇沁旗西桥镇群龙实业有限公司是生产山野葡萄酒的企业，无探矿许可证、采矿许可证、安全生产许可证等合法证照，非法盗采矿产资源。12月19日，在未启动局扇进行通风的情况下，违章进入放炮后的盲竖井，并盲目施救，造成5人死亡。

2009年，广东韶关乐昌市北乡镇的大湾萤石矿，9月4日上午9时左右，两名矿井工人进入巷道查看情况，洞外人员见两人进洞半小时未出来，便又派出三人进去查看情况。三人中有两人因窒息晕倒，一人逃出，四人被困矿洞巷道窒息死亡。

2010年，河南省新密市东兴煤业有限公司井下发生火灾，造成25名矿工遇难。据新华网郑州记者在矿难现场采访了解到，矿难中的25名遇难矿工均未配备自救器。河南省新密市安全生产应急救援中心负责人说："3月15日20时30分左右，我们接到事故电话，20时55分左右，救援人员就到达现场，迅速开展侦查、救援，但由于井下电缆线起火，产生大量一氧化碳，矿工吸入后迅速昏迷窒息而亡。"据了解，矿工在井下遇到火灾或瓦斯事故时，打开自救器，通过吸氧可维持生命，能赢得15~45min的救援时间。如果矿主按照国家规定给矿工配备售价仅为500~600元自救器，一些矿工是完全有生还机会的。

431. 矿山自救器有哪几种，其性能特点是什么？

矿山自救器是供矿工在有毒或窒息性气体中脱险时呼吸用的器械，按其工作方式分为过滤式与隔离式两类（表8-3）。

表8-3 自救器种类及其防护特点

种 类	名 称	防护的有害气体	防 护 特 点
过滤式	CO过滤式自救器	CO	人员呼吸时所需的O_2仍是外界空气中的O_2
隔离式	化学氧自救器	不限	人员呼吸的O_2由自救器本身供给，与外界空气成分无关
	压缩氧自救器		

（1）过滤式自救器。过滤式自救器是一种通过"过滤"（实际上是触媒氧化）将剧毒的一氧化碳转变为无毒的二氧化碳的器械。主要用于井下发生火灾或瓦斯爆炸后，防止呼吸系统一氧化碳中毒的保护装置。只适用在周围空气中氧浓度不低于18%的条件下使用。当空气中除一氧化碳外还含有其他有毒气体时，不能使用这种过滤式自救器；只能使用一次，连续使用时间为40min。有效期从制造日期起一般为5年。对自救器应定期进行气密性检查，可用ZJ-1型自救器气密检查仪检查或将自救器浸泡在60~70℃的温水中1min，

观察是否有气泡逸出，若气泡连续从自救器壳体向外逸出，证明已经漏气失效，应予处理。

AZL-40 型过滤式自救器的主要技术特征见表 8-4。

表 8-4　AZL-40 型过滤式自救器的主要技术特征

性能指标	数　据	性能指标	数　据
有效防护时间（连续使用时间）	40	开启扳手拉力/N	<98
吸气阻力/Pa	<294	外壳气密性	1kPa 压差下不漏气
呼气阻力/Pa	<147	外形尺寸/mm × mm × mm	100 × 94 × 145
呼气温度/℃	<65	质量/kg	<1.1
呼吸阀逆向漏气量/$mL \cdot min^{-1}$	<10		

过滤式自救器除 AZL-40 型外，国内还生产 MZ-1 和 MZ-2 型，其工作原理与 AZL-40 型相同。

（2）隔离式自救器。隔离式自救器是一种与外界空气隔离，能自生氧气循环闭路的呼吸系统的自救装备。它不受外界气体的影响，所以可在各种有毒气体和缺氧条件下使用，如：

1）井下人员遇到煤与瓦斯突出，火灾、瓦斯与煤尘或矿尘爆炸以及火药的意外燃烧与爆炸等灾害时佩戴脱险用。

2）因冒顶或其他原因使井下人员被堵隔在窒息空间内，可佩戴此种自救器静坐待救。

3）当救护队员的氧气呼吸器在灾区发生故障时，可佩戴此种自救器撤离灾区。

按供氧方式，隔离式自救器有化学药物生氧和压缩氧两类，其技术特性见表 8-5、表 8-6。

表 8-5　化学药物生氧隔离式自救器技术特性

型　号		AZG-40A	TF-4
使用时间	中等劳动/min	>40	>40
	静坐/h	>2.5	
生氧药缸吸气阻力/Pa		<147	294（用后）
呼吸温度/℃		<60	<40
初期放氧量/L	30s	>2	>2
	50s	>4	>4
排气阀开启压力/Pa		147 ~ 245	45
气囊容积/L		4.8	
封口带开启力/N		<176	29 ~ 98
生氧剂重量/g		530	420
外形尺寸/mm × mm × mm		235 × 190 × 95	180 × 160 × 87
质量/kg		<2.5	<1.7

表 8-6 AYG-45 型压缩氧自救器技术特性

技术特性	参 数	技术特性	参 数
使用时间（中等劳动）/min	45	自动补给压力/Pa	98 ~ 392
氧气瓶容积/L	0.4	自动排气压力/Pa	98 ~ 392
氧气瓶压力/kPa	19613	总质量/kg	<3.5
定量供氧量/$L \cdot min^{-1}$	1.1 ~ 1.3	外形尺寸/mm × mm × mm	235 × 105 × 270
自动补氧量/$L \cdot min^{-1}$	>90		

432. 过滤式自救器的使用方法是怎样的，其注意事项有哪些？

过滤式自救器是利用装有化学氧化剂的滤毒装置将有毒空气氧化成无毒空气供佩戴者呼吸用的呼吸保护器。仅能防护一氧化碳一种气体。适用于灾区内空气中氧浓度不低于 18% 和一氧化碳浓度不高于 1.5%。

AZL-40 型过滤式自救器使用方法如图 8-1 所示。

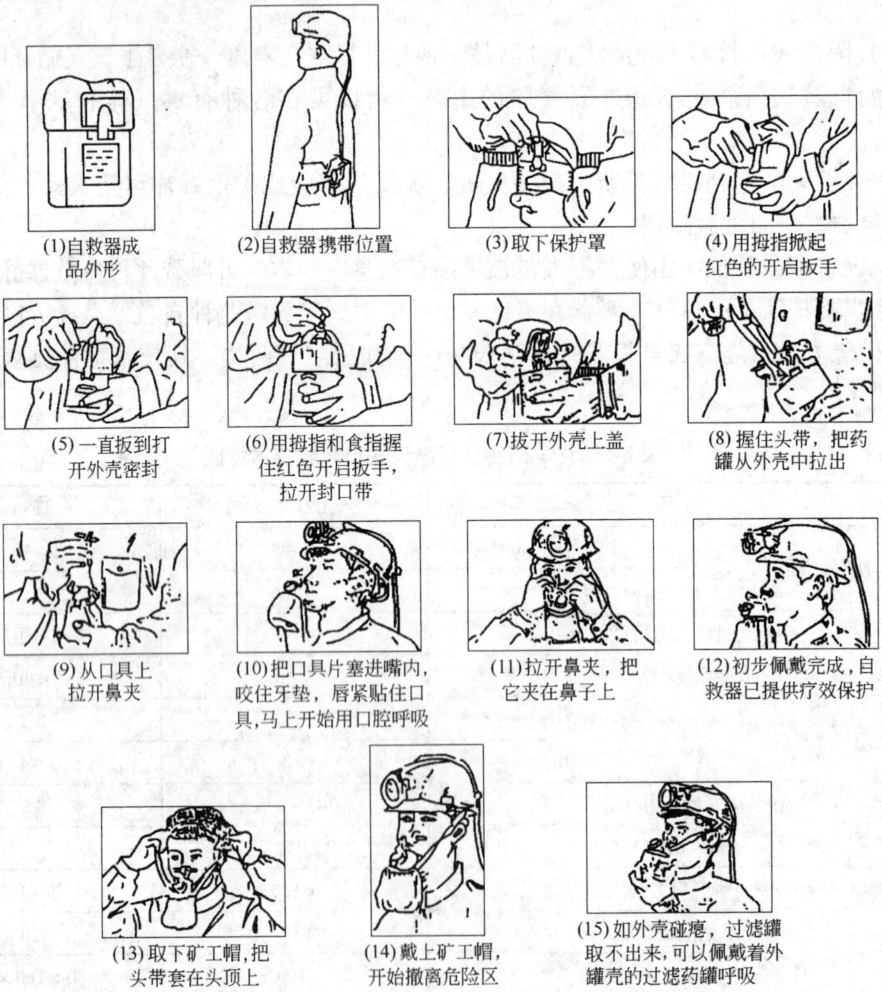

(1)自救器成品外形 (2)自救器携带位置 (3)取下保护罩 (4)用拇指掀起红色的开启扳手

(5)一直扳到打开外壳密封 (6)用拇指和食指握住红色开启扳手，拉开封口带 (7)拔开外壳上盖 (8)握住头带，把药罐从外壳中拉出

(9)从口具上拉开鼻夹 (10)把口具片塞进嘴内，咬住牙垫，唇紧贴住口具，马上开始用口腔呼吸 (11)拉开鼻夹，把它夹在鼻子上 (12)初步佩戴完成，自救器已提供疗效保护

(13)取下矿工帽，把头带套在头顶上 (14)戴上矿工帽，开始撤离危险区 (15)如外壳碰瘪，过滤罐取不出来，可以佩戴着外罐壳的过滤药罐呼吸

图 8-1 AZL-40 型过滤式自救器佩戴操作方法

使用的注意事项如下：

(1) 在井下工作，当发现有火灾或瓦斯爆炸现象时，必须立即佩用自救器，撤离现场。

(2) 佩用自救器时，当空气中一氧化碳浓度达到或超过0.5%，吸气时会有些干、热的感觉。这是自救器有效工作的正常现象。必须佩用到安全地带，方能取下自救器，切不可因干、热感觉而取下。

(3) 佩用自救器撤离时，要求匀速行走，保持呼吸均匀。禁止狂奔和取下鼻夹、口具或通过口具讲话。

(4) 在佩用自救器时，因外壳碰瘪，不能取出过滤罐，则带着外壳也能呼吸。为了减轻牙齿的负荷可以用手托住罐体。

(5) 平时要避免摔落、碰撞自救器，也不许当坐垫用，防止漏气失效。

433. 化学氧自救器操作步骤有哪些?

化学氧自救器是利用化学生氧物质产生氧气，供矿工从灾区撤退脱险用的呼吸保护器，用于灾区环境大气中缺氧或存有有毒气体的条件下。

操作步骤如下：

(1) 佩戴时，将腰带穿入自救器腰带环内，并固定在背部后侧腰间。

(2) 使用时，先将自救器沿腰带转到右侧腹前，左手托底，右手下拉护罩胶片，使护罩挂钩脱离壳体丢掉。再用右手掰锁口带扳手至封条断开后，丢开锁口带。

(3) 左手抓住下外壳，右手将上外壳用力拔下丢掉。

(4) 将挎带套在脖子上。

(5) 用力提起口具，立即拔掉口具塞并同时将口具放入口中，口具片置于唇齿之间，牙齿紧紧咬住牙垫，紧闭嘴唇。

(6) 两手同时抓住两个鼻夹垫的圆柱形把柄，将弹簧拉开，憋住一口气，使鼻夹垫准确地夹住鼻子。

(7) 戴好头带。将头带分开，一根戴在头顶，一根戴在后脑勺上。

(8) 戴好安全帽，迅速撤离灾区。

(9) 撤离灾区时若感到吸气不足，应放慢脚步，做长呼吸，待气量充足时再快步行走。

434. 压缩氧自救器的使用方法是怎样的，其注意事项有哪些?

压缩氧自救器是利用压缩氧气供氧的隔离式呼吸保护器，是一种可反复多次使用的自救器，每次使用后只需要更换新吸收二氧化碳的氢氧化钙吸收剂和重新充装氧气即可重复使用。用于有毒气体或缺氧的环境条件下。

使用方法如下：

(1) 携带时挎在肩膀上。

(2) 使用时，先打开外壳封口带扳把。

(3) 打开上盖，然后左手抓住氧气瓶，右手用力向上提上盖，此时氧气瓶开关即自动打开，随后将主机从下壳中拖出。

（4）摘下帽子，挎上挎带。

（5）拔开口具塞，将口具放入嘴内，牙齿咬住牙垫。

（6）将鼻夹夹在鼻子上，开始呼吸。

（7）在呼吸的同时，按动补给按钮，大约1～2s，气囊充满后立即停止（使用过程中发现气囊空，供气不足时，按上述方法操作）。

（8）挂上腰钩。

使用时注意事项如下：

（1）高压氧气瓶储装有20MPa的氧气，携带过程中要防止撞击磕碰，更不得当坐垫使用。

（2）携带过程中严禁开启扳把。

（3）佩戴撤离时，严禁摘掉口具、鼻夹或通过口具讲话。

435. 自救器的选用原则有哪些？

（1）对于流动性较大，可能会遇到各种灾害威胁的人员（如测风员、瓦斯检查员）应选用隔离式自救器。

（2）就地点而言，在煤与瓦斯突出矿井或突出区域的采掘工作面和瓦斯矿井的掘进工作面，应选用隔离式自救器（因这些地点发生事故后往往是空气中O_2浓度过低或CO浓度过高）。

（3）其他情况下，一般可选用过滤式自救器。

436. 什么是苏生器，其功能有哪些？

苏生器是对受难人员施行人工呼吸，进行急救的重要设备。

苏生器的功能如下：

（1）吸除受难人员的呼吸道中阻碍呼吸的分泌物和异物。

（2）自动并连续地向受难人员的肺部送入新鲜空气，并从中吸出一氧化碳等有害气体，使受难人员恢复自主呼吸的功能。

（3）供呼吸机能尚未麻痹的受难人员吸氧。苏生器适用于抢救呼吸抑制或呼吸麻痹的伤员，例如由于胸外伤、一氧化碳或其他有毒气体中毒、溺水、触电等原因所造成的呼吸抑制或窒息。

437. 我国定型生产的苏生器的主要技术特性是什么？

我国现已定型批量生产的苏生器为ASZ-30型。其主要技术特性见表8-7。

表8-7 ASZ-30型苏生器技术特性

技术特性		参数
氧气瓶	工作压力/kPa	19613
	容积/L	1
肺动盒	换气调整范围/L·min^{-1}	12～5
	充气正压力/kPa	1960～2490

续表 8-7

技术特性		参数
肺动盒	耗氧 6L/min 时最小换气量/$L \cdot min^{-1}$	15
	重量/g	<250
	自主呼吸供氧量（含氧量 80%）/$L \cdot min^{-1}$	>15
	吸痰引射负压/Pa	4410
仪器净重/kg		<6.5
外形尺寸/mm × mm × mm		335 × 245 × 140

438. ASY-1.2 型输氧器的用途是什么，主要技术特性有哪些？

ASY-1.2 型输氧器适用于各种原因引起的缺氧症状，如溺水、触电等原因造成的窒息和气体中毒以及冠心病、心绞痛、初期心肌梗塞、哮喘等疾病，也可用于头部和胸部因外伤引起的呼吸窘迫综合征和护送缺氧患者途中供氧。

ASY-1.2 型输氧器的主要技术特性见表 8-8。

表 8-8　ASY-1.2 型输氧器技术特性

技术特性		参数
输氧流量/$L \cdot min^{-1}$		1 ± 0.15
流量调节范围/$L \cdot min^{-1}$		0 ~ 6
氧气瓶	工作压力/kPa	19613
	容积/L	0.35
	贮气量/L	70
质量/kg		2.5
外形尺寸/mm × mm × mm		270 × 190 × 110

439. 辅助救护设备有哪些？

为配合上述救护仪器的使用和执行救护任务，矿山救护队还需要下列仪器设备：

（1）氧气呼吸校验仪，用于检查和校验各种系列呼吸器及其组件的性能。

（2）氧气充填泵，它的用途是将氧气从大贮气瓶中抽出填充到小容积的氧气瓶中，并使其压力升高到 19613kPa。

（3）氧气瓶，与各种救护仪器配套使用。

（4）救护队用通讯设备。

（5）救护队用交通工具。

（6）自救器气密检查仪。

（7）携带式安全检查仪表。

（8）灭火器。

（9）建立和开启密闭、起重等用途的工具及设备。

（10）充电设备。

440. 矿井火灾事故时的自救与互救措施有哪些？

（1）首先要尽最大的可能迅速了解或判明事故的性质、地点、范围和事故区域的巷道情况、通风系统、风流及火灾烟气蔓延的速度、方向以及与自己所处巷道位置之间的关系，并根据矿井灾害预防和处理计划及现场的实际情况，确定撤退路线和避灾自救的方法。

（2）撤退时，任何人在任何情况下都不要惊慌，不能狂奔乱跑。应在现场负责人及有经验的老工人带领下有组织地撤退。

（3）位于火源进风侧的人员，应迎着新鲜风流撤退。

（4）位于火源回风侧的人员或是在撤退途中遇到烟气有中毒危险时，应迅速戴好自救器，尽快通过捷径绕到新鲜风流中去或在烟气没有到达之前，顺着风流尽快从回风出口撤到安全地点；如果距离火源较近而且越过火源没有危险时，也可迅速穿过火区撤到火源的进风侧。

（5）如果在自救器有效作用时间内不能安全撤出时，应在设有储存备用自救器的硐室换用自救器后再行撤退，或是寻找有压风管路系统的地点，以压缩空气供呼吸之用。

（6）撤退行动既要迅速果断，又要快而不乱。撤退中应靠巷道有连通出口的一侧行进，避免错过脱离危险区的机会，同时还要随时注意观察巷道和风流的变化情况，谨防火风压可能造成的风流逆转。人与人之间要互相照应，互相帮助，团结友爱。

（7）如果无论是逆风或顺风撤退，都无法躲避着火巷道或火灾烟气可能造成的危害，则应迅速进入避难硐室；没有避难硐室时应在烟气袭来之前，选择合适的地点就地利用现场条件，快速构筑临时避难硐室，进行避灾自救。

（8）逆烟撤退具有很大的危险性，在一般情况下不要这样做。除非是在附近有脱离危险区的通道出口，而且又有脱离危险区的把握时；或是只有逆烟撤退才有争取生存的希望时，才能采取这种撤退方法。

（9）撤退途中，如果有平行并列巷道或交叉巷道时，应靠有平行并列巷道和交叉巷口的一侧撤退，并随时注意这些出口的位置，尽快寻找脱险出路。在烟雾大、视线不清的情况下，要摸着巷道壁前进，以免错过连通出口。

（10）当烟雾在巷道里流动时，一般巷道空间的上部烟雾浓度大、温度高、能见度低，对人的危害严重，而靠近巷道底板情况要好一些，有时巷道底部还有比较新鲜的低温空气流动。为此，在有烟雾的巷道里撤退时，在烟雾不严重的情况下，即使为了加快速度也不应直立奔跑，而应尽量躬身弯腰，低着头快速前进。如烟雾大、视线不清或温度高时，则应尽量贴着巷道底板和巷壁，摸着铁轨或管道等爬行撤退。

（11）在高温浓烟的巷道撤退还应注意利用巷道内的水，浸湿毛巾、衣物或向身上淋水等办法进行降温，改善自己的感觉，或是利用随身物件等遮挡头面部，以防高温烟气的刺激等。

（12）在撤退过程中，当发现有发生爆炸的前兆时（当爆炸发生时，巷道内的风流会有短暂的停顿或颤动，应当注意的是这与火风压可能引起的风流逆转的前兆有些相似），有可能的话要立即避开爆炸的正面巷道，进入旁侧巷道，或进入巷道内的躲避硐室；如果情况紧急，应迅速背向爆源，靠巷道的一帮就地顺着巷道爬卧，面部朝下紧贴巷道底板、用双臂护住头面部并尽量减少皮肤的外露部分；如果巷道内有水坑或水沟，则应顺势爬入水中。在爆炸发生的瞬间，要尽力屏住呼吸或是闭气将头面浸入水中，防止吸入爆炸火焰及高温有害气体，同时要以最快的动作戴好自救器。爆炸过后，应稍事观察，待没有异常变化迹象，就要辨明情况和方向，沿着安全避灾路线，尽快离开灾区，转入有新鲜风流的安全地带。

441. 矿井透水事故现场人员撤退时的注意事项有哪些，避灾自救措施有哪些？

矿井透水事故现场人员撤退时的注意事项有：

（1）透水后，应在可能的情况下迅速观察和判断透水的地点、水源、涌水量、发生原因、危害程度等情况，根据灾害预防和处理计划中规定的撤退路线，迅速撤退到透水地点以上的水平，而不能进入透水点附近及下方的独头巷道。

（2）行进中，应靠近巷道一侧，抓牢支架或其他固定物体，尽量避开压力水头和泄水流，并注意防止被水中滚动的矸石和木料撞伤。

（3）如透水破坏了巷道中的照明和路标，迷失行进方向时，遇险人员应朝着有风流通过的上山巷道方向撤退。

（4）在撤退沿途和所经过的巷道交叉口，应留设指示行进方向的明显标志，以提示救护人员的注意。

（5）人员撤退到竖井，需从梯子间上去时，应遵守秩序，禁止慌乱和争抢。行动中手要抓牢，脚要蹬稳，切实注意自己和他人的安全。

（6）如唯一的出口被水封堵无法撤退时，应有组织地在独头工作面躲避，等待救护人员的营救。严禁盲目潜水逃生等冒险行为。

透水后被围困时的避灾自救措施主要有：

（1）当现场人员被水围困无法退出时，应迅速进入预先筑好的避难硐室中避灾，或选择合适地点快速建筑临时避难硐室避灾。迫不得已时，可爬上巷道中高冒空间待救。如系老窑透水，则须在避难硐室处建临时挡墙或吊挂风帘，防止被涌出的有毒有害气体伤害。进入避难硐室前，应在硐室外留设明显标志。

（2）在避灾期间，遇险矿工要有良好的精神心理状态，情绪稳定、自信乐观、意志坚强。要做好长时间避灾的准备，除轮流担任岗哨观察水情的人员外，其余人员均应静卧，以减少体力和空气消耗。

（3）避灾时，应用敲击的方法有规律、间断地发出呼救信号，向营救人员指示躲避处的位置。

（4）被困期间断绝食物后，即使在饥饿难忍的情况下，也应努力克制自己，绝不嚼食杂物充饥。需要饮用井下水时，应选择适宜的水源，并用纱布或衣服过滤。

（5）长时间被困在井下，发觉救护人员到来营救时，避灾人员不可过度兴奋和慌乱，以防发生意外。

442. 冒顶事故时的避灾自救措施有哪些？

（1）采矿工作面冒顶时的避灾自救措施。

1）迅速撤退到安全地点。当发现工作地点有即将发生冒顶的征兆，而当时又难以采取措施防止采煤工作面顶板冒落时，最好的避灾措施是迅速离开危险区，撤退到安全地点。

2）遇险时要靠帮贴身站立或到木垛处避灾。从采矿工作面发生冒顶的实际情况来看，顶板沿壁冒落是很少见的。因此，当发生冒顶来不及撤退到安全地点时，遇险者应靠帮贴身站立避灾，但要注意矿壁片帮伤人。另外，冒顶时可能将支柱压断或推倒，但在一般情况下不可能压垮或推倒质量合格的木垛。因此，如遇险者所在位置靠近木垛时，可撤至木垛处避灾。

3）遇险后立即发出呼救信号。冒顶对人员的伤害主要是砸伤、掩埋或隔堵。冒落基本稳定后，遇险者应立即采用呼叫、敲打（如敲打物料、岩块，可能造成新的冒落时，则不能敲打，只能呼叫）等方法，发出有规律、不间断的呼救信号，以便救护人员和撤出人员了解灾情，组织力量进行抢救。

4）遇险人员要积极配合外部的营救工作。冒顶后被矿石、物料等埋压的人员，不要惊慌失措，在条件不允许时切忌采用猛烈挣扎的办法脱险，以免造成事故扩大。被冒顶隔堵的人员，应在遇险地点有组织地维护好自身安全，构筑脱险通道，配合外部的营救工作，为提前脱险创造良好条件。

（2）独头巷道迎头冒顶被堵人员避灾自救措施。

1）遇险人员要正视已发生的灾害，切忌惊慌失措，坚信矿领导和同志们一定会积极进行抢救。应迅速组织起来，主动听从灾区中班组长和有经验老工人的指挥，团结协作，尽量减少体力和隔堵区的氧气消耗，有计划地使用饮水、食物和矿灯等。做好较长时间避灾的准备。

2）如人员被困地点有电话，应立即用电话汇报灾情、遇险人数和计划采取的避灾自救措施；否则，应采用敲击钢轨、管道和岩石等方法，发出有规律的呼救信号，并每隔一定时间敲击一次，不间断地发出信号，以便营救人员了解灾情，组织力量进行抢救。

3）维护加固冒落地点和人员躲避处的支架，并经常派人检查，以防止冒顶进一步扩大，保障被堵人员避灾时的安全。

4）如人员被困地点有压风管，应打开压风管给被困人员输送新鲜空气，并稀释被隔堵空间的瓦斯浓度，但要注意保暖。

443. 事故现场负责人如何组织救灾？

矿井发生爆炸、火灾、水灾、冒顶等重大灾害事故时的初期阶段，波及的范围和危害一般较小，既是扑救和控制事故的有利时期，也是决定矿井和人员安全的关键时刻。抢险救灾实践证明，事故现场负责人（区队长、班组长、矿山干部，也包括有经验的老工人）若能发挥高度政治责任心，勇于承担事故现场救灾职责，正确组织遇险人员救灾与避灾，对减少灾害损失，会起到不可估量的作用。

事故现场负责人，为了充分发挥现场组织救灾作用，必须根据本人的工作环境特点，认识和掌握常见事故的规律，了解事故发生前的预兆和事故发生后的征兆，牢记各种事故的避灾要点，熟悉矿井的避灾路线和安全出口，掌握抢救伤员的基本方法和现场创伤急救操作技术。

事故发生后，现场负责人要充分发挥高度政治责任心，勇敢地担负起现场救灾职责，同时还必须做到以下几点：

（1）认真组织。要求所有人员要统一行动，听从指挥，任何情况下都不得各行其是、盲目蛮干。

（2）沉着冷静。要保持清醒的头脑，临危不乱，鼓动大家树立坚定的信心，并在各环节上做好充分准备。谨慎妥善行动。

（3）遵循原则。要求遇险人员遵循救灾和避灾基本原则，及时报告灾情、积极抢救、安全撤离和妥善避灾。

（4）随机应变。在组织抢救、撤离灾区和避灾待救时，要密切注意灾情变化，当可能出现危及人员安全时，要果断采取应变措施，避免人员伤亡。切忌图省事或存侥幸心理冒险行动。

（5）及时联络。在整个抢险和避灾过程中，要想方设法，及时与矿调度室取得联系，告知灾情、遇险人员位置、人数、遇到的困难情况等，争取尽早获救。

（6）团结互助。现场负责人要以身作则，并要求所有遇险人员发扬团结互助的精神和先人后己的风格，要充分做好思想工作，发挥积极力量，互相照顾、同心协力，共渡难关。要尽量使遇险人员保持稳定的情绪和良好的心理状态，树立坚定的获救脱险的信念，互相鼓励，以极大的毅力克服一切困难，直到最后胜利；特别是在遇险待救时间较长时，千万不可悲观失望和过分忧虑，更不得急躁盲动。

第三节　现场急救

444. 现场创伤急救技术有哪些？

现场创伤急救技术包括：人工呼吸、心脏复苏、止血、创伤包扎、骨折临时固定、伤员搬运等。

445. 矿山急救的一般原则是什么？

在事故现场，如发现大批伤员时，抢救的顺序应该是先重后轻。伤势的分类依据及其处理原则见表8-9。伤势的轻重，可通过检查伤员的心脏跳动、呼吸频率和瞳光反应等体态来判断（表8-10）。

表8-9　伤势分类及处理原则

伤势类型	表　现	处 理 原 则
严重伤员	外伤性 心跳骤停 呼吸困难 深度昏迷 严重休克 大出血	均须立即抢救，并在严密观察和抢救下，尽快护送医院

续表 8-9

伤势类型	表　现	处 理 原 则
重伤员	骨折及脱位 严重挤压伤 大面积软组织挫伤 内脏损伤	在现场应急处理后，迅速护送医院，必要时立刻进行手术
轻伤员	软组织擦伤、裂伤及挫伤等	现场检查后，送医院检查和治疗

表 8-10　伤势分类及处理原则

项　目	表　现	
	正 常 人	伤　员
心跳频率	每分钟 60 ~ 80 次	创伤严重与大出血伤员心跳增快
呼吸频率	每分钟 16 ~ 18 次	垂危病人多为变快，变浅或不规律
瞳孔形状及光反应	等直径，正圆，遇光线时迅速收缩	严重颅脑伤伤员两瞳孔可能不等大，无光反应，或反应迟钝

对于遭受多处外伤或复合伤的伤员，在现场抢救的顺序应该是：

（1）将伤员尽快抬离现场。

（2）清除伤员口鼻腔中的异物，保持其呼吸道畅通。

（3）止住大出血。

（4）防止休克。

（5）处理伤口。

446. 人工呼吸适用于哪些紧急情况，其常用的方法有哪些？

人工呼吸适用于触电休克、溺水、有害气体中毒、窒息或外伤窒息等引起的呼吸停止、假死状态者。如果呼吸停止不久，大都能通过人工呼吸抢救过来。

在施行人工呼吸前，先要将伤员运送到安全、通风良好的地点，将伤员领口解开，放松腰带，注意保持体温，腰背部要垫上软的衣服等。应先清除口中脏物，把舌头拉出或压住，防止堵住喉咙，妨碍呼吸。各种有效的人工呼吸必须在呼吸道畅通的前提下进行。

常用有口对口吹气法、仰卧压胸法和俯卧压背法三种。

（1）口对口吹气法。它是效果最好、操作最简单的一种方法。操作前使伤员仰卧，救护者在其头的一侧，一手托起伤员下颌，并尽量使其头部后仰，另一手将其鼻孔捏住，以免吹气时，从鼻孔漏气；自己深吸一口气，紧对伤员的口将气吹入，造成伤员吸气（图 8-2）。然后，松开捏鼻的手，并用一手压其胸部以帮助伤员呼气。如此有节律地、均匀地反复进行，每分钟应吹气 14 ~ 16 次。注意吹气时切勿过猛、过短，也不宜过长，以占一次呼吸周期的 1/3 为宜。

（2）仰卧压胸法。让伤员仰卧，救护者跨跪在伤员大腿两侧，两手拇指向内，其余四指向外伸开，平放在其胸部两侧乳头之下，借半身重力压伤员胸部，挤出伤员肺内空气；然后，救护

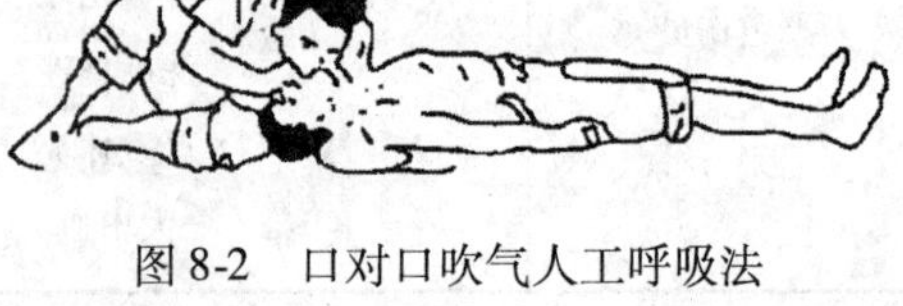

图 8-2　口对口吹气人工呼吸法

者身体后仰，除去压力，伤员胸部依其弹性自然扩张，使空气吸入肺内。如此有节律地进行，要求每分钟压 16 ~ 20 次（图 8-3）。

此法不适用于胸部外伤或 SO_2、NO_x 中毒者，也不能与胸外心脏按压法同时进行。

（3）俯卧压背法。此法与仰卧压胸操作法大致相同，只是伤员俯卧，救护者跨跪在伤员大腿两侧（图 8-4）。因为这种方法便于排出肺内水分，因而此法对溺水急救较为适合。

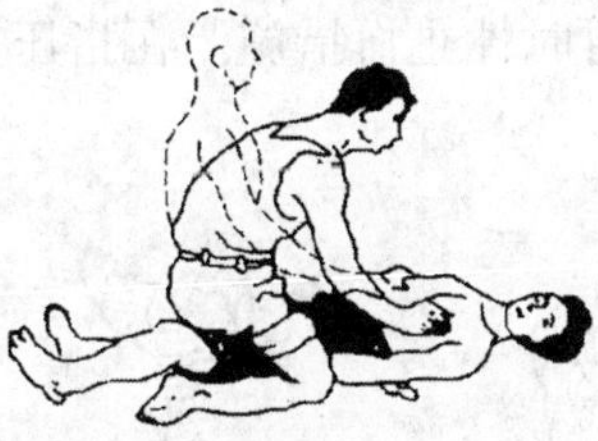

图 8-3　仰卧压胸人工呼吸法

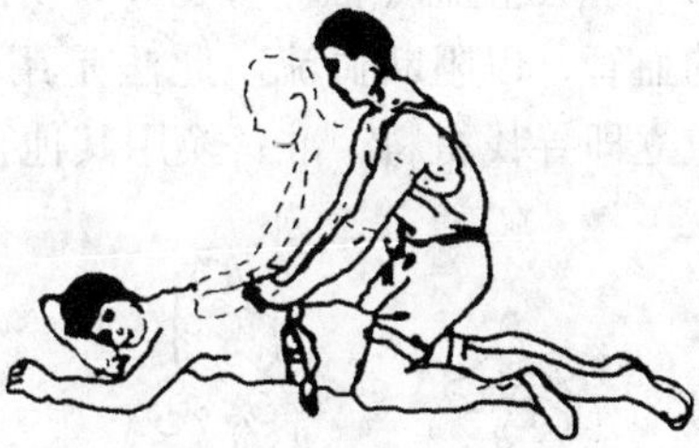

图 8-4　俯卧压背人工呼吸法

447. 心脏复苏分为哪几种，其操作方法如何，有哪些注意事项？

心脏复苏操作主要有心前区叩击术和胸外心脏按压术两种方法。

（1）心前区叩击术。心脏骤停后立即叩击心前区，叩击力中等，一般可连续叩击 3 ~ 5 次，并观察脉搏、心音。若恢复则表示复苏成功；反之，应立即放弃，改用胸外心脏按压术。操作时，使伤员头低脚高，施术者以左手掌置其心前区，右手握拳，在左手背上轻叩。

（2）胸外心脏按压术。此法适用于各种原因造成的心跳骤停者。在胸外心脏按压前，应先作心前区叩击术，如果叩击无效，应及时正确地进行胸外心脏按压。其操作方法是：

首先将伤员仰卧木板上或地上，解开其上衣和腰带，脱掉其胶鞋。救护者位于伤员左侧，手掌面与前臂垂直，一手掌面压在另一手掌面上，使双手重叠，置于伤员胸骨 1/3 处（其下方为心脏）（图 8-5），双肘和臂肩之力有节奏地、冲击式地向脊柱方向用力按压，使胸骨压下 3 ~ 4cm（有胸骨一陷的感觉就可以了）；按压后，迅速抬手使胸骨复位，以利于心脏的舒张。按压次数，以每分钟 60 ~ 80 次为宜。按压过快，心脏舒张不够充分，心室内血液不能完全充盈；按压过慢，动脉压力低，效果也不好。

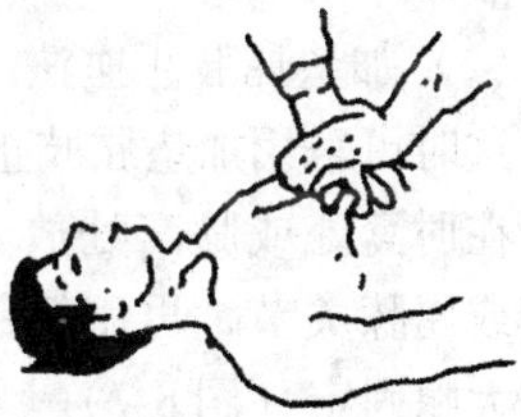

图 8-5　心脏按压

使用此法时的注意事项是：

（1）按压的力量应因人而异：对身强力壮的伤员，按压力量可大些；对年老体弱的伤员，力量宜小些。按压的力量要稳健有力，均匀规则，重力应放在手掌根部，着力仅在胸骨处，切勿在心尖部按压，同时注意用力不能过猛，否则可致肋骨骨折，心包积血或引起气胸等。

（2）胸外心脏按压与口对口吹气应同时施行，一般每按压心脏 4 次，做口对口吹气 1 次，如 1 人同时兼作此两种操作，则每按压心脏 10 ~ 15 次，较快地连续吹气 2 次。

（3）按压显效时，可摸到颈总动脉、股动脉搏动，散大的瞳孔开始缩小，口唇、皮肤转为红润。

448. 止血法有哪些，各有何特点？

止血方法很多，常用暂时性的止血方法有指压止血点法、加垫屈肢止血法、止血带止血法和加压包扎止血法等。

（1）指压止血点法。如图 8-6 所示，在伤口附近靠近心脏一端的动脉处，用拇指压住出血的血管，以阻断血流。此法是用于四肢大出血的暂时性止血措施。在指压止血的同时，应立即寻找材料，准备换用其他止血方法。

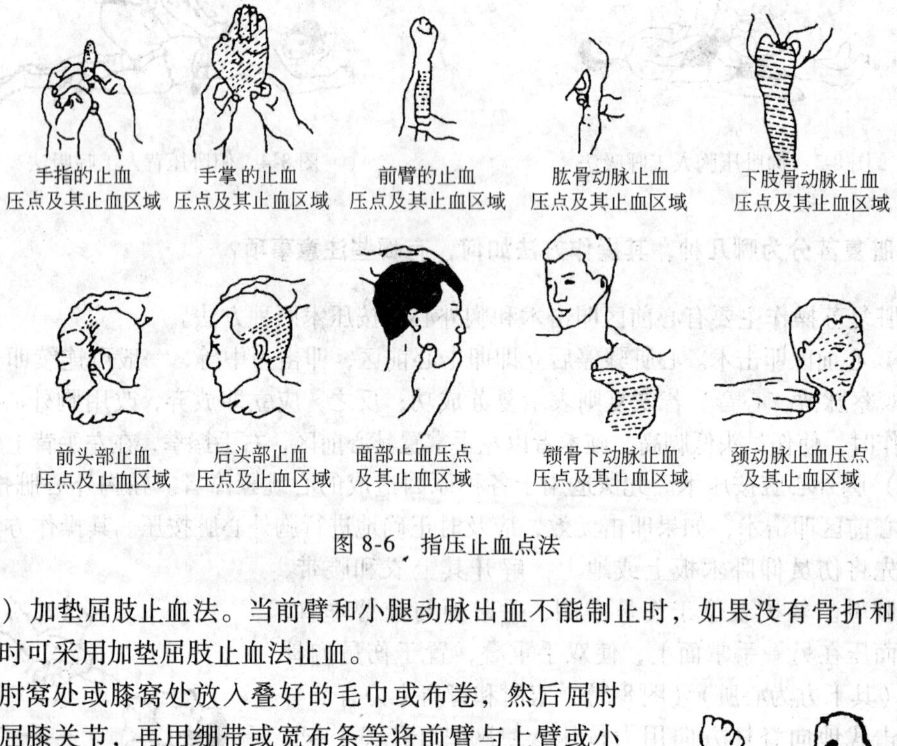

图 8-6 指压止血点法

（2）加垫屈肢止血法。当前臂和小腿动脉出血不能制止时，如果没有骨折和关节脱位，这时可采用加垫屈肢止血法止血。

在肘窝处或膝窝处放入叠好的毛巾或布卷，然后屈肘关节或屈膝关节，再用绷带或宽布条等将前臂与上臂或小腿与大腿固定（图 8-7）。

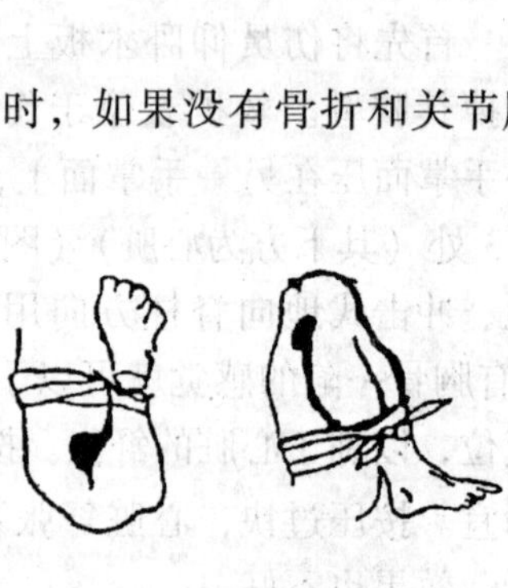

图 8-7 加垫屈肢止血法

（3）止血带止血法。当上肢或下肢大出血时，在井下可就地取材，使用软胶管或衣服、布条等作为止血带，压迫出血伤口的近心端进行止血。止血带使用方法：

1）在伤口近心端上方先加垫。

2）急救者左手拿止血带，上端留 15cm，紧贴加垫处。

3）右手拿止血带长端，拉紧环绕伤肢伤口近心端上方两周，然后将止血带交左手中、食指夹紧。

4）左手中、食指夹止血带，顺着肢体下拉成环。

5）将上端一头插入环中拉紧固定（图 8-8）。

6）在上肢应扎在上臂的上 1/3 处，在下肢应扎在大腿的中下 1/3 处。

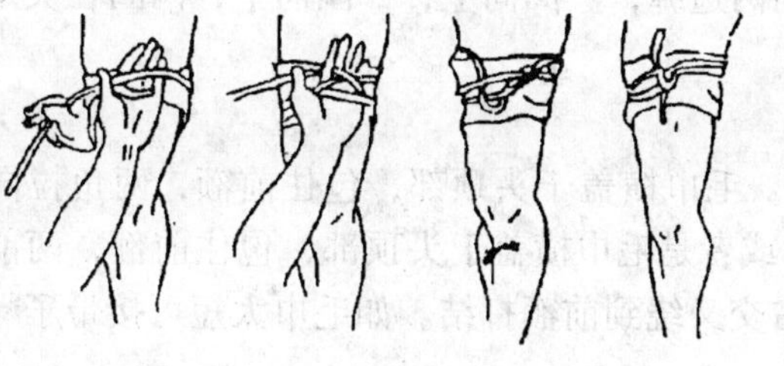

图 8-8 止血带止血法

止血带使用注意事项：

1）扎止血带前，应先将伤肢抬高，防止肢体远端因淤血而增加失血量。

2）扎止血带时要有衬垫，不能直接扎在皮肤上，以免损伤皮下神经。

3）前臂和小腿不适于扎止血带，因其均有两根平行的骨干，骨间可通血流，所以止血效果差。但在肢体离断后的残端可使用止血带，要尽量扎在靠近残端处。

4）禁止扎在上臂的中段，以免压伤桡神经，引起腕下垂。

5）止血带的压力要适中，即要达到阻断血流又不损伤周围组织为度。

6）止血带止血持续时间一般不超过 1h，太长可导致肢体坏死，太短会使出血、休克进一步恶化。因此使用止血带的伤员必须配有明显标志，并准确记录开始扎止血带的时间，每 0.5～1h 缓慢放松一次止血带，放松时间为 1～3min，此时可抬高伤肢压迫局部止血；再扎止血带时应在稍高的平面上绑扎，不可在同一部位反复绑扎。使用止血带以不超过 2h 为宜，应尽快将伤员送到医院救治。

（4）加压包扎止血法。加压包扎止血法主要适用于静脉出血的止血。其方法是：将干净的纱布、毛巾或布料等盖在伤口处，然后用绷带或布条适当加压包扎，即可止血。压力的松紧度以能达到止血而不影响伤肢血液循环为宜。

449. 包扎方法有哪些，应注意哪些事项？

包扎的目的是保护伤口和创面，减少感染，减轻痛苦；加压包扎有止血作用；用夹板固定骨折的肢体时需要包扎，以减少继发损伤，也便于运送医院。

现场进行创伤包扎可就地取材，用毛巾、手帕、衣服撕成的布条等进行。

（1）布条包扎法。

1）环形包扎法。该法适用于头部、颈部、腕部及胸部、腹部等处。将布条做环行重叠缠绕肢体数圈后即成。

2）螺旋包扎法。该法用于前臂、下肢和手指等部位的包扎。先用环形法固定起始端，把布条渐渐地斜旋上缠或下缠，每圈压前圈的 1/2 或 1/3，呈螺旋形，尾部在原位上缠 2 圈后予以固定。

3）螺旋反折包扎法。该法多用于粗细不等的四肢包扎。开始先做螺旋形包扎，待到渐粗的地方，以一手拇指按住布条上面，另一手将布条自该点反折向下，并遮盖前圈的 1/2或 1/3。各圈反折须排列整齐，反折头不宜在伤口和骨头突出部分。

4）“8”字包扎法。该法多用于关节处的包扎。先在关节中部环形包扎两圈，然后以关节为中心，从中心向两边缠，一圈向上，一圈向下，两圈在关节屈侧交叉，并压住前圈的1/2。

（2）毛巾包扎法。

1）头顶部包扎法。毛巾横盖于头顶部，包住前额，两角拉向头后打结，两后角拉向下颌打结（图8-9a）。或者是毛巾横盖于头顶部，包住前额，两前角拉向头后打结，然后两后角向前折叠，左右交叉绕到前额打结。如毛巾太短可接带子（图8-9b）。

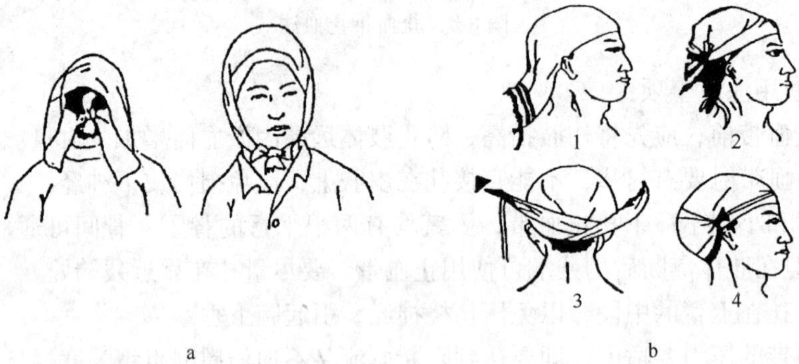

图8-9 头顶部毛巾包扎法

2）面部包扎法。将毛巾横置，盖住面部，向后拉紧毛巾的两端，在耳后将两端的上、下角交叉后分别打结，眼、鼻、嘴处剪洞。

3）下颌包扎法。将毛巾纵向折叠成四指宽的条状，在一端扎一小带，毛巾中间部分包住下颌，两端上提，小带经头顶部在另一侧耳前与毛巾交叉，然后小带绕前额及枕部与毛巾另一端打结。

4）肩部包扎法。单肩包扎时，毛巾斜折放在伤侧肩部，腰边穿带子在上臂固定，叠角向上折，一角盖住肩的前部，从胸前拉向对侧腋下，另一角向上包住肩部，从后背拉向对侧腋下打结。

5）胸部包扎法。全胸包扎时，毛巾对折，腰边中间穿带子，由胸部围绕到背后打结固定。胸前的两片毛巾折成三角形，分别将角上提至肩部，包住双侧胸，两角各加带过肩到背后与横带相遇打结。

6）背部包扎与胸部包扎法相同。

7）腹部包扎法。将毛巾斜对折，中间穿小带，小带的两部拉向后方，在腰部打结，使毛巾盖住腹部。将上、下两片毛巾的前角各扎一小带，分别绕过大腿根部与毛巾的后角在大腿外侧打结。

8）臂部包扎与腹部包扎法相同。

包扎时应注意以下事项：

（1）包扎时，应做到动作迅速敏捷，不可触碰伤口，以免引起出血、疼痛和感染。

（2）不能用井下的污水冲洗伤口。伤口表面的异物（如矸石等）应去除，但深部异物需运至医院取出，防止重复感染。

（3）包扎动作要轻柔、松紧度要适宜，不可过松或过紧，结头不要打在伤口上，应使伤员体位舒适，绷扎部位应维持在功能位置。

（4）脱出的内脏不可纳回伤口，以防内感染。

（5）包扎范围应超出伤口边缘 5 ~ 10cm。

450. 骨折临时固定的操作要点是什么，其固定方法怎样？

骨折固定可减轻伤员的疼痛，防止因骨折端移位而刺伤邻近组织、血管、神经，也是防止创伤休克的有效急救措施。

操作要点如下：

（1）在进行骨折固定时，应使用夹板、绷带、三角巾、棉垫等物品。手边没有时，可就地取材，如板皮、树枝、木板、木棍、硬纸板、塑料板、衣物、毛巾等均可代替。必要时也可将受伤肢体固定于伤员健侧肢体上，如下肢骨折可与健侧绑在一起，伤指可与邻指固定在一起。若骨折断端错位，救护时暂不要复位，即使断端已穿破皮肤露出外面，也不可进行复位，而应按受伤原状包扎固定。

（2）骨折固定应包括上、下两个关节，在肩、肘、腕、股、膝、踝等关节处应垫棉花或衣物，以免压破关节处皮肤。固定应以伤肢不能活动为度，不可过松或过紧。

（3）搬运时要做到轻、快、稳。

固定方法如下：

（1）上臂骨折。于患侧腋窝内垫以棉垫或毛巾，在上臂外侧安放垫衬好的夹板或其他代用物，绑扎后，使肘关节屈曲 90°，将患肢捆于胸前，再用毛巾或布条将其悬吊于胸前。

（2）前臂及手部骨折。用衬好的两块夹板或代用物，分别置放在患侧前臂及手的掌侧及背侧，以布带绑好，再以毛巾或布条将臂吊于胸前。

（3）大腿骨折。用长木板放在患肢及躯干外侧，半髋关节、大腿中段、膝关节、小腿中段、踝关节同时固定。

（4）小腿骨折。用长、宽合适的木夹板两块，自大腿上段至踝关节分别在内外两侧捆绑固定。

（5）骨盆骨折。用衣物将骨盆部包扎住，并将伤员两下肢互相捆绑在一起，膝、踝间加以软垫，屈髋、屈膝。要多人将伤员仰卧平托在木板担架上。有骨盆骨折者，应注意检查有无内脏损伤及内出血。

（6）锁骨骨折。以绷带作“∞”形固定，固定时双臂应向后伸。

451. 担架运送受伤矿工的操作方法和注意事项有哪些？

伤员经过现场急救处理后，重伤员和危重伤员需要搬运升井护送到医院进一步救治。如果运送不当，可能造成神经、血管损伤，甚至造成终身残疾或死亡。

担架运送可分为特制的和临时制作的两种。特制的担架，使用方便。在伤员多不够用时，也可用临时制作的简易担架，如绳索做成的担架、衣服做成的担架、毛毯做成的担架等。担架运送伤员时的操作方法和注意事项是：

（1）由 3 ~ 4 人合成一组，小心谨慎地将伤员移上担架。

（2）伤员头部在后，以便后面抬担架的人随时观察伤员的变化。

（3）抬担架的人脚步要一致。

（4）向高处抬时（如走上坡），前面要放低，后面的人要抬高，以使伤员保持水平状。走下坡时则相反。

452. 单人徒手运送法有哪几种，各有何特点？

常用的单人徒手运送法有扶持法、背负法、肩负法和抱持法四种。

（1）扶持法：伤势较轻者可扶着走。

（2）背负法：救护者背向伤员，让伤员伏在背上，双手绕颈交叉下垂；救护者用两手自伤员大腿下抱住伤员大腿。

（3）肩负法：把伤员的腹部搭在右肩上，右手抱住双腿，左手握住伤员右手，或以右手将伤员双腿与右手一并抱住。

（4）抱持法：救护者一手扶伤员的脊背，一手放在伤员的大腿后面，将伤员抱起来前进。

453. 双人徒手运送法的操作方法是什么，有哪些注意事项？

双人徒手运送法的操作方法是使伤员坐在两个救护者相互相交成井字形的手上，伤员双手扶住救护者的肩膀。

运送伤员时，应注意途中的护理：

（1）做好标志。转运危重伤员，要做好伤情转运标志，以便在途中照顾和观察。

（2）注意伤员体位。转运昏迷伤员要取侧卧位，胸部垫上衣物，使伤员口鼻朝下，既不影响呼吸，又能顺利地排出口鼻的分泌物，有假牙的要取出。

（3）防止伤员摔倒。转运抽风的伤员，要加强看护，防止摔伤；还要用压舌板或硬质材料裹上纱布垫在上、下牙间，以防咬伤舌头。

（4）抬伤员上、下汽车时，头要稍低一些。伤员上汽车后，身体与前进方向成垂直角度；担架要固定好，防止开车和刹车时碰伤。

（5）途中发现伤员突然呼吸、心脉骤停，应立即进行口对口吹气等人工呼吸法抢救。

454. 井下搬运受伤矿工应注意哪些事项？

井下条件复杂，道路不畅，转运伤员要尽量做到轻、稳、快。没有经过初步固定、止血、包扎和抢救的伤员，一般不应转运。搬运时应做到不增加伤员的痛苦，避免造成新的损伤及合并症。搬运时应注意以下事项：

（1）呼吸、心跳骤停及休克昏迷的伤员应先及时复苏后再搬运。若没有懂得复苏技术的人员时，则可为争取抢救的时间而迅速向外搬运，去迎接救护人员进行及时抢救。

（2）对昏迷或有窒息症状的伤员，要把肩部稍垫高，使头部后仰，面部偏向一侧或采用侧卧位和偏卧位，以防胃内呕吐物或舌头后坠堵塞气管而造成窒息，注意随时都要确保呼吸道的通畅。

（3）一般伤员可用担架、木板、风筒、刮板输送机槽、绳网等运送，但脊柱损伤和骨盆骨折的伤员应用硬板担架运送。

（4）对一般伤员均应先行止血、固定、包扎等初步救护后，再进行转运。

（5）一般外伤的伤员，可平卧在担架上，伤肢抬高；胸部外伤的伤员可取半坐位；有开放性气胸者，需封闭包扎后，才可转运。腹腔部内脏损伤的伤员，可平卧，用宽布带将腹腔部捆在担架上，以减轻痛苦及出血。骨盆骨折的伤员可仰卧在硬板担架上，屈髋、屈膝、膝下垫软枕或衣物，用布带将骨盆捆在担架上。

（6）搬运胸、腰椎损伤的伤员时，先把硬板担架放在伤员旁边，由专人照顾患处，另有两三人在保持脊柱伸直位，同时用力轻轻将伤员推滚到担架上，推动时用力大小、快慢要保持一致，要保证伤员脊柱不弯曲。伤员在硬板担架上取仰卧位，受伤部位垫上薄垫或衣物，使脊柱呈过伸位，严禁坐位或肩背式搬运。

（7）对脊柱损伤的伤员，要严禁让其坐起、站立和行走，也不能用一人抬头、一人抱腿或人背的方法搬运，因为当脊柱损伤后，再弯曲活动时，有可能损伤脊髓而造成伤员截瘫，甚至突然死亡，所以在搬运时要十分小心。

在搬运颈椎损伤的伤员时，要专有一人抱持伤员的头部，轻轻地向水平方向牵引，并且固定在中立位，不使颈椎弯曲，严禁左右转动。搬运者多人双手分别托住颈肩部、胸腰部、臀部及两下肢，同时用力移上担架，取仰卧位。担架应用硬木板，肩下应垫软枕或衣物，使颈椎呈伸展状（颈下不可垫衣物），头部两侧用衣物固定，防止颈部扭转，且忌抬头。若伤员的头和颈已处于曲歪位置，则需按其自然固有姿势固定，不可勉强纠正，以避免损伤脊髓而造成高位截瘫，甚至突然死亡。

（8）转运时应让伤员的头部在后面，随行的救护人员要时刻注意伤员的面色、呼吸、脉搏，必要时要及时抢救。随时注意观察伤口是否继续出血、固定是否牢靠，出现问题要及时处理。走上、下山时，应尽量保持担架平衡，防止伤员从担架上翻滚下来。

（9）运送到井上，应向接管医生详细介绍受伤情况及检查、抢救经过。

455. 人员中毒窒息的前兆有哪些，应如何自救？

当人员位于通风不良或长期不通风、有可能产生有毒有害气体聚集的场所时，如发现头昏、心跳加快、流泪、呼吸困难等情况时，有可能发生中毒窒息。

作业人员进入通风不良或长期不通风、有可能产生有毒有害气体聚集的场所前，必须有预防中毒窒息事故的意识，一感觉到有中毒窒息的前兆，必须立即停止作业，撤离现场，到通风较好的上风向静坐或静卧。对作业场所进行通风，检测作业点有毒有害气体合格以后，方可进入作业点继续作业。

456. 井下中毒与窒息伤员的急救要点是什么？

井下发生火灾或爆破后通风不良等情况下，都可能生成和蓄积有毒有害气体，造成人员的中毒和窒息。在抢救这类伤员时，必须佩戴可靠的呼吸器。只有经过气体分析，证明空气成分正常后，方可取下呼吸器的口具。

中毒急救要点如下：

（1）尽快将中毒者从险区救出，送往地面和新鲜风流中，为避免中毒者继续吸入有毒气体，应为中毒者佩戴呼吸器或自救器。

（2）清除中毒者口鼻中的异物，解开其上衣和腰带，脱掉其胶鞋。

对于窒息性的伤员，除采取上列措施外，还应注意下列事项：

（1）对于昏迷的伤员，取侧俯卧位，使其口中分泌物流出，将舌拉出口，以防舌后坠影响呼吸，必要时可进行气管切开。

（2）当窒息伤员出现脉搏微弱，血压下降等循环衰竭症状时，需请医务人员为之及时注射强心与升压药物，情况好转后，迅速送往医院。

457. 矿山火灾烧伤急救的要点是什么？

火灾烧伤程度与烧伤面积、深度及部位有关。如烧伤面积小于10%浅层及非头颈部、呼吸道等部位烧伤属轻度，否则为重度。对重度伤员应注意早期休克的观察，应予简单包扎（必须用清洁纱布）后及时接受抗休克、补液等医疗急救措施；这将对挽救生命及今后创面愈合有重要意义。

矿工烧伤的急救要点可概括为“灭、查、防、包、送”。

（1）灭。扑灭伤员身上的火，使伤员尽快脱离热源，缩短烧伤时间。

（2）查。检查伤员呼吸、心跳情况；检查是否有其他外伤或有害气体中毒；对爆炸冲击烧伤伤员，应特别注意有无颅脑或内脏损伤和呼吸道烧伤。

（3）防。要防止休克、窒息、创面污染。伤员因疼痛和恐惧发生休克时或发生急性喉头梗阻而窒息时，可进行人工呼吸等急救。为了减少创面的污染和损伤，在现场检查和搬运伤员时，伤员的衣服可以不脱、不剪开。

（4）包。用较干净的衣服把伤面包裹起来，防止感染。在现场，除化学烧伤可用大量流动的清水持续冲洗外，对创面一般不作处理，尽量不弄破水泡以保持表皮。

（5）送。把严重伤员迅速送往医院。搬运伤员时，动作要轻柔，行进要平稳，并随时观察伤情。如无严重恶心或呕吐，可口服能缓解烧伤的饮料（每百毫升含食盐0.3g、苏打0.15g的糖水），一次服量不超过200mL，宜少量分多次饮用。

458. 对出血人员的急救措施有哪些？

（1）对这类伤员，首先要争分夺秒，准确有效地止血，然后再进行其他急救处理。止血的方法随出血种类的不同而不同。出血的种类有：

1）动脉出血，血液是鲜红的，而且从伤口向外喷射。

2）静脉出血，血液是暗红色，血流缓慢而均匀。

3）毛细血管出血，血液呈红色，像水珠似的从伤口流出。

（2）对毛细血管和静脉出血，一般用干净布条包扎伤口即可，大的静脉出血可用加压包扎法止血，对于动脉出血应采用指压止血法或加压包扎止血法。

（3）对于因内伤而咳血的伤员，首先使其取半躺半坐的姿势，以利于呼吸和预防窒息；然后劝慰伤员平稳呼吸，不要惊慌，以免血压升高，呼吸加快，使出血量增多；最后等待医生下井急救或护送出井就医。

459. 机械性外伤分为哪几类，其急救的原则是什么？

机械性外伤分为闭合性损伤，如扭伤、挤伤、压伤、震荡伤等；开放性损伤，如擦伤、刺伤、切伤、裂伤和肢体（指）断离伤等。

对于遭受机械性外伤的伤员，如有多处外伤或复合伤时，首先要采取措施，使伤员的呼吸道畅通，止住大出血，防止休克；然后处理骨折，再进行一般伤口的处置和组织转送护理。

常见机械性外伤的急救原则如下：

（1）创伤性休克。人受到强烈袭击后，身体各部脏器和组织的细胞常因供血不足而缺氧，出现低血压、脉搏快、四肢发凉、呼吸浅快、尿量减少和意识障碍等症状。这种情况常是伤员早期死亡的原因之一。对这样的伤员，紧急处置的要点是：

1）保持安静。

2）体位平卧，或使头、脚和腿抬高30°，以增加回流到心脏的血量。

3）保持呼吸道畅通，防止呼吸及循环衰竭。

4）止血、包扎伤口。

（2）颅脑伤。

1）及时包扎伤口，如脑组织膨出时，应在其附近用纱布围好或用搪瓷碗将该处扣住后，再包扎固定。

2）使伤员在担架上置侧卧位，头部要用衣物挡住，以防转运途中受到震荡。

3）对于舌根后坠的伤员，应尽快在其口腔中放入咽导管时，将舌拉出并用安全别针将之固定。

（3）颈部伤。人的颈部分布着重要血管、神经、气管、颈椎和甲状腺，颈部外伤直接危害着人的生命安全。

颈部血管受到损伤时，常呈喷射状向外涌出大量鲜血，静脉损伤时，除大量出血外，还可能因血管内进入空气而引起空气栓塞，呼吸困难，导致伤员很快死亡。如果颈部神经受到损伤，伤员可因声门肌麻痹而死亡。

对于因颈部损伤而出血的伤员，必须立即采取止血措施。可压迫颈总动脉或用对侧上肢做支架做加压包扎。同时请医生进行急救。

（4）腹部伤。对于腹部创伤的伤员，在包扎伤口后，及时转送医院治疗。如有脏器膨出体外，不要将之送回，而应将之围好，或用搪瓷碗盖上后再包扎。转送伤员途中，使伤员置仰卧位，膝下垫高，腹壁松弛。对于内出血严重的伤员，还应尽早进行抗休克治疗。

（5）肢体断离伤。首先利用止血带在肢体近心端进行止血，然后再根据其他症状，进行必要的抢救。对于断离的肢体，要用消毒的或清洁的敷料包好，使其在不受热的情况下，尽快提前（不必与伤员同行）送往医院，以便实行再植手术。

460. 冒顶片帮挤压伤的急救措施有哪些？

冒顶片帮是地下开采矿山常见事故之一。现场作业的人员，极易因岩石的挤压而致伤，遇有这种情况时，应按下列原则组织抢救。

（1）尽快救出被埋压的伤员。首先应根据冒顶片帮前作业人员在现场的位置，冒落区射出的光线和对敲击声的反应等判断伤员所处的方位。然后，从旁侧开始挖掘。当估计挖掘地点已接近伤员时，动作要轻稳，如已确知伤员头部所处的位置，则应首先搬除该处的石头，使头部尽快露出接触新鲜空气。头部露出后，要在继续挖掘的同时，立即清除伤员口鼻中的异物，并对伤员输氧。将伤员挖出后，在将其抬离现场时，切忌用力拖拉伤员的四肢或采用其他用力的行动。

（2）采取必要的医疗急救措施。

1）对呼吸困难或已停止呼吸者，要进行人工呼吸。但是，由于被挤压的伤员，其脑部和背部多有损伤，所以，不宜采用仰卧压胸和俯卧压背人工呼吸法，而应采取口对口吹气的人工呼吸法。最好利用苏生器进行人工呼吸。

2）有大出血现象时，应采取相应的止血方法。

3）对骨折者应使用夹板固定。如疑为脊椎骨骨折，转运时，应使用硬板担架。

4）如伤员已长期处于饥饿状态，将其救出后，要先供给适量的糖水饮料，必要时可由静脉点滴葡萄糖液或葡萄糖生理盐水。

5）转运时，应有医务人员护送，以便及时处理随时可能发生的危急情况。

(3) 正确处理挤压综合征。伤员肢体受重压后，除机械性外伤外，还可能出现急性肾功能衰竭、血压升高、心脏损伤和肺水肿等挤压综合征，受挤压严重的伤员常因此而死亡。为此，对已脱离险区并解除了挤压状态的伤员，还应采取下列措施：

1）立即将伤肢牢牢固定，避免不必要的活动，以防组织分解出的物质被血液吸收或增加血液的流失。

2）发现伤员尿量减少或无尿时，在转送途中应严格控制饮水和输液，以防肺水肿的发生。

3）伤员口渴，但必须在其不感到恶心而且尿正常的情况下，方可大量饮水，水中宜加入适量的盐和糖（有咸甜味即可），并可服用小苏打片。

4）对受压的肢体，不能进行按摩、热敷或使用止血带，以免加重伤势。

461. 对骨折人员的急救措施是什么？

对骨折者，首先用毛巾或衣服作衬垫，然后就地取用木棍、木板、竹笆片等材料做成临时夹板，将受伤的肢体固定后，抬送医院。对受挤压的肢体，不得按摩、热敷或绑电缆皮，以免加重伤情。

462. 抢救井下溺水者时应注意哪些事项，其急救措施有哪些？

抢救井下溺水者时应注意下列事项：

(1) 在井下发现遇难时间较长的人员时，不要用强光束直射他们的眼睛，以防瞳孔的急剧收缩，形成眼疾。

(2) 将受难人员抬离险区后，不要突然改变其已适应了的条件，不宜将之立即送往地面，可在井下安全地点进行急救。

(3) 对于溺水者，要以最快的速度清除其口鼻中的异物，尽快挤出其体腔内的积水。挤水时，可用衣物垫在溺水者的肚子下面，或将溺水者放在救护者的大腿上，腹部与大腿接触，面部向下，同时推压其背部。

(4) 挤水后，或挤水效果不理想时，应对溺水者改作俯卧压背或人工呼吸或口对口吹气，有条件时，可向气管内插管输氧。

(5) 如溺水者心跳不正常或已停止跳动时，应在人工呼吸的同时，进行胸外心脏按压，并注射抢救药物。

(6) 当溺水者苏醒后，应饮用少量热浓茶或姜汤，以防感冒，为避免患肺炎，还要注射抗菌素。

对溺水人员应迅速采取下列急救措施：

(1) 转送。把溺水者从水中救出以后，要立即送到比较温暖和空气流通的地方，松开腰带，脱掉湿衣服，盖上干衣服，以保持体温。

（2）检查。以最快的速度检查溺水者的口鼻，如果有泥水和污物堵塞，应迅速清除，擦洗干净，以保持呼吸道通畅。

（3）控水。使溺水者取俯卧位，用木料、衣服等垫在肚子下面；或将左腿跪下，把溺水者的腹部放在救护者的右侧大腿上，使其头朝下，并压其背部，迫使其体内的水由气管、口腔里流出。

（4）人工呼吸。上述方法控水效果不理想时，应立即做俯卧压背式人工呼吸或口对口吹气，或胸外心脏按压。

463. 对触电伤员的急救措施有哪些？

人触电不仅能导致局部烧伤，而且，更为严重的是形成全身性症状。如不及时脱离电源，特别是高压电源，触电者可能因呼吸麻痹而停止呼吸，心室纤维性颤动或心跳骤停而死亡。

对触电伤员的急救要点如下：

（1）立即切断电源或将伤员自电源移开，使伤员尽快脱离电源，但需特别注意，在进行上述工作时，必须使用绝缘工具。

（2）将伤员救下后，应将之移至新鲜风流处，如伤员呼吸困难或已停止呼吸，应使之平卧，为其打开衣领及裤带，尽快进行人工呼吸。

（3）如伤员心音微弱或心脏已停止跳动，应立即进行胸外心脏按压，这一工作应坚持到心脏恢复跳动或心脏停止跳动 4h 之后。

（4）对呼吸与心跳均停止的伤员，应同时做人工呼吸和心脏按压，并注射抢救药物。

（5）对于局部电击伤口，应早作清创处理，但不宜包扎，以免腐烂和感染。

（6）电击伤常造成深部组织坏死，较一般热烧伤更易引起破伤风，必须及时注射破伤风抗毒素。

（7）对于电击伤员，还应检查有无其他损伤，以便及时进行相应处理。

参考文献

[1] 吴中立. 矿井通风与安全[M]. 徐州：中国矿业大学出版社，1989.
[2] 黄元平. 矿井通风[M]. 徐州：中国矿业大学出版社，1990.
[3] 北京飞达安全科技有限公司. 非煤矿山矿长和管理人员安全培训读本[M]. 北京：中国石化出版社，2004.
[4] 李新东. 矿山安全系统工程[M]. 北京：煤炭工业出版社，1995.
[5] 姜威，刘军鄂. 安全生产监察实务[M]. 北京：化学工业出版社，2009.
[6] 姜威，张道民，赵振奇，等. 矿山尘害防治知识问答[M]. 北京：冶金工业出版社，2010.
[7]《采矿手册》编写委员会. 采矿手册6[M]. 北京：冶金工业出版社，2008.
[8] 王英敏. 矿井通风与防尘[M]. 北京：冶金工业出版社，2006.
[9] 浑宝炬，郭立稳. 矿井粉尘检测与防治技术[M]. 北京：化学工业出版社，2005.
[10] 天地大方. 非煤矿山安全生产管理与技术[M]. 北京：中国工人出版社，2006.
[11] 中华人民共和国国家质量监督检验检疫总局. GB 6722—2003 爆破安全规程[S]. 北京：中国标准出版社，2004.

冶金工业出版社部分图书推荐

书　名	定价(元)
采矿手册(第1卷~第7卷)	927.00
现代金属矿床开采技术	260.00
采矿工程师手册(上、下)	395.00
中国冶金百科全书·采矿	180.00
中国冶金百科全书·安全环保	120.00
现代矿山企业安全控制创新理论与支撑体系	75.00
充填采矿技术与应用	55.00
矿山废料胶结充填(第2版)	48.00
矿井风流流动与控制	30.00
露天矿山台阶中深孔爆破开采技术	25.00
采矿概论	28.00
采矿学	39.80
中国爆破新技术Ⅱ	200.00
工程爆破实用手册(第2版)	60.00
中国典型爆破工程与技术	260.00
选矿设计手册	140.00
选矿手册(第1卷至第8卷共14分册)	637.50
中国冶金百科全书·选矿	140.00
常用有色金属资源开发与加工	88.00
非金属矿加工技术与应用	119.00
矿山工程设备技术	79.00
井巷工程	38.00
炸药化学与制造	59.00
选矿知识600问	38.00
采矿知识500问	49.00
矿山尘害问答	35.00
地下装载机	99.00
矿山地质技术	48.00
现代矿业管理经济学	36.00
冶金工业节能与余热利用技术指南	58.00
非高炉炼铁工艺与理论	39.00
焦炉煤气净化操作技术	30.00
高效液相色谱在中药研究中的应用	25.00